我们
为何
如此
焦虑

Why We Are Restless
On the Modern Quest
for Contentment

［美］本杰明·斯托里
Benjamin Storey
　　　　　　　　　著
［美］珍娜·西尔伯·斯托里
Jenna Silber Storey
赵宇飞　译

人民文学出版社

图书在版编目（CIP）数据

我们为何如此焦虑／（美）本杰明·斯托里，（美）珍娜·西尔伯·斯托里著；赵宇飞译. -- 北京：人民文学出版社，2024. -- ISBN 978-7-02-018851-2

Ⅰ．B842.6-49

中国国家版本馆 CIP 数据核字第 2024AV7436 号

责任编辑　朱韵秋
装帧设计　陶　雷
责任印制　王重艺

出版发行　人民文学出版社
社　　址　北京市朝内大街 166 号
邮政编码　100705

印　　刷　三河市中晟雅豪印务有限公司
经　　销　全国新华书店等

字　　数　290 千字
开　　本　880 毫米×1230 毫米　1/32
印　　张　11.25　插页3
印　　数　1—5000
版　　次　2024 年 10 月北京第 1 版
印　　次　2024 年 10 月第 1 次印刷

书　　号　978-7-02-018851-2
定　　价　59.00 元

如有印装质量问题，请与本社图书销售中心调换。电话:010-65233595

献给三位伟大的教师：

拉里·戈德堡、莱昂·R.卡斯和

彼得·奥古斯丁·劳勒

目　录

中译本序　　　　　　　　　　　　　　　　　　　　001

序　我们都是不安的灵魂　　　　　　　　　　　　003

导论　四位法国哲学家怎样看待现代人的幸福观　　001

第一章　蒙田：平凡生活的艺术　　　　　　　　　010

　　"自我"脱胎于宗教战争之中　　　　　　　　　010

　　人文主义的内在性与蒙田的影响　　　　　　　014

　　灵魂与自我　　　　　　　　　　　　　　　　018

　　纯粹的生活何以成为美好的生活　　　　　　　021

　　从对人的认识到对我的认识　　　　　　　　　024

　　内在美德，或"无可挑剔的品质"　　　　　　028

　　内在满足的艺术：独处与社交的平衡之道　　　035

　　友谊，是无条件的赞许　　　　　　　　　　　041

　　蒙田的保守主义，一种权宜之计　　　　　　　044

　　蒙田的政治人类学与现代政治的纷争　　　　　051

第二章　帕斯卡尔：内在的非人性　　　　　　　　053

　　蒙田在17世纪的影子　　　　　　　　　　　053

是现代物理学家，也是奥古斯丁派基督徒　　056

放任自流与大权在握：当蒙田精神遇到福音精神　　061

现代人的自我认知：沉迷消遣，还是承认痛苦　　066

社会生活中的自我欺骗　　071

人类渴求正义　　076

真正的自我认知：人的自我超越　　080

在苦恼中追寻　　083

赌注　　091

隐身匿迹的上帝　　096

内心与爱的可能性　　099

帕斯卡尔的遗产：在急于展示幸福的时代，诚实地表达悲伤　　105

第三章　卢梭：大自然救赎者的悲剧　　107

卢梭的第三条道路　　107

卢梭的新伊甸园与自我放逐　　112

英雄主义式的内在性　　118

一对美满的夫妇　　124

道德上的自我满足　　135

彻头彻尾的孤独　　144

卢梭的"可悲而伟大的体系"：发人深省的悲剧　　149

第四章　托克维尔：民主与赤裸的灵魂　　153

让民主照照镜子　　153

全员中产阶级社会？　　159

赤裸的世界　　167

怀疑令人面目全非　　　　　　　　170

自我省视　　　　　　　　　　　　176

孤独与渴望无条件的赞许　　　　　179

内在性的政治与审慎的复苏　　　　185

结论　博雅教育与选择的艺术　　　192

如何花掉筹码　　　　　　　　　　192

哲学家的木板　　　　　　　　　　195

致　谢　　　　　　　　　　　　　199

注　释　　　　　　　　　　　　　205

参考文献　　　　　　　　　　　　284

索　引　　　　　　　　　　　　　310

译者后记　　　　　　　　　　　　333

中译本序

本杰明·斯托里和珍娜·西尔伯·斯托里

《我们为何如此焦虑》想要处理的问题，是我们在一所美国的文理学院任教期间，困扰了我们十七年之久的。我们的学生很有建树，也颇为幸运，但他们仍然深受焦虑、麻木和绝望的困扰。我们痛心地发现，在宝贵的大学四年期间，他们花了太多时间来分散自己的注意力，逃避真正的问题。于是我们意识到，他们缺乏必要的思想资源，因而无法细致反思困扰着他们的不安感。

本书演绎了四位法国思想家之间的对话，他们以独特的力量感知到了不安感这一问题。我们介绍的这四位思想家虽然讲述的是西方的故事，但不安感并不仅仅是西方人才有的体验，而是全人类的共同体验。此外，我们认为，在现代性这项牵涉到全世界所有人的伟大人类实验中，不安感以某种特定的形式出现。因此，我们希望中国的读者会发现本书也与他们自身所处的困境息息相关。

我们在本书中采取的方法，是通过更好地认识现代人所追求的那种幸福，来理解现代人感到不幸福的根源。我们将这种幸福称为"内在满足"。我们认为，这种对美好生活的憧憬在16世纪的法国文艺复兴时期变得尤为引人注目。它像一只凤凰一样，从那个时代的宗教战争的余烬中冉冉升起。米歇尔·德·蒙田是当时标志性的思想家，他试图通过教导我们"安居于此世"，来驯服人们的不安。通过不同语言阅读蒙田的历代读者，都会发现蒙田作品的风格、力量和感染力相当令人着迷。

在我们讲述的故事中，紧接着蒙田出场的思想家们——布莱兹·帕斯卡尔、让－雅克·卢梭和亚历克西·德·托克维尔——分别以各自独特的方式探讨了蒙田提出的问题。他们为我们提供了应对不安感的其他方法，并向我们介绍了西方思想史上的众多观点。我们力求心怀同情地进入我们处理的每位作家的视角，尽可能地为他们的观点作辩护。我们希望读者们也能如此，并利用这些观点来更深入地探讨我们提出的替代方案。

感谢人民文学出版社及译者赵宇飞，他们让《我们为何如此焦虑》一书得以出版，面向中国读者。我们也感谢你们，我们的读者，对我们工作的关注。

华盛顿特区

2022 年 5 月

序 我们都是不安的灵魂

她已经完成了学院本科毕业的所有要求，甚至比所要求的做ix得更好。她在两个系都是明星学生，获得的暑期实习机会令人称羡，她出国交流了好几个学期，还创立了一个社团，并同时担任另一个社团的主席，去年春天她还拿到了全美大学优等生荣誉协会（Phi Beta Kappa）的入场券。当毕业季临近时，她来找我们，讨论她的未来。这本来并不应该是一件什么难事。

是去念法学院，还是读博深造？几年来，她一直都紧盯着这两个目标，如今无论是哪一个，她都唾手可得。但在这时，她告诉我们的却是全然不同的选项：也许是去教书（这很有可能发生），也许是去种地（不太可能），有可能是去国外待上一年，有可能是回家，有可能是继续上学，也有可能是再也不上学了。她想为这个世界做些有益的事情，她充满热情地谈论了所热爱的公共事业。但她也多愁善感，流露出对家庭、闲居和宁静生活的向往。当察觉到自己想做的这些事情互相排斥时，她感到非常不安。她紧绷着脸，手指在塑料桌面上反复拨弄着，眼神飘忽，闪烁不定。她看起来一点儿不像一个在挑选自己赢来的丰盛佳肴的幸运儿，反而更像是一个身患绝症的病人，徘徊在各种令人望而却步的权宜之计之间。

x　　她最大限度地利用了在这个国家与生俱来的权利——自由地追求幸福，无论这幸福最终指向何方——然而，那些成功却让她无所适从。多年来的稳步发展，却最终通向了一种怪异的、不安的、茫然无措的境地。

我们想帮帮她，但一时无从下手。然而，在讨论她的困境的过程中，我们很快发现，她的这种焦虑不安，我们自己其实也并不陌生。我们也同样拥有太多值得感恩的事情：孩子们的祝福，学生们的礼物，工作同事们的集思广益，以及舒适的住所。我们每天都在悉心呵护这些馈赠——教书，学习，参加会议；辅导孩子们拼写、数学和科学课程，送他们去学钢琴、武术和舞蹈；最后坐下来和家人共进晚餐，分享睡前故事，结束这一天——然后再一次打开笔记本电脑，回复收到的电子邮件，度过又一个这样的日子。看着学生们狂热的课外活动安排，我们虽然摇头表示不以为然，但却发现，我们自己的日子也被挤得满满当当，往往超出自身所能从容应对的。我们在周围学生身上观察到的焦虑不安，其实也藏在我们自己的内心深处。

应该感谢这些问题的存在，诚然感谢。正如布莱兹·帕斯卡尔（Blaise Pascal）很久以前就曾说过的，无论多么幸运的人，都有可能不幸福。并且，这种不幸福的感受可能会持续很久，尤其是当他们相信自己理应过得更好时；人们总是认定自己的不幸福是毫无道理的，必须是毫无道理的。这种缺乏反思的状态，让他们总是做一些徒劳无益的事情——所有该做的都做了，却仍然感到并不幸福。[1]

站在国家的未来发展的角度，但愿这种焦虑不安只限于绿树成荫的校园之内（就比如我们任教的这所学校）。但事实是，焦虑症已经弥漫在了大多普通人的生活之中：当我们沉迷手机屏幕，注意力被不断转移和分散时；当我们无止尽地追求饮食和服装的花样时；当我们嗜好外物刺激——从大麻到百忧解，再到灰皮诺葡萄酒——来改变精神状态时；当我们无法自拔地忧虑于人类生活方方面面的危机时。诚然，焦虑不安的情绪可能在精英阶层中表现得尤其严重；但既然精英阶层引领着整个国家的走向（无论这是否合理），他们的渴望和困境，就影响着每个人的生活。[2]

不可避免地，这种焦虑不安会产生深远的政治后果。正如柏拉图很久以前所写的，塑造我们公共生活的激情的，不是来自"橡树或岩石"，而是"来自生活在城邦中的民众的性情"。政治共同体的力量和失序，都源于赋予其生命之人的美德、渴望、失败和恐惧。成功的美国人总是精力充沛，坚持不懈地工作，同时作为回报，享受着丰富到令人惊叹的荣誉、机遇和物质条件。但是，当这些东西都不能让我们幸福时，我们有时就会发现，自己产生了一些相当奇怪的、激进的想法——与美国人历来著称的实用主义背道而驰。[3]

很久之前，一位法国人就注意到了我们民族性格中的这一特点。1831 年，亚历克西·德·托克维尔（Alexis de Tocqueville）在周游美国时发现，"这群最自由也最开明的人，处于世界上最幸福的状态"，但他们并不满足于所拥有的一切，而是"在他们的幸福中感到不安"。他们成功地获取了那些庸俗的财物——拥有了更宽敞的房子，不断从贸易线上攫取利益——但在这背后，是他们内心深深的不安。托克维尔从中得出了一条不仅适用于美国，也适用于整个现代世界的教训：空前程度的自由、平等和物质繁荣的实现，并不能保证稳定的生活或稳固的社会秩序。这是因为，生活在自由、平等和繁荣中的人们看待自己生活的方式，很可能反过来颠覆掉这份稳定。4

托克维尔以善于观察而著称，这一点的确名副其实。不过，他之所以能够洞察美国人灵魂中隐藏着的不安，既得益于天赋，也得益于他所受的教育。从很小的时候起，托克维尔就浸淫在法国哲学家的写作传统之中，这些哲学家把人类灵魂的不安当作专门的课题来进行研究。在他们看来，这属于"我们是谁"和"我们应该怎样活着"这样更宏大的话题的一部分。尽管当我们试图求助于那些古老的法国哲学家，去理解萦绕在当代人灵魂中的不安的时候，这样做似乎是相当反直觉的，但我们确实能从这些经典哲学家身上学到许多东西。因为他们深刻洞悉了这一切——从一开始，人们是怎样追求幸福的？追求幸福又如何定义了现代生活？

xii

导论 四位法国哲学家怎样看待现代人的幸福观

每个社会都存在着某种关于人类生活的本质和目标的设想，并为此所驱动。正如托克维尔指出的，哪怕是自由主义社会，也同样如此——尽管自由主义社会不愿将这类设想明确下来并纳入法律。无论这些设想是否获得了官方认可，我们都摆脱不了对它们的依赖：生活如此忙碌，不容深思熟虑，当面临"我们应该怎样活着？"这一问题时，周遭的压力常常使我们理所当然地采纳那些现成的答案，然后一头扎进当下的琐务。虽然每一个社会中都有异见者——如怪咖、独立思想者、喜怒无常的反对派之类——但异见的界定，正是基于已然存在的某种标准。[1]

人类世界欣欣向荣的美好愿景，推动了现代生活的蓬勃发展；这一愿景在 16 世纪的法国，得到了清晰有力的阐述。当越来越多的男男女女为之着迷，这一愿景也成为几代法国哲学家激烈交锋的主题。参与争论的哲学家们，隶属于法国的**道德家**（moralistes）或所谓"人类观察者"的传统。我们在此特别关注的是其中四位道德家：米歇尔·德·蒙田（Michel de Montaigne）、布莱兹·帕斯卡尔（Blaise Pascal）、让-雅克·卢梭（Jean-Jacques Rousseau）和亚历克西·德·托克维尔（Alexis de Tocqueville）。他们每一位都能力非凡，各自都能阐明几种基本的现代幸福观之一。这几位哲学家有的构建了现代哲学人类学的前提，有的则从根本上否定了这些前提。他们以我们绝大多数人所难以企及的思想力，把每个现代人脑海中时常冒出的想法，恰如其分地表达了出来。在这里，我们试图借用这种力量，助益于我们自己的反思理解。[2]

道德家的故事，要从 16 世纪法国的宗教战争开始讲起，伟大的散文家蒙田（1533—1592）就生活在这一时期。虽然蒙田生活的世界与我们今天截然不同，但他阐述了现代人的幸福观及其所有基本要素，对之后好几代的现代西方思想家都产生了巨大的影响。任何人只要沉浸在他的书中一两个小时，就会明白为何如此。正如最近一位评论家对几个世纪以来的读者经验的总结："我敢打赌，任何一位蒙田的读者都会在某个时候放下手中的书，难以置信地说道：'他怎么会对我本人了如指掌？'"如果我们想要理解自己，就应该去了解蒙田。[3]

在其半自传体作品《蒙田随笔》（Essays）里那些令人难忘的散文中，蒙田阐明了其道德哲学的最基本诉求："忠实地享受"生而为人的一切。"跳舞的时候，我就跳舞，"蒙田写道，"睡觉的时候，我就睡觉。"他找到了自己的幸福，他对任何单一面向的生活表示不屑，他选择愉快地参与到生活的方方面面之中——读书和骑马，旅行和恋爱，食物和艺术，和女儿交谈，和猫玩耍，照料尚未完工的花园中的卷心菜。尽管在世人的印象中，蒙田是一个怀疑主义的个人主义者，因为他驳斥了有关人类普遍福祉的观念，更强调欣赏人类的多样性，但他的怀疑主义的实际结果，却是这种新的、特殊的幸福理想——一种我们称之为**内在满足**（immanent contentment）的理想。蒙田式内在满足的公式，是**在动态中调适自身**：码放好我们的性情、追求和愉悦，以使我们始终保持兴致勃勃、"在家"和在当下的状态，但又同时保持冷静、轻松和平衡。[4]

正如蒙田的生活所呈现的，这种理想也有其社会维度，也就是说，一个人通过展示自己塑造的动态平衡的自我，来期许他人完全的、私人的、**无条件的赞许**（unmediated approbation）[①]：确认我们是值得爱的，不是为了取悦，或者从中谋利，或者为了得到我们的陪伴，而是因为我们就是我们自己——是不可复制的、独特的、整全的人，值得他人的尊敬、爱戴和依恋。这样的赞许，如果得到回馈，可以构筑为友谊的核心，就像蒙田在他与挚友艾蒂安·德·拉博埃西[②]的故事中所描绘的那样。[5]

[①]　"unmediated approbation"一词若直译，应当译为"非中介性的赞许"或"非中介性的认可"。该词在本书中指的是，在赞许或认可对方时，并不出于某种其他的目的（如获取金钱）或对方的某种品质（如美貌或勇敢）。由于直译的译法有时过于冗长，因此译者在翻译该词时，有时采取直译，有时则采取"无条件的赞许"等较为变通的译法，请读者在阅读时留意。——译注（若无特殊说明，本书脚注均为译注）

[②]　艾蒂安·德·拉博埃西（Étienne de la Boétie，1530—1563），法国16世纪重要的政治哲学家，是蒙田最亲密的好友，著有《论自愿为奴》等作品。

总之，个体层面和人际层面的愿景，构成了内在满足这一理想，也肯定了人类生活自身的充分性。这种新的人类生活典范的阐述，替代了从古典和基督教传统中沿袭的关于幸福的英雄式理想，蒙田由此为他同时代的人提供了一种查尔斯·泰勒（Charles Taylor）所说的"对日常生活的肯定"。蒙田承诺，如果我们懂得如何适当地对待它，那么生活——不是哲学生活、宗教生活或英雄式的生活，而仅仅是**生活**——就足以满足人类内心的渴望。我们的自我理解的变化，隐含着政治观念的变革，这为自由政治秩序——以保护和促进生命发展为宗旨——奠定了基础。[6]

在蒙田去世后的几十年里，一个新的阶级将在法国崛起。这个阶级更多的是通过财富、教育和成就——而不是高贵的出身或显赫的武功——来自我标榜。这个阶级自然而然地会寻求一种新的道德观，来替代已经开始被摒弃的贵族阶级的骑士理想。他们自称为**正人君子**（honnêtes hommes），并把蒙田尊为所谓**正直**（honnêteté）的这种新理想的重要楷模。[①] 因为有了这些**正人君子**，内在满足的理想获得了一种全新的社会意义，它开始塑造 17 世纪崛起的这一类人的渴望——这一类人身上所预示的诸多生活态度，

---

① "honnêtes hommes"一词并没有统一的中译，若直译则应当译为"诚实的人"或"诚恳的人"。但在法语中，"honnêteté"除了"诚实"外，还有"正直""真诚"的含义，故在翻译"honnêtes hommes"时，也应该照顾到这一层含义。因此，译者在翻译时，将该词一律译为了"正人君子"。后文中出现"正直"一词时，读者需要留意到，该词可以表示"诚实""真诚""诚恳"等含义；而在出现"正人君子"一词时，读者也需要留意到，该词可以表示"诚实的人"或"真诚的人"的含义。

将会塑造接下来几个世纪现代道德观的面貌。[7]

这种新的生活方式并没有让所有人都满意。帕斯卡尔（1623—1662），这位博学的大家经常出入**正直理想**流行的圈子，他仔细研究了那些拥趸，开始觉得他们是在自欺欺人。他发现，在那些迷人而多变的生活艺术的表象之下，这些**正人君子**私底下并不幸福。他们想要获得适度世俗满足的理想，使他们拒绝了有关人类灵魂的真相，但却无力改变这一真相。相比于蒙田所做的设想，这一真相要来得更加宏大，也更加悲惨。在帕斯卡尔看来，人之所以为人，正是因为心头萦绕着这样一种渴求：对一种我们觉得自己或多或少已经失去的整全性的渴求。学习死亡，这是蒙田的道德技艺的基本课程，但要做到这一点，并不像**正人君子**们想象的那样容易。帕斯卡尔认为，事实上，只有上帝才能教导我们这门课程。蒙田所鼓励的在社会生活中寻求无条件的赞许，从根本上说，这是一种相当专横的要求，也就是让别人承认我们是宇宙的中心。根本不存在所谓的内在满足；现代人不过是在"用消遣来掩盖悲伤"和"清醒而痛苦地追寻上帝"这两者之间来回选择。[8]

5

帕斯卡尔对现代生活方式的强硬批评，并不是为了讨好谁，而且在当时也的确没有得到当权者的认可。罗马天主教会将帕斯卡尔的友人和合作者们所信奉的詹森主义（Jansenism）列为异端，并将他的著作列入禁书目录；路易十四把詹森派总部所在的修道院夷为平地，并毁其墓地。他们想方设法将帕斯卡尔带有感伤色彩的智慧从现代人的记忆中抹去，且颇有成效。正如伟大的法国文学批评家沙尔－奥古斯丁·圣伯夫（Charles-Augustin Sainte-

Beuve）所说，18 世纪似乎完全将 17 世纪抛在了脑后，转而从 16 世纪终止的地方重新启程。[9]

蒙田式内在满足的理想将会在伏尔泰时代享有前所未有的声望。当时贸易扩张，艺术繁荣，学术昌明，这些使得这一理想比从前任何时候都更有可能广泛传播。但在启蒙运动中，也诞生了让 - 雅克·卢梭（1712—1778）这样一位持有不同意见的哲学家。卢梭明白，对于那些追求活成蒙田式道德楷模的人而言，帕斯卡尔的的确确察觉到了他们某些隐秘的悲哀。而对于在他自己那个时代随处可见的**资产阶级**（bourgeois），卢梭也做了近乎帕斯卡尔式的批判，给"布尔乔亚"（bourgeois）这个古老称谓赋予了新的含义。卢梭写道，资产阶级耽于浮夸的享乐，做出讨人欢喜的模样，但在这一外表下是他们不安的内心，其中充满了嫉妒和愤怒；资产阶级内心空虚而分裂，缺乏实质性的自我，也并不会真切地关心他人。不过，卢梭并没有像帕斯卡尔那样，鼓励他的读者在来世寻求慰藉。相反，他鼓励读者们牢牢把握此世。对于内在满足的理想，卢梭采取了激进的应对方式，他描绘了各种各样高度试验性质的生活方式，以期比以往更彻底地实现这一理想。当时卢梭触目所见的现状，在社会层面上和心理层面上，都令他无法忍受；而他所描绘的种种生活方式，虽各相迥异，但与现状相比，全都格格不入。[10]

虽然卢梭的生平和思想已经被反复研究过了，但如果像我们在这里所做的那样，将卢梭视为蒙田和帕斯卡尔的继承者，那仍然可以从全新的角度来看待他的作品：将卢梭的思想看作蒙田式内在满足理想的一种变体。在蒙田那里，追求内在满足是一种相当轻巧的生活方式。帕斯卡尔抨击说，这种轻巧的方式太过浅薄、虚伪和不人道。卢梭则试图调和蒙田式的内在性与帕斯卡尔的深度。他将内在满足的追求寄托在对所谓"存在的感受"（sentiment of existence）的沉浸之中，这一追求既热切激烈，又坚定执着：简简单单活着就是快乐，只要我们还记得如何去感受快乐，就足以慰藉我们不安的内心。与此同时，卢梭也恳切而执着地呼唤那种社交层面的毫无功利的通透坦诚。蒙田和拉博埃西之间曾享有这种通透坦诚，而卢梭也在他自己的朋友和恋人那里寻找它，尽管这些人不可避免地令他失望。但他对这一理想的大肆宣扬，将会对"既感性又暴力"的一代人产生巨大的影响，正是这一代人发起了法国大革命。随着他所批判的资产阶级这一社会阶层在19世纪占据了统治地位，卢梭对内在满足理想的激进化处理，也变得越来越有影响力。这是因为，他那放荡不羁的梦想，对于他所鄙视的资产阶级空虚而分裂的内心而言，有着特殊的力量。[11]

当亚历克西·德·托克维尔（1805—1859）来到美国，开启他那段著名的旅程时，资产阶级的欲求和激情正以前所未有的态势席卷而来。在美国，他发现了一个被约翰·斯图亚特·密尔（John Stuart Mill）相当夸张地称作"**全员**中产阶级"（all middle class）的社会。虽然这并非对美国社会经济关系的准确写照，但无论在当时还是现在，密尔的描述都捕捉到了中产阶级理想在现代自由民主的道德视野下的整体力量。对于追求内在满足，现代中产阶级投入了尤为多的精力。他们花了一辈子来辛苦工作，以确保能

7

够获得这种形式的人类繁荣所需要的物质条件。此外，正如托克维尔所指出的，民主使得多数人成为道德权威，并扩大了这种权威与个体灵魂之间的接触面。因此，我们的民主理想对我们产生了一种独特且无处不在的压力。在此时此刻实现幸福，对我们来说不仅仅是一种愿望，而且也是一种责任；内在满足成为了一条命令。这种转变加剧了追求内在满足时所特有的不安感，因为它通过将不幸福转化为某种形式的道德失败，转而又加深了我们的不幸福。[12]

托克维尔观察到，美国人对幸福的追求，最终使自己感到沮丧和压抑。这些自由、繁荣、开明的现代人，同时也很"肃穆，乃至悲痛，即便当他们非常开心时也是如此"。这种出人意料的不满足，促使我们相当不安地热爱变化，因为我们想要寻找一些能改善我们现状的方法，以缓解我们存在性的焦虑不安。当繁荣富足带来的满足感似乎显得空虚贫乏时，当其他人被证明无法给予我们热切渴望的无条件赞许时，这种不安就困扰着我们。在一个民主社会中，在内在满足理想的阴影下成长起来的不安感，会成为一种在政治上具有决定性影响力的现象。这种不安感解释了现代社会特有的仪式性的偶像破坏。我们认为自己有权利，也有义务，来享受满足。我们将"永久革命的心理等价物"强加在自己身上，以寻求推倒那些似乎阻挡我们获得满足的社会障碍。[13]

因此，托克维尔对美国民主的钦佩之情，被一种不祥的阴影所笼罩。它预示了当与追寻内在满足如影随形的焦虑不安不断攻城略地时，我们的内心生活会变成什么样子。它也暗示了，我们的焦虑不安最终会如何破坏我们的政治制度。在本书中，我们试图通过考察与这种不安密切关联的幸福理想的起源和发展进程，来应对这种不安。这是因为，只有当我们从它所关涉的最得体的人类愿望出发来理解这一理想时，我们才能不偏不倚地对它加以评估。

正如托克维尔所预言的那样，许多现代社会的基本愿景，即对自由主义的愿景，如今正变得越来越可疑。关注这一趋势的学者们，一直以来都在重新审视支撑自由主义的哲学人类学，其中有些人是为了捍卫它，另一些人则是为了解释它为什么会失败。在本书中，我们试图公正地对待这场争论的双方，同时寻求能用来理解我们依恋现代幸福观念的最深层原因，以及这一观念是如何将焦虑不安嵌入我们的日常生活之中的。这样一来，我们努力试图像托克维尔一样，能比当下正在界定我们这个时代思想界两极的自由主义联盟和反自由主义联盟看得"未必不同，但一定更远"。我们希望借此来通向一种更丰富的人类学视角，从这种视角出发，来辨识应当如何维护我们政治秩序中的最好的东西，同时解决我们日益焦虑不安的问题根源。[14]

9

第一章　蒙田：平凡生活的艺术

"自我"脱胎于宗教战争之中

人何以为人？我们应该怎样安排自己的私人生活和政治生活，以便最大限度地实现我们的生命本性？对于这些哲学人类学范畴的问题，现代人给出了独特的回答。对现代人而言，"人"指的就是**自我**。自我围绕着一种独特的追求来安排生活：对内在满足的追求。在现代政治的纷争背后——左派和右派相对立，自由主义者和社群主义者相对立，自由派和保守派相对立——正是上述人类学命题和它所暗含的人生目标，充当了这些纷争共同的背景板和前提预设。这些相互龃龉的政治愿景中，分歧往往发生在如何才能最好地治理被理解为自我的人类，并帮助他们实现这种自我理解所附带的目标。

自我并不是某个哲学家在安稳平静的研究中发明出来，然后带入到政治之中的抽象概念。它是一种产生于历史之中的自我理解模式，在严酷的政治经验中孕育而生，旨在为政治生活提供服务。自我脱胎于 16 世纪和 17 世纪的欧洲宗教战争，从一开始就试图为人们提供一种生活愿景，来阻止他们以宗教的名义行使暴力。

在法国，宗教战争以尤为肮脏卑鄙的三方冲突的形式爆发，新教徒与激进的天主教宗派相对立，并且两者都与软弱的君权作对抗，轮番暴露出他们的残暴和无能。1562年，在瓦西（Vassy）的一个临时教堂里，天主教极端分子屠杀了数十名新教徒，战争由此开始。十年后，战争本已渐渐趋于消弭，在1572年8月24日，也就是圣巴托罗缪日（St. Bartholomew's Day），成千上万的新教徒来到巴黎，庆祝他们拥护的纳瓦尔的亨利（Henri de Navarre）与天主教公主瓦卢瓦的玛格丽特（Marguerite de Valois）的婚礼。这场联姻本可以让法国互相交战的各派别团结起来，给国家带来和平。然而，新教徒又再次遭到屠杀，而这一次屠杀，是奉了太后凯瑟琳·德·美第奇（Catherine de' Medici）和她那个无能的儿子查理九世的命令，被称为"法国君主制的水晶之夜"。在巴黎，约有一万三千人被杀，并且屠杀蔓延到了整个法国。那个冬天，法国经历了一场可怕的饥荒，到了人相食的程度。战事持续，并且与瘟疫交织在一起，直到纳瓦尔的亨利为了继承亨利三世的法国王位而最终放弃新教。据传，为解释自己的改宗，他说了一句名言："巴黎值得一场弥撒。"1598年，他颁布了《南特敕令》（Edict of Nantes），最终宽免了法国的胡格诺教徒，由此给国家带来了一段并不太安稳的和平时期。[1]

蒙田亲身经历了这场旷日持久的灾难，他称之为"我们公开死亡的奇观"。蒙田出身于一个商人家庭，家里人通过在波尔多销售染料、葡萄酒和咸鱼发家致富，而蒙田是第一个以他祖父购置的城堡的名字来取名的人。他先后在自己家中和古耶纳学院（College of Guyenne）接受了良好的教育，随后开启了政治生涯，但由于他在政治舞台上屡遭挫折，最终卖掉了在波尔多高等法院的职位，39 岁的时候就退休回到了他的城堡。那是 1572 年，就在同年，发生了圣巴托罗缪日的大屠杀。他开始写书，也就是《蒙田随笔》。在该书中，或直接地或间接地，蒙田反复提到了法国政治生活的混乱。蒙田写道，所有这些刀剑利刃，都是为了一个学术争论而拔出的，即"hoc 这个音节的含义"。他指的是"**因为这是我的身体**"（hoc est enim corpus meum）这句话。每次弥撒上举扬圣体时，牧师都会宣读这句话，同时这也关涉神学争论中核心的圣餐变体论（transubstantiation）问题。蒙田认为，我们不该因为争论如何从字面上理解这个音节，而把自己的邻居活活烤死。[2]

在这种血腥而狂热的时代氛围下，蒙田的著作向我们展示了一幅迷人的图景，呈现了一种致力于获得内在满足的自我。蒙田在私人生活中展现的丰富智慧，与法国政治生活中充斥着的愚蠢残暴形成鲜明对比，为《蒙田随笔》注入了一种悲悯的力量，使得这本书激发出穿越时空的共鸣。这种鲜明对比为自我概念提供了基本的理由：现代人之所以发明了自我，并追求内在满足，部分是因为，其他关于我们自身和我们人生目的的思考方式，看起来很容易滑向宗教暴力。[3]

蒙田的同代人相信，他们不朽灵魂的命运就悬在宗教争端的天平之上。而蒙田则为他们提供了一个简单但又颇具挑战性的、关于如何整体性地看待自身的替代选项：他建议他们学习死亡。基督教所谓的"勿忘你终有一死"（memento mori），提醒我们牢记今生的虚无，以使让我们转而关注来生。而蒙田版本的"学习死亡"反其道而行，反驳了人类灵魂的超越性愿望，将我们的想象力限制在内在性的范围之内。"我们从未归家，我们总在前行，"蒙田写道，"恐惧、欲望和希望把我们推向未来，用未来将要发生的事情来取悦我们，剥夺了我们对当下的感知和考量，即便未来我们将不再存在。"他规劝我们要认识自己，应该"把握住当下，把自己安放其中"。这是因为，"真正认识自己的人，不会再误把外物当作自身的。这样的人以自爱和自我教育为先，拒绝多余的消遣和无用之物"。正如蒙田所言，人类的问题就在于，总是关注我们日常生活之外的东西，这种关注虽然非常自然而然，但并不明智。认识自己使自然本性得以复归，让我们安顿在当下，也即惟一的原本就属于我们的时间。4

　　虽然这里对于基督教的永生观的批判不见得多么精深微妙，但蒙田思想的推进远远超出了单纯的反宗教论战。他不仅批判了基督教对永恒的执念，还批评了人们不安的灵魂中的每一次躁动，这些躁动使得我们执着于自身之外：对知识的追求，对荣誉的追求，甚至是对美德的追求。他向我们发起了挑战，要留在自己家中（chez-nous），要学会在我们自己和我们所处的世界之间安家，不再以任何超越性的目标或标准来衡量我们的生活。他向我们发起了挑战，要我们去实践内在满足的艺术。这门艺术让灵魂转向自我。

13

人文主义的内在性与蒙田的影响

蒙田是法国文艺复兴时期人文主义的代表人物。在关于语文学、古物研究和艺术技巧创新的成就之外，是他的大胆主张为文艺复兴时期的人文主义注入了巨大活力——只要有人类世界和自然世界就**足够**了：这个舞台足以满足我们的渴望，这个世界并不像《圣经》故事所说的那么堕落。15 世纪意大利文艺复兴时期的作家、建筑师和艺术家莱昂·巴蒂斯特·阿尔贝蒂（Leon Battisti Alberti）最一针见血地提出了人文主义的观点："人是将朽的但快乐的神明。"相比于那些不折不扣的普罗米修斯式的人物，例如阿尔贝蒂和皮科·德拉·米兰多拉（Pico della Mirandola），他们认为此生便已足矣，或者用圣伯夫的话来说："自然无须恩典，便已完满。"蒙田稍微更谦卑一些，不过，蒙田所谓的内在满足的艺术，与那些人的人文主义主张相比，其实并无二致。[5]

人文主义拓展了我们的眼界，让我们看到这个世界及其不同的可能性。正如莎士比亚的英文作品和蒙田的法文作品中所特有的精细入微的笔触所透露的，这个世界值得他们用双眼满含爱意地凝视。我们不需要在体验生活时，总是觉得它指向了某个伟大的彼岸；我们不需要在构建制度时，总是想着它能够延续千秋万载。通过对我们的社会、科学，以及最重要的是，对我们自己做适当的调整，我们就可以学会把这个世界看作家园，而非牢笼。[6]

放弃追寻来世，专注过好此生，这一现代追求有好多个版本：有些是政治改革的方案，有些是技术改造的蓝图。但这种现代转向的最个人化的版本则是心理学：一种向内的努力，以驯服我们逃离自己的欲望，以及逃离蒙田所说的**人类处境**（l'humaine condition）的欲望，从而使我们学会一心一意地享受当前处境——找到内在的幸福。正是这种心理学转向，促成了现代自我的出现。[7]

15

虽然蒙田帮助现代自我发出了属于自己的声音，但自我的发展当然会产生诸多不同的影响，有时甚至是相互矛盾的影响：诸如蒙田的著作、伦勃朗的自画像，宗教改革中对基督徒和上帝之间亲密无间的关系的构想，默读的大范围流行，臻于完美的镜子，主权国家、市场经济和资产阶级个体之间的新秩序慢慢取代旧的封建秩序——所有这些，都在这场有关人类的自我理解的革命中发挥了作用。各种各样的、无论平凡还是伟大的创新，共同使我们成为现在的样子；而想要列出所有起作用的因素的完整清单，那是列不完的。[8]

不过，书籍确实影响甚大，而且很少有比蒙田的作品更具影响力的书了——这也是蒙田自己有意为之的。正如道格拉斯·汤普森（Douglas I. Thompson）所指出，"蒙田刚在波尔多拿到《蒙田随笔》有限数目的印本后，就立刻动身，前往巴黎的皇室宫廷，将印本亲手交给了亨利三世和宫廷里的达官显贵"。《蒙田随笔》帮助蒙田东山再起，恢复了他此前颇不得志的社会和政治层面的野心，为他获得波尔多市长的职位铺平了道路，并且也让他赢得了足够高的地位，以便为那些争吵不休的法国王公贵族充当中间人。在他死后，这些书将会产生更大的影响，成为或许是"17世纪法国和欧洲连续好几代人阅读最多的书"。法国哲学肇始于此，而道德家传统也同样肇始于此。莎士比亚也会读蒙田，他似乎曾与本·琼生分享过同一本《蒙田随笔》，而且他可能认识蒙田的第一位英译者约翰·弗洛里奥（John Florio）。弗兰西斯·培根和勒内·笛卡尔这两位现代科学之父，深受蒙田的怀疑主义和经验主义的影响。之后的作家——包括18世纪的伏尔泰和狄德罗，19世纪的爱默生和尼采，20世纪的弗吉尼亚·伍尔夫和斯蒂芬·茨威格——他们都受益于蒙田的思想火花。而且，蒙田的魅力从来都不局限于倾慕文学或哲学的男男女女。赫尔曼·梅尔维尔将《蒙田随笔》列为"世上每一个身居要职的严肃头脑都自然而然想要去阅读的书"之一。因为，《蒙田随笔》满足了严肃而忙碌的人们想要阅读"真人真事……免于陈词滥调"的口味，而且书中各章节都很简短，使得这本书很适合放在床头柜或机场航站楼，供人随手翻阅。《蒙田随笔》这本包罗万象的书，一直以来吸引了数不胜数的读者。[9]

蒙田之所以享有这样的成功，部分原因在于，他那门关于内在满足的艺术，激发并塑造了一个不断壮大的阶级的野望，而这个阶级将越来越有能力定义何为现代世界。正如南娜尔·基欧汉（Nannerl Keohane）所写的那样，"蒙田致力于为花花世界中迷失方向的个人打造新的规范"，并巧妙地"描绘了一种以自我为中心的生活"，从而"成功地使这种自我为中心的生活变得很有吸引力"。在蒙田所处的时代，这一努力颇能迎合其他那些与蒙田处境相似之人的抱负。这些人属于**资产阶级绅士**（bourgeois gentilshommes），他们家底殷实，受过良好的教育，往往是新近才被册封的官员。他们已经超越了第三等级的出身，但仍然被迫忍受着来自**佩剑贵族**（gentilshommes de race）的鄙视，偶尔还会被这些人拔剑相向。对他们而言，《蒙田随笔》有助于"发明一种高尚生活的理想"，而这种理想与他们试图取而代之的那个阶级的军人理想相比，"非但迥异，而且更胜一筹"。不过，这些资产阶级绅士的崛起，只是阶级统治地位在更大范围内发生变化的先声——这一变化最终将见证**绅士**（gentilhomme）理想被完全搁置，而**资产阶级**（bourgeois）理想则备受青睐。正如菲利普·德桑（Philippe Desan）所指出的，"可以把蒙田视作资产阶级伦理的最佳代表之一"，而这种伦理将会随着现代市场和现代政治的兴起，最终占据主导地位。蒙田式的自我及其内在满足的艺术，与现代生活的基本社会潮流之间，有着高度的一致性。[10]

蒙田的影响，无论是直接的还是间接的，都能帮助我们以一种独特的现代方式，来理解我们自己，以及我们所追求的幸福。虽然他的作品相当庞杂，被有意处理得缺乏体系，而且他自己也偶尔承认，其中不乏自相矛盾之处。但他在一个十分支离破碎的章节中说道："是懒惰的读者没能领会我的用意，而不是我自己搞错了。"蒙田有其一以贯之的用意，并且自觉地引导他的读者们去经历"一种前所未有的精神锻炼"，来改变读者们的自我理解。他的观点既铿锵有力，也有理有据，并且以散文的形式如此生动地呈现了出来，以至于爱默生说："剖开这些文字，会有血流出来。"在所有其他有助于塑造现代自我的潮流的帮助之下，他向我们展示了以现代政治为背景的人类学。[11]

17

灵魂与自我

想要成为自我，需要改变我们的欲望，这样一来，我们可以将内在满足看作人类生活的恰如其分的、合乎需要的目标。要做到这一点，我们必须践行蒙田用**界限**（circumscription）这一意象所描述的生活艺术：

> 我们欲望的航线，必须被严格限制和约束在最接近和最相邻的美好事物之中。此外，航线不应该是一条指向某个终点的直线，而应该是圆圈的形态，其中的点两两相交，并经由一条简短的周线，在我们身上相遇。[12]

18 　　我们的欲望并不会自然而然地就遵循这样的回旋路线。我们生来就焦躁不安：正如蒙田所处的古典传统和基督教传统中的作家们所证明的那样，我们的欲望沿着一条直线狂奔，想要抵达某处终点。奥古斯丁向他的上帝呐喊："你为你自己而造了我们，我们的心生来就不安，直到它在你那里得到安息。"苏格拉底将**爱欲**（eros）——对不朽和智慧的饥渴难耐且永不餍足的渴望——描述为人类灵魂的核心部分。《妥拉》（Torah）讲述了一个无家可归的民族在旷野中流浪的故事，基督教将这个故事转化为人生即羁旅的看法，认为人生就是一次经由异乡，去往我们永恒家园的旅程。这些故事和意象，与一个自知必朽的生物的体验相吻合，他知道自然为他定下了死亡的罪罚，他对此愤恨不已，并在哲学和诗篇等所有作品中，表达他对超越自然限制的渴望。而蒙田式的道德自然主义的艺术，则勉力反其道而行之。自然必须加以改造，以使其回归自身。[13]

为了实现这一改造，蒙田重置了自然的标准。古典传统和《圣经》都将人类置于自然的制高点，赋予他们蒙田所称的"想象的王权"。蒙田试图拉低我们的视野，让我们的自我形象显得更为谦卑一些。《蒙田随笔》中最长的一篇，即《为雷蒙·塞邦辩护》（*Apology for Raymond Sebond*），在开篇就列举了许多动物的神奇力量，蒙田想以此打击那种使我们自以为可以理所当然地对其他造物行使支配权的假设。对于人类在万物序列中的真正位置，我们究竟了解多少？毕竟，我们没有办法懂得动物的所思所想，也没有办法破译它们的语言。我们知道，它们拥有人类所不具备的能力，从蝙蝠的声呐功能，到水母的蜇人本事……我们只能猜测，它们的感官有可能触达哪些我们无从知晓的东西。"当我和我的猫一起玩耍时，"蒙田问道，"谁知道到底是我在逗它玩，还是它在逗我玩呢？"[14]

动物世界中的迷人未知，与人类自视为自然界的"主人与帝王"的傲慢，形成鲜明的反差。这种傲慢，在狩猎中体现得淋漓尽致。蒙田的同时代人把狩猎赞颂为"国王的运动"，而蒙田却非常厌恶这项运动。正如卢梭后来指出的那样，狩猎确实培养了人类的勇气、耐心和狡猾，但代价则是，对所猎杀的野兽施行的血腥暴力，成为了人类第一次真正的自我意识体验。狩猎使得人类成为嗜血而又强大的动物。正如莱昂·卡斯（Leon Kass）所写的，"人类想要比牛和猪活得更好的愿望，似乎与想吃掉牛和猪的胃口相伴而生"。而蒙田哪怕看到一只鸡被拧断脖子，都会心怀忧戚。在他看来，

19

我们想要超越自己的动物性的努力，会让我们自厌自弃、错乱发狂。他不认为这是笔好买卖。[15]

古典哲学认为，理性这种能力既能将我们与动物区分开，也应该能指导我们。而蒙田则认为，将我们与其他动物区分开的，是我们失控了的想象力，而非我们的理性，并且他并不觉得这种区分对我们多么有利。因为，人的想象力中"孕育出了压得他喘不过气的各种烦恼：罪恶、疾病、优柔寡断、纠纷和绝望"。人类的真正问题所在，并非我们没能培养出专属于人的那些能力，而是我们试图超越自我的尝试。这种尝试不但误入歧途，而且注定会失败。我们实现自己的本性的方式，并不是将自己与动物区分开，而是跟随它们的脚步："对于我们生活中最重要、最必要的方面而言，从野兽身上，我们习得的最有用的教诲是：我们如何面对必然的生存和死亡，如何管理我们的财物，如何关爱和照顾我们的孩子。"蒙田并不倾慕那些传统上被颂扬的人类的崇高典范，而是将我们的目光引向了动物和农民——后者是人群中最卑微的那些人——他们更亲近自然。对动物和农民来说，想象力失控造成的伤害，在他们身上都还不那么严重。[16]

蒙田关于内在满足的艺术教导人们，要像一只躺在阳光下的猫一样，去追寻幸福。只有当我们把这种人类社会的美好愿景，与蒙田所继承和改造的传统所倡导的美好生活范式放在一起比较时，才能充分理解它的新颖独到之处。

纯粹的生活何以成为美好的生活

蒙田所继承的古典传统和基督教传统中的作家们，他们内部虽然有许多分歧，但在一个关键之处，往往能达成一致：存在某种"必需之物"（one thing needful），即存在某种单一形式的完美，赋予人类生存意义和幸福。这一传统中的作家们以各自截然不同的方式坚持认为，成功接近某种超越性的目标，才能使人生值得一过。[17]

苏格拉底曾对雅典陪审团说过一句名言："对于一个人来说，未经省察的人生不值得一过。"而苏格拉底正是隶属于这一传统的诸多哲学家中最伟大的中流砥柱。古典哲学家们的学说虽然各异，但他们往往都认同苏格拉底的观点：哲学活动是不可或缺的。如果缺少了这项活动，那还不如死了。斯巴达的列奥尼达（Leonidas）[①]和罗马的布鲁图斯（Brutus）[②]，则代表了关于最佳生活方式的另一

[①] 列奥尼达为斯巴达国王，在第二次希波战争中，带领三百名斯巴达士兵及数千名希腊其他各城邦的联军士兵驻守温泉关，抵抗兵力远远更强的波斯军队。列奥尼达率众人英勇作战，让波斯军队付出了巨大代价。但最终寡不敌众，列奥尼达及手下的斯巴达士兵均战死在温泉关。

[②] 罗马历史上至少有两位著名的布鲁图斯。年代较早的一位，是卢修斯·尤尼乌斯·布鲁图斯（Lucius Junius Brutus，约公元前 6 世纪）。他带领罗马人推翻了罗马王政时代的第七任国王塔昆的残暴统治，建立了罗马共和国。传统上认为，这位布鲁图斯是罗马的第一位执政官。年代较晚的一位，是马尔库斯·尤尼乌斯·布鲁图斯（Marcus Junius Brutus，前 85—前 42）。他是罗马共和国晚期的一名元老院议员，曾策划刺杀了独裁者恺撒，后败于屋大维和安东尼的联军，并自杀。前一位布鲁图斯是后一位布鲁图斯的直系祖先。本书两位作者在这里并没有明确指出到底指的是哪位布鲁图斯，但这两位布鲁图斯都被后人视为罗马共和国的象征。

套理想，即公民的理想。公民身份对他们而言的意义，就相当于哲学对于苏格拉底的意义：是让人生值得一过的东西。对于像小加图（Cato the Younger）这样的罗马人来说，失去了公民身份，那就相当于被奴役，是比死亡更可怕的命运；小加图宁可惨烈地自杀，也不愿意接受这种选择。① 而基督徒的看法则截然相反。对他们来说，进入天国的机会乃无价之宝，人们应该不惜一切代价，来换取这一机会。想要像基督那样生活，就必须愿意背起自己的十字架，去寻那无价之宝，必要时还需以身殉道。没有基督的生活，是人间之地狱与永世之诅咒。[18]

对于将这些截然不同的生活方式联系在一起的共同原则，蒙田提出了质疑。尽管蒙田熟读古典和基督教作品，但无论是在哲学、政治还是宗教层面，蒙田都没有追随传统标准亦步亦趋。"作者通过一些特别的、异质的标记，来向人们表达自我，"他写道，"我通过我的普遍存在（universal being），来实现这一点。我作为米歇尔·德·蒙田，而不是作为一位语法学家、诗人或法学家，是这样做的第一人。"蒙田向我们发言时，并不自视为某种职业的从业者，也并不自视为走了某条既有道路的典范。他不是作为一位哲学家、一位公民或一位志存高远的圣徒来向我们发言的。相反，他只是作为一个人，来向我们发言。蒙田写道："我的工作和我的艺术，就是生活。"（Mon métier et mon art, c'est vivre.）活着只需"与

---

① 小加图（Marcus Porcius Cato Uticensis，前95—前46）是罗马共和国晚期的政治家，坚定支持罗马共和制，反对恺撒的独裁统治。恺撒进军罗马时，小加图追随庞培，反抗恺撒。兵败后，小加图不愿向恺撒求饶苟活，于是自杀。

自然条件相合"，而无需追求任何其他的条件。对于"我应该如何生活？"这个自古以来争论不休的关键问题，蒙田的回答很简单："活着就好了。"[19]

　　直接将人类生活视作美好生活——一种并不专门化的生活，一种不追求达到**任何**超越性目标的生活——标志着蒙田身处的这个重要时代里，道德领域也许最重要的创新。正如皮埃尔·马南（Pierre Manent）所指出的，这个时代最著名的两位创新者，尼科洛·马基雅维利（Niccolò Machiavelli）和约翰·加尔文（John Calvin），都试图改革既有的生活领域：马基雅维利主张扩大政治在道德领域所起的作用；加尔文主张改革教会，以及我们与上帝之间的关系。至于蒙田，则引入了一种新的生活形态：纯粹的生活（mere life），为了生活而生活，没有哲学、政治或信仰作为既定规范的生活。对于苏格拉底、小加图和奥古斯丁而言，对于由这些楷模所塑造的整个西方世界而言，缺少这些既定规范的人生，是不值得一过的；那是亚人（subhuman），**根本就称不上是人生**。蒙田则提醒所有人，在他们是哲学家、公民或圣徒之前，他们首先是人。他伟大的原创性在于，**就将生活本身视为美好生活的典范**，从而将这种生活方式的价值引入我们的视野。[20]

　　他写了无数的箴言，其中有一句完美地把握了这一点："我们都是些大傻瓜：我们说'他一辈子一事无成'，或者说，'我今天什么都没做。'什么！你难道没有在生活吗？这不仅仅是你基本的营生，而且是你最杰出的营生。"这种情绪现已成为常识，甚至是陈词滥调。但这种陈词滥调的流行，本身就意味着人们普遍拒绝

22

了古典和圣经式的人生活法。古典和基督教传统中的英雄，尽管他们的野心各不相同，但都拒绝接受时间和死亡施加的限制。像柏拉图这样的哲学家，努力将自己的思想与永恒的真理融合在一起。像亚历山大大帝这样的征服者，活着只是为了不朽的荣耀。像奥古斯丁这样的圣徒，追求让自己的心安息在创世的上帝的怀抱之中。想要超越我们这些必朽的人类所处的境地，如同火星一般向上飞腾，似乎是这类灵魂的本性所在——实际上也是人类生命的本性所在。然而，要成为自我，追求内在的幸福，就必须把这些传统的渴望放在一边，回到属于自己的家园，在平凡日常中，发现生活的富足。[21]

这样一来，就需要改造我们全部的精神生活和道德生活，而这首先意味着要深刻地重新认识**我们是谁**。这种改造，始于一种对寻求自我认知这一哲学核心议题的全新看法。

从对人的认识到对我的认识

我们如何来理解我们自己？蒙田写道，哲学在追求永恒不变的真理时，"把我们的灵魂从身体上抽离了出来"。哲学所发现的概念，承载了我们的自我认知：我们通过一种看起来普世性的，对美德、幸福和人性的理解，来思考自己是谁。不过，我们真的能够以这种方式超越自我吗？哲学家们花了成百上千年来追寻这些普世问题的答案，但仍然一无所获。他们对洞悉人性的追索，促使他们给人下了各种定义，从理性的政治动物，到两腿行走且没有羽毛的鸟。他们对美德本质的探究，反使他们暗中破坏了每一条道德法则，从禁止食人到乱伦禁忌。他们对幸福的追寻，对至善（summum bonum）的探求，至少产生了对这一概念的二百八十八种不同的理解。从看星星的泰勒斯（Thales）跌入井中，到犬儒哲学家第欧根尼（Diogenes）在木桶中安家，他们付出了种种努力，试图实现美好生活的愿景，但这些努力往往被证明是徒劳的。然而，这番失败并不足以让他们获得自知之明、不再自说自话地把自己想象为惟一一发现了美好生活秘密的人。[22]

蒙田在《为雷蒙·塞邦辩护》一文中，花了大量的篇幅记录了哲学家们的愚蠢行为。在该文中，对哲学之失败的讨论，构成了他的论述的基础：他试图重新认识我们应该如何寻求自我认知，以及当我们在寻求自我认知时，究竟能够找到什么。"鉴于哲学无法找到一条适合所有人的宁静之路，"他写道，"那就让每个人单独去寻找吧！"他的关于界限的艺术，让追求自我认知这件事情变得个体化了。"我对自己的研究，比我对任何其他学科的研究，下的功夫都更多，"他在相当具体地描述自己的身体习惯时写道，"这就是我的物理学，这就是我的形而上学。"他将自我认知从"对人的认识"转化为了"对**我**的认识"。[23]

在法语中，"自我"（le moi）一词是一个抽象概念，由定冠词后面接第一人称代词组成。尽管蒙田这样一位总是偏爱具体而非抽象的作家，并没有将 le 和 moi 放在一起，创造出"自我"这个抽象术语（这一区分似乎是由帕斯卡尔做出的），但他决定花如此大的篇幅探讨他自己——"我"（moi）——仍然是对传统的重要突破，使得自我获得合法性，成为交谈和思考的对象。蒙田在书的第一页上写道："我自己就是这本书的主题"（Je suis moy-mesmes la matiere de mon livre），并且向我们宣告，本不应该把时间浪费在如此虚荣和轻浮的主题上。从早先的观点来看，这种虚荣和轻浮是实实在在的道德问题：人类在应该谦卑和严肃的时候，往往太容易虚荣和轻浮了。为了避免这些道德危险，人们为"传统上对第一人称的禁令"赋予了合理性。而在《蒙田随笔》中，蒙田违反了这一传统禁令多达八千余次。他让他自己成为《蒙田随笔》中的惟一主题。不过，虽然他无所不谈，但只是为了更充分地表露自己，他利用世界给自己心灵带来的刺激，来激活判断，促进自己的本性流露。他谈论荷马的诗歌和埃帕米农达（Epaminondas）的功绩，谈论食人族的歌曲和帕提亚人的武器，以便向我们展示**他**自身的某些东西。关于探寻普遍人性的真理的失败，使得人们在谈论自己时变得适度谦卑。这种谦卑，正是对我们认知的边界的谦卑。[24]

伟大的柏拉图式的哲学，探索的是分辨善和美的形式。而蒙田则将这一探索限定为一种更谦逊的、更个人化的追寻，即旨在发现所谓的**掌控形式**（forme maistresse），一种完全特有的"自然形式"（natural form）。这种掌控形式属于是一种内在的真实自我，既是自然的，又是通过经验建立起来的，是自身性格的持久的统一体，它"与教化作斗争，也与反对它的暴风雨般的激情作斗争"。蒙田用自己的人生经历来举例：早熟的独立思考能力使得他在还是个孩子的时候，就在重大问题上自己做主；拉丁语——他所学的第一门语言——会在他受惊的时候脱口而出；从独自睡觉到用餐巾擦牙，直到老年，他都始终保持着这些长久的习惯。他不断地发掘着自己的掌控形式，生活中任何新的变化，都能使蒙田更充分地了解自己。[25]

正如这些例子所表明的那样，蒙田的掌控形式不能简单归结为纯粹且与生俱来的天性、长期的习惯、命运的偶然，也并非通过自我塑造的行为而创造出来的艺术品。它是所有这些的总和：蒙田既谈到了"自然形式"，又要求我们"将我们每个人的习惯和状态称为**自然本性**"；他告诉我们，他曾经部分地是由像咳嗽这样偶然的事情塑造的，而在写书时，他"用比原先更清晰的色调来描绘自己"。只有通过这一整本《蒙田随笔》，这本他描述为"与作者一体"的作品，蒙田才得以展露自身，一件由自然、习惯、财富和艺术所构造的混合体。试着将**全部**的自己都记录下来，就像蒙田在《蒙田随笔》中所做的那样，这便进入了一种直接的、对自我认知的追寻。因为，蒙田在努力记录自己的时候，并没有借助一般性哲学术语作为中介，他并没有把自己切分为不同的部分：转瞬即逝或旷日持久、值得赞美或应受谴责、自然或人为、低等或高级。他以一种直接的自我剖白，向读者展示了他探索创作出来的自画像，而并没有将自己理论化。[26]

因此，《蒙田随笔》构成了一种新的自我认知模式。这种自我认知是自传性的，而非理论性的，是个体性的，而非普遍性的。但这部书也构成了一种新的道德姿态——作者在自我剖白中，展现了真诚。这一做法预示了一种对美德的全新理解，或者说，预

26

示了对道德生活的重新认识。这种新认识，将在很大程度上摈弃"美德"（virtue）这一术语。当我们将我们自己理解为自我，而不再是灵魂，理解为内在的存在，而不再是以超越性目的为追求的存在，就必然需要从头开始、重新考虑道德生活的本质。

内在美德，或"无可挑剔的品质"

如果我们追随蒙田的脚步，将掌控形式的内在标准作为我们基本的道德检验标准，那么我们对道德生活的理解就会收缩，并转向内在。对我们是谁的内在理解，包含了对道德的内在理解。灵魂的种种傲慢的渴望，包括渴望跟随上帝的脚步，以不朽的功业超越死亡，包括锻炼理智的头脑——亚里士多德所谓的我们身上最神圣的部分，都被忠于独特自我的决心所取代。我们所追求的"既非成为天使，也非成为加图"，而是成为一个独立的人——一个有名有姓的个体。[27]

忠于自己，替代了对不朽的追寻，为蒙田创造了现代的道德
[27] 标准，即莱昂内尔·特里林（Lionel Trilling）所说的真诚：

> 谁会不希望忠于自己呢？忠于自己之人，也就是忠诚之人，他的恒心从不会被动摇。忠于自己之人，也就是诚实之人：与他打交道时，从不会有诡诈。忠于自己之人，用木匠和砖匠的话来说，也就是与自己严丝合缝之人。

蒙田从未自诩为智慧的、英勇的或神圣的，但他确实声称自己是真诚的。他曾谈到，《蒙田随笔》中的自我剖白计划若想要成

功，只需要忠实于其主题即可，"也就是说，在其中能寻找到最真诚和最纯粹的东西"。他是一个表里如一的人，他写道："我的表情立刻就让我暴露了"；我真实的样子就是我看上去的样子。他对每个人说的话都没什么不同，哪怕是王公显贵也是如此。和王公显贵说话时，他绝不会"刻意回避谈一些事情，哪怕是相当沉重或刺耳的事情"。他从不会夸下海口——不会对他所爱的女人夸下海口，甚至也不会对在宗教战争中某个特别焦灼的时刻挟持他索要赎金的绑匪夸下海口。他不允许自己言不由衷。内在且自我约束的真诚标准，让他投身于一种独特的正直理想。[28]

忠于自己这种美德，任何人原则上都能够掌握。这种美德不需要多么卓绝的才智，也不需要艰苦朴素或勇敢无畏；它只需要有意愿和决心，做到言行一致和言出必行。只要我们能节制自我，不再把自己太当回事，我们就会愿意说出我们心中所想，并践行我们说过的话。蒙田的坦率，体现在他的衣着、言语和行为上，透露出一种优雅的漫不经心——体现在他整个人的生活态度上。他把这种优雅的漫不经心称作是**淡然**（nonchalance），并将其与"在年轻人身上可见的不修边幅"相提并论。这些年轻人把大衣穿得像是围巾一样，故意把袜子弄得乱七八糟。这与我们这个时代把人字拖随处乱丢的学生相比，也没什么两样的。蒙田在衣着上可以漫不经心，是因为他不装腔作势；他在言语上可以颇为随意，是因为他没什么需要藏着掖着的。他写道："我对着书页说话，与我对着我遇到的第一个人说话，也没什么不同。"在他这里，诚实正是卸下伪装的产物。[29]

28

这种淡然需要被习得，因为人们自然而然地就会把自己太当回事。蒙田讲述了他的一位熟人的故事，那人觉得自己还没写成关于这个或那个国王的史书，便行将就木了，这是天底下最大的不公正。在蒙田看来，其实我们或多或少都有点像这样，所以必须学会放下自视甚高的愤激心情。这条教诲颇值得我们学习，因为学会淡然，就相当于习得了自由。这让我们能够从容应对命运，既不做它的主人，也不做它的奴隶。蒙田的自画像向我们展示了这样一个人：他既乐于享受人世间的每一种快乐，又能坚定地忍受苦难、混乱和疾病；他在有福之时心存感激，而在有难之时，也能有所担当。他学会了在面对死亡时淡然处之。他说："我希望，当死神来临的时候，我正在种白菜，但对她满不在乎，更不在意园子还没种完。"30

这种淡然的态度，是蒙田对人在宇宙中的地位的理解在道德上的投射。蒙田写道："当村子里的葡萄藤结冰的时候，我的牧师认为这是上帝在向人类发怒，并断言食人族已经有了种子。"人们都倾向于用主观意志去解读大自然的变幻莫测，相信不论当太阳照耀在我们身上时，还是冰雹从天而降时，大自然都在为我们着想：

> 但是，无论是谁，倘若他能像画一幅画一样，展示出我们的自然母亲满是威严的伟大形象；他就能从她的面孔上，读出如此普遍而持续的变化；他就能在其中注意到自己，而且不仅仅是他自己，还包括整个王国，就如同画布上用极细的刷子刷出的一个个小点：他就可以按照事物的真实比例来做估计。

29

将自我认知内在化，就是要像宇宙对待我们一样，不要太把自己当回事。这样做有助于我们抵御尼采所说的"让人陷入精神不自由的最大危险"：也就是"自以为天命所归"。尼采写道："还有比这更危险的诱惑吗？这种诱惑有可能会诱使人们放弃对伊壁鸠鲁派诸神的信仰，转而去信奉一些小神灵。前者漠不关心，并且对我们全然无知；而后者则充满了关爱，甚至会亲自了解我们头上的每一根头发。"用蒙田的话来说，骄傲且顾影自怜之人幻想着"天穹之上令人心折的变幻，那些在他头顶之上傲然摇曳的火把的永恒光芒，无尽大海的汹涌波涛，好像它们千百年来都是为了给他提供方便和服务而生"。大自然不是为我们而造的，大自然也不会来惩罚我们；自然对每个人的命运毫无兴趣，在自然眼中，某个人的逝去与一只牡蛎或一株菊花的消亡也没什么不同。如果不这样设想，那么就会给我们无所不在的自恋大开方便之门。[31]

蒙田颇为尖锐地将他对人类存在的淡然态度，与他对牧师的淡然态度相提并论。虽然许多基督徒比蒙田笔下的牧师更了解在人类活动和自然现象中揣测天意的困难，但基督教的上帝确实是一位人格化的神，他盘点着我们脑袋上的每根头发，在意我们生活中发生的每一件事。蒙田沉醉于卢克莱修的诗歌，而卢克莱修正是伊壁鸠鲁派诸神的最大支持者，这些神对人类事务毫无兴趣；由于自视为宇宙中无足轻重的存在，由于自己"被归入了所有人都被归入的那一类人中"，蒙田找到了些许安慰。[32]

30

蒙田的淡然源于他的判断——他对自己的判断，对自然的判断，以及对他自己在宇宙之中无足轻重的地位的判断。蒙田对事物的判断与他笔下的牧师有所不同，他并不为这种特立独行而感到难为情。事实上，对于受限制的自我而言，独立判断是基本的智性德行，同时也是自我教育的目的所在。与后来的卢梭一样，蒙田对教育给予了最密切的关注；他设想了一对导师和学生，来作为读者们的榜样，并为他们设计了课程，目的是让他们在思想、心灵和习惯上获得独立。他想让学生阅读所有古代的伟大作家，但又不屈服于他们的权威。当他发现自己的判断与柏拉图相近时，他就说这种所见略同"并非依着柏拉图而来的，而是依着我自己而来的"。广泛的阅读和经验，使得我们的判断力具备了所需要的能力，可以自主行使其功能，而无须做牵线木偶。[33]

根据蒙田对美德的理解，判断力取代了知识和智慧，因为它并不追求得到放诸四海而皆准的结论。虽然蒙田对万事万物都有其判断，但他声明这样做并非是将他自己当作了判断的基准。"我并没有犯以己度人这一常见的错误，"他写道，"（我）只考虑他本身的情况，不牵扯他与别人的关系，而是按照他自己的模子来塑造他自己。"他对人做判断时，只考虑他们是否与他们自己一致，而非他们是否与他一致。虽然蒙田从不试图展现什么英雄气概，但他并不怀疑斯巴达人在镇守温泉关时的英雄气概；虽然他从不试图彰显其贞德，但他并不怀疑他那个时代的圣方济各托钵僧的贞洁。在此，他指出了自己与马基雅维利和圭恰迪尼等作家的区别，后者认为理性或美德无法推动任何行动："似乎对每个人来说，自然的掌控形式都在他自己身上，这一形式是所有其他形式的试金石和参考标准。凡是不符合他自己心意的做法，都是虚伪造作的。

这是多么混蛋愚蠢的想法啊！"这样的人把道德上相当有局限性的自我推之四海，把自己当作评判他人时的标准。而蒙田则待人如待己：在他看来，压根不存在这样的标准。[34]

蒙田所谓的社会美德，包括在评判他人时的慷慨大度，另外还有宽仁和正义。就像他会向他人的优点致以敬意一样，他甚至在见到他人之恶时，会察觉到自己身上也有这些恶，并在评判这些人时抱以"惊人的仁慈和宽容"。人有时会成为怪物。但正如蒙田所言，"我在世上还没有见过比我自己更明显的怪物或奇迹"。蒙田式的自我内观己心，使我们能够意识到自己的内心有多么怪异可怖，意识到这种怪异可怖对我们而言并不真的很陌生。由此，我们就学会了怀着宽仁之心，来看待他人身上的怪异可怖之处。[35]

让我们守心自制，并强迫我们拴住心中怪物的那条界限，也教会我们正义，它使得我们能够尊重他人行事而不妄加判断。蒙田写道："无论谁来审视我的灵魂，我都不对下述诸事负有责任：任何人的苦难或毁灭，复仇或嫉妒，违法犯罪，标新立异与制造麻烦，以及失信于人。"在这个过程中，一个自我约束的灵魂学会了少管闲事，学会了坦然接受自己的位置和处境，学会了不以伤害他人为代价来谋求一己私利。它学会了管好自己的事，也学会了人人各尽其职的艺术。[36]

蒙田称这些特质为"无可挑剔的品质"，而非"美德"，他或许是在有意回避使用普世性和超越性的道德话语。作为受限的自我最典型的道德属性，这些特质与蒙田所称我们"日常的恶行"相对立：在 16 世纪充满了血腥、欺诈和分裂的法国，他每天都能看到背叛、不忠、暴虐和残酷在周围轮番登场。这些恶行来自那些不安灵魂的欲望，那些灵魂想要超越自己，想要把自己的意愿强加于人，想要统治，想要更上层楼。蒙田所倡导的界限，从源头上遏制了这些恶行。[37]

在限制了这些欲望之后，蒙田关注的并非治人，而是自治。亚历山大知道如何征服世界，而有的人则知道如何在私下里按照其处境过好生活，蒙田对后者品格的评价，要高于前者。亚历山大的老师亚里士多德，主张"一人之职位最能显出一人之品格"：他认为当我们坐在拥有公权力的位置上时，我们的品格最受考验，也最能够有所体现。而在蒙田看来，亚里士多德错了。"任何人都可以在闹剧中各尽其职，在舞台上扮演一个诚实的人，"他说道，"但在他的内心深处，在无所约束之处，在幽微隐秘之处，仍然能够有所节制，那才是关键所在。"与私人的内在生活带来的考验相比，职务带来的考验就相形见绌了："除了你自己，没有人能知道你到底是懦弱而残忍，还是忠诚而虔敬。"当别人对我们的真实面目有所猜测，我们则可以用一副亲切的面孔来搪塞过去。只有我们自己能看穿自己的伪装。在做道德评价时守心自制，就相当于让自己接受真正有能力评判之人的评判。[38]

约束我们不安的灵魂，就是让那种激发哲学家、公民和圣徒的心理能量，转而服务于建设我们自己的内在统一性这一更为谦卑的工作。如果我们能如此行事，就能在言谈举止中保持淡然，因为没有什么是需要去隐瞒的。我们可以评判一切，既不奴颜婢膝，也不自视过高，而是做我们自己，并学会习惯于这种生活方式。

33

我们可以在待人接物时慷慨、宽仁而正义，给予每个人他应得的，有时甚至超过他应得的。我们可以成为整全无缺之人。

蒙田描述的这些"无可挑剔的品质"，既颇有魅力，又带着一点自嘲的意思。他使得自我的道德生活变得很有吸引力，因为他只要求他的读者承认这种生活是可行的，而不是说非要将其当作所有人的典范。不过，在后来的几个世纪中，这些道德品质依然成为典范，并凌驾于前现代的传统美德之上：虽然我们仍然钦佩智慧、圣洁和英勇，但对我们而言，这些美德似乎并非让人生值得一过的必要条件；而弄虚作假、自贬自抑、自以为是、虚伪做作、残忍暴虐和不讲道义——这些都成为板上钉钉的凿凿恶行，突破了人之为人的底线。这是因为，蒙田式的道德品质——在言行中的坦诚和淡然，在评判时的独立和宽宏，在举止中的宽仁和正义——是每个人都能做到的；与这些品质相背离的恶行，则是我们在待人待己时，完全可以避免的。[39]

内在满足的艺术：独处与社交的平衡之道

蒙田试图重新思考我们是谁，我们如何认识自己，以及我们该怎样生活，遵循什么样的道德标准。他这一努力所抵达的顶峰，是对幸福的全新理解：一种被理解为内在满足的幸福。他将这种幸福的追求，描述为一种关于存在感、平衡和自我节制的艺术。通过这种艺术，蒙田实现了弗吉尼亚·伍尔夫所说的"对构成人类灵魂的所有不稳定部分的奇迹般的调整"。这种艺术的目的，是

34

要让自我始终保持对生活的兴趣，但又要避免强制性的依恋，既要与他人交往，但又要能自成一体。[40]

蒙田写道："跳舞的时候，我就跳舞。"当他跳舞的时候，他绝不会让自己的思绪游离，想起他作为一个作家的挣扎，与管家的争吵，或者周围酝酿的政治阴谋。他不会考虑舞伴的家世或财富，尽管他可能非常欣赏她的美貌。跳舞的时候就只跳舞，聊天的时候就只聊天，吃饭的时候就只吃饭，这就是把界限的艺术应用到幸福问题上。这就是知道我们身居何处，不至于魂不守舍，能够全身心地参与到各种活动和享受之中；这就是更丰满地生活，因为我们是在用我们的整个自我来生活。蒙田式内在满足的艺术追求存在感，或后来被称为觉识（mindfulness）的东西。用卢梭的话来说，它使我们能够享受"我们自身存在的感受"：也就是享受"活着"本身带来的简简单单的美好。[41]

这门艺术教我们如何在孤独中获得快乐——绝大多数人都太过焦躁不安，无法忍受孤独，更别提享受孤独了。蒙田自己也体会过孤独带来的困境，那是在他人至中年时，他卖掉了在波尔多高等法院的职位，退居到庄园，开始整日泡在自家的图书馆里。他那时没有任何具体的规划，思想就像脱缰的野马，而这给他自己带来的麻烦比给别人带来的还要多，并且产生了一连串可怕的"胡思乱想"。在这种孤独和闲暇中，蒙田为了对付头脑里各种怪异的想法，就将它们写了下来，本意是想要让自己感到羞耻。但羞耻感从未出现。相反，他的自我反思的艺术，教会了他在惊叹自己的所思所想之余，还能够自嘲一番，同时也教会了他与自己做伴："我们的灵魂可以反对自己，也可以成为自己的伙伴。"孤独使自我的内在资源得以浮出地表；蒙田通过内在满足的艺术将这些资源运用于自我教育，让自我体验到丰沛富足的所思与所梦，而非单调乏味。[42]

打开我们内心的空间，用充满想象力的活动来填满它，就相当于为我们自己搭建了一所灵魂的**后备间**（arrière-boutique），在那里，我们可以安放我们"真正的自由，为自己留有退路"。在那里，我们应该"日常与自己对话，而且这对话如此私密，以至于没有哪个熟人或陌生人能在那里有一席之地；在那里，我们必须与自己谈笑风生，就好像我们没有妻子、没有孩子、没有财产、没有随从或仆人，这样的话，如果有朝一日我们真的失去了他们，那这对我们来说也不会是什么新鲜事"。体察我们的内心生活，将其视作某种形式的丰满富足，就是要建立一处心灵的隐居之所，在那里我们怡然自适，好像没有任何人际关系的干扰。[43]

这首孤独的颂歌，可能听起来颇为刺耳。一个有妻室家小的人，真的应该将他们视若无物，一个人自言自语吗？然而，在这所后备间里，与自己做伴的能力，从自己怪异的胡思乱想中发现值得反思而非引人忧惧之事的能力，会在当我们不可挽回地失去所爱之人时提供安慰，因为它平息了我们对孤独的恐惧。它还能让我们克服自我异化的渴望，这种渴望让我们总想跳出自我的圈子。因此，它使我们的满足真正成为内在的——将幸福不仅置于世界的范围之内，而且置于自我的界限之中。[44]

不过，蒙田式内在满足的艺术并不是要让我们与世隔绝。相反，它允许蒙田把淡然的态度带入到自我的所有外部交往之中："在家务管理中，在学习中，在打猎中，在每一项活动中，我们都必须达到快乐的最极限，但也必须防止自己再进一步，因为从那开始，快乐就会与痛苦混在一起了。"蒙田采用了一种可以称之为"平衡术"的办法来管理他的家庭，既不务求事必躬亲，也不完全放任不管。虽然他是爱书之人，但他只爱能让人"娱乐"的"愉快和轻松"的书，"又或者是那些能宽慰我，劝导我调适自己的生命或应对死亡的书"：其中包括普鲁塔克和奥维德，但不包括亚里士多德和阿奎那。虽然他是一个好奇心极强的人，但他从不允许这种好奇心演变成学究式的迂腐傲慢或哲学家那般普罗米修斯式的野心。虽然他的好奇心驱使他去旅行，探索其他地方的人们的生活方式，但他的旅行并不像朝圣者或探险家那样，有多么崇高的目的。所有的雄心壮志——让我们的家园或心灵变得完美，想要追求神圣或追求第一——都使我们离自己越来越远。[45]

蒙田试图在介入和克制、存在和自我节制之间取得平衡，这一点在他关于性和爱的思考中表现得非常突出。蒙田对于美和性快感有着坦然的、自然的、身体性的兴趣，讨论这些主题时也相当大胆，这使得书中色情意味最浓的《论维吉尔的诗》（*Of Some Verses of Virgil*）这一章，被从 17 世纪提供给修道院的《蒙田随笔》印本中撕去了。他嘲笑那些对人类的这一自然需求有意摆出一副冷漠态度的人——"让我们瞧瞧，等他们爬到老婆身上的时候，还怎么自圆其说！"——他为我们描绘了一幅坦率、自由、亲热、俏皮的情色生活图。他并不像柏拉图那样，能在他爱人的眼中瞥见神明。一具年轻貌美的肉体，就只是一具年轻貌美的肉体——为什么还要奢求更多呢？将爱情抽象精神化，企图我们所爱之人和我们自己都成为异于我们的东西，企图能够获得比自然所悦纳的、更完美而持久的结合，就相当于背叛爱情。若让灵魂归家，让欲望成为关注焦点，那么身体就能教给灵魂一种反直觉的节制方式。因为，让爱情扎下根来，遏制其直冲穿顶之势，就相当于将**爱欲**限制于个体内在的范围之内。[46]

允许身体和身体性的快乐在我们的生活之中占有一席之地，既能舒缓心灵的欲望，又能不亏待我们的本性。我们的幸福不可能完全只是一种精神性的体验，因为自我并不仅仅是理智。"当我们身处餐桌前，我讨厌有人非要让我们还把思想停留在云端"，蒙田写道：吃饭的时候，就应该吃饭。如果在面对身体的享乐时畏首畏尾，我们就亏待了一半的生命。我们确实不应该耽溺于餐桌，但是应该"关心"它，"坐在它旁边，而不是每时每刻都躺在它上面"。安居于此间的艺术，是一门保持平衡的艺术——关心食材、饮品和陪伴，欣赏它们，像摆脱欲望的暴政那样，摆脱冷漠的暴政。如果我们把节制当作内在欲望的仆人，而非敌人，那么，身体性的快乐就会成为我们悦纳感恩的礼物，而不是急于逃离和令人恐惧的镣铐。[47]

蒙田的关于幸福的艺术，既讲究适度地关注身体的舒爽，也关注心灵的愉悦，既关心独处，也关心社交，从中来获得满足感。这门艺术中独特的社会性元素，使得安·哈特尔（Ann Hartle）认为，蒙田的功劳不亚于"社会的发明"的意义。蒙田在书中赞叹自己与朋友、女人和书籍之间的"交往"（commerce），并对交谈和通信的社交艺术充满溢美之词。他就这样描述了一种全新的社会世界——《蒙田随笔》这部书本身，作为法国新兴读者阶层的第一批共同读物，也催生了这一世界——社会化生活受到了自觉的约束，与政治、家庭和宗教分离了开来，并使其本身成为一种目的，成为我们追求内在快乐的目标所在。它因此偏离了人类传统的联结形式：城市和王国，家庭和教会。在这些形式中，社会关系由法律、血缘和上帝这些严肃的东西所限定；社会性与神圣性密不可分。而服务于内在满足目标的社会性，则并不追求神圣化。[48]

这种理念中的社会，作为人类幸福理想范式的一部分，是很有意义的。也就是说，这样的社会首先能够自成一体。过往思想家们所理解的人类之善好，总是把我们推向某种超越性的目标：要么是上帝，要么是荣誉，要么是持久永恒的美。蒙田则向我们展示了，人类社会如何被重新设想为一个独立自足的整体。从这种角度重新思考何为幸福，并没有让自我变得僵化；反而让自我能够自由探索，寻求多样性，在独处与社交之间左右逢源，让身体性的快乐和好奇心得到满足，让理智被蒙蔽。纵情于这种探索，乃至鼓励这种探索，都没什么不妥。这使得浅尝辄止的涉猎成为一种道德要求，因为危险并不在于兴趣飘忽不定，而在于过分地极深研究。

蒙田由此向我们展示了一个怀疑主义者如何追求幸福的图景。生活在下一个世纪的约翰·洛克（John Locke）说过一句著名的话：试图找到一种单一的至善，一种能够让所有人都幸福的最高善，就好像是打算用奶酪或龙虾来满足所有人的口味。既然这样的至善渺不可知，洛克所发展的自由主义政治哲学，就旨在让每个人都替他或她自己选择想要什么样的善好。不过，蒙田已经通过描绘一位反对艰苦朴素的怀疑主义者的生活，向我们展示了在这样的生活中追求幸福是一件实际可行的事情。他不会在奶酪和龙虾之间做选择——他两个全都要。在"永不餍足"（nothing too much）这条古老格言之上，蒙田又加上了"来者不拒"（nothing too little）这条现代推论。补足和改变一个人的乐趣和追求，会让他对所有的乐趣和追求都不以为意。[49]

39

友谊，是无条件的赞许

然而，在蒙田追求内在满足的过程中，有惟一一处明显的例外，让他不再故作淡定。在《蒙田随笔》中最著名的章节之一，他讲述了与艾蒂安·德·拉博埃西的友谊。当两人还是波尔多高等法院的年轻法官时，蒙田就与拉博埃西交往甚密。这份友谊一直持续到四年后拉博埃西去世，那时蒙田就守在他的临终病榻旁。蒙田告诉我们，这是相当例外的情况，双方都必须全身心投入，而这种情形每三百年才能遇上一次。什么共同的特质或共同的爱好，都解释不了如此深挚的友谊。蒙田用来形容这段友谊的句子，则被亚历山大·内哈马斯称为"有史以来关于友谊的最感人至深的话"："因为是他，因为是我。"（Because it was he, because it was I.）[50]

友谊的结合，就自由和整全性而言，超过了所有其他的社会关系。所有其他形式的人类联结——兄弟姐妹之间，父母与子女之间，恋人与配偶之间——都并不是那么可以自行选择，而更受法律和财产的束缚，更受激情和竞争的影响。在这篇仅十二页的短文中，蒙田化用了拉博埃西最著名的作品《论自愿为奴》（*De la servitude volontaire*）的标题，将他们二人之间的关系描述为出于"自愿的自由"（liberté volontaire）而形成的结合，并且使用了多达大约二十五次词根是"自由"（liberté）和"意愿"（volonté）的词语。我们对朋友的爱，并没有被执着的欲望所压迫，也没有被传宗接代的愿望所遮蔽；那已经制度化了的永久的阴霾，也没有让它黯然失色。我们爱我们的朋友，不是因为他们的美貌，不是因为他们的财富，甚至也不是因为他们的智慧，而是因为"所有这些东西相混合而得的精粹（quintessence）"：我们爱他们，是因为他们就是他们，是我们可以自由分享全部人生体验的伙伴。我们体会到，这种分享本身，就称得上是一件好事。[51]

尽管蒙田习惯性地怀疑任何饱受赞美的东西，但他还是赞美了友谊，因为友谊在社会层面上表现了他忠于人的处境本身。朋友之间形成了一个整体；这种结合不会想要超越自身。正如内哈马斯所指出的，蒙田坚定地拒绝解释为何他和拉博埃西是好友；因为一旦给出一个原因，那就意味着要在他们之间的关系中引入第三样东西，由此开始就要超越这种结合。如果我们说，"我爱我的朋友，是因为他很机智"，但问题在于，总能找到别人比他更机智；如果我们说，"我爱我的朋友，是因为他很诚实"，问题也同样在于，总能找到别人比他更诚实。为了确证他与拉博埃西的结合所具有的整全性乃至神秘性，蒙田走到了极端，这种整全性和神秘性使得人类情感得以脱离苏格拉底式的爱的阶梯，即从单个爱人的美貌出发，通向永恒不变且不具形体的美的形式。苏格拉底的阶梯可以看作是引领我们走向神圣和永恒，但代价是把具体的人抛在了脑后。而蒙田从未踏上过这个阶梯。[52]

蒙田把自己与拉博埃西的友谊，归结为无条件的、完全的、私人的赞许。这份友谊是无条件的——不需要任何理由或任何抽象的善好，来将两人联结在一起。他们两人，他们各自的自我，直接联结在了一起。这份友谊是完整的——两人各自把自己的全部都投入其中。这份友谊也是私人性的——这是一个有其特殊处境的、神秘的、有自我意志的、有智慧的人对另一个同样如此的人的情愫。在这一点上，蒙田式的友谊多少属于一种"突破了它所诞生其中的基督教框架的被造物现实主义（creatural realism）"。在这样的友谊中，一个朋友把自己的全部都献给对方；对方充满感激地接受了这份礼物，并以他自己作为回礼。[53]

蒙田强调，这种友谊相当罕见且非同寻常，它摆脱了血缘、功利和享乐等较为常见的纽带。但他这一章的文字表达了一种将会让现代人痴迷的渴望。现代人想要与他人一起经历《诗篇》作者与上帝的那种非凡的亲密关系：上帝知道他一切的想法、罪行和欲望，但仍然爱他如己出。不过，《诗篇》中的上帝既审判罪行，又宽恕罪人，而现代人所期待的这种亲密无间，则没有审判或宽恕的需要。[54]

41

这种非同寻常的社会纽带，就像蒙田式内在满足的艺术中的其他元素一样，超越了政治的界限。如此这般致力于友谊和幸福的生活，不仅让我们对自己的政治归属有了全新的理解，而且要求我们就得这样。

蒙田的保守主义，一种权宜之计

把人类生活的目的理解为追求内在满足，就已经给政治安排了其位置，而宗教的位置则与政治相毗邻。在蒙田的世界里，政治与宗教这两者是分不开的；他把这种复杂的统一体称为"**我们的政治—宗教秩序**"（notre police ecclesiastique）。蒙田对这种政治—宗教秩序的基本立场是保守的；他反复申明他对国王、对法国的法律和对天主教会的忠诚。但他的这一申明，是基于《蒙田随笔》中阐述的独特的人类学的立场做出的，也就是说，基于他对我们的本性及如何实现本性的全新理解。因此，当他申言忠诚的时候，他改造了其含义，这体现了现代哲学人类学对政治制度和宗教制度的全新态度。

《蒙田随笔》阐述了从内战经验中诞生的神学—政治保守主义。蒙田告诉我们，他"厌恶一切新奇的事物，无论它们以何种面目出现，而且这种厌恶并非无的放矢，因为我已经看到了它们相当有害的影响"。尽管在《蒙田随笔》中，他或直接或间接地详细描述了他自己所在的天主教一方在宗教战争中的罪行，但他把发动战争的责任都推到了新教徒的头上。在 16 世纪法国的政治—宗教秩序中，胡格诺派的宗教革新必然意味着政治动荡。蒙田在宗教上和政治上都是保守的，乃是因为无论我们怎么为革新辩护，革新都有可能意味着流血。然而，他这种保守主义的立场，其实在根本上是全新的。[55]

这一悖论在蒙田对天主教的明显的矛盾态度中，表现得最为突出。他发誓说："不仅我的行为和我的著作，还有我的思想，都真诚地完全服从于天主教、使徒和罗马教廷，我过去在其中出生，未来也将在其中死去。"在《蒙田随笔》所描述的生活中，天主教藏身于背景之中：蒙田写作的地方，是在塔楼底下的礼拜堂；而礼拜堂楼梯尽头的安吉鲁斯钟（Angelus bell），每天会奏两次《万福玛利亚》（Ave Maria）。[①] 蒙田在教堂里受洗，也在教堂里结婚；在整场战争期间，蒙田始终忠于教会，尽管对于一个思想颇为开明、在两边都有朋友和家人，且住在胡格诺派聚居区的人来说，他原本有充分的理由可以选择叛教改宗。当蒙田感觉到自己临近死亡时，他要求自己去世的时候要做弥撒。在他的旅行日记中，我们也看到蒙田经常去参加弥撒，很乐意聆听布道，并且参观了许多天主教的圣地。他甚至觐见了教皇，亲吻了教皇的鞋子。[56]

然而，他写了一本充斥着不敬的书。帕斯卡尔在评价蒙田关于死亡的思考时，称其为"完全是异教的"。蒙田拒绝忏悔，而忏悔正是天主教教理的核心要义，他写道："如果让我重新活一次，我还会像这辈子一样生活。"这句话以绝妙的简洁句式，表达了内在

43

---

① 《万福玛利亚》是《圣母颂》的片段，为天主教徒对圣母玛利亚的赞美歌。

满足式生活理想的成功，但帕斯卡尔的詹森派友人将其视为"可怕的话，标志着一切宗教情感的消亡"。在蒙田眼中，圣餐礼多少有点同类相食的意味，他认为耶稣的复活或许有自然主义的解释，他还说一位公正的上帝绝不会接受无辜者的血来偿还罪人之过。他不断谈及命运，他却几乎从未提到过神意。当他在考量祈祷所需的合宜的心灵状态时，他所要求的祈求恩典的罪人与仁慈施恩的上帝之间的纯洁关系，又迥异于基督教的主张。所以，《蒙田随笔》被收录在《禁书目录》上长达将近三百年之久，并不是没有原因的。[57]

为什么一个在宗教思想上持有如此怀疑主义态度的人，在宗教实践中却如此保守？正如爱默生早就指出的那样，蒙田在教堂里结婚，在罗马向教皇致意，以及临终前做弥撒，不过是遵从了他那个时代那个地方的习俗。他写道："我们是基督徒，就好像我们是佩里戈尔人（Perigordian）① 或我们是德国人一样。"宗教是由地理和历史决定的偶然，其中也包括**他所属的**宗教。但蒙田独特的怀疑主义并没有让他走向对宗教的教条主义式的或公开的蔑视。谈及宗教问题时，他似乎是在说："在我的国家，情况就是如此。我能怎么办？我能有滔滔雄辩，让我的家庭、我的国家乃至整个世界都为之颠覆吗？"他用他的人生对这些问题做出了否定的回答。[58]

蒙田这种怀疑主义与正统主义的怪异混合，从最深层次来说，

---

① 佩里戈尔是法国西南部的一处地方，大致对应今天的多尔多涅省。蒙田就出生在佩里戈尔。

源于他的人类学观点所提供的人性的和自然的理由，而非正统的宗教理由。正如他在描述自我的"掌控形式"时所做的那样，他在考虑神学—政治问题时也有意识地模糊了自然和习俗之间的区别，把习俗称作是"第二自然，而且力量并不比自然小"。他写道，自然"像所有其他事物一样，在其正常发展的情况下，也包含了人们的信仰、判断和意见"，而这些信仰、判断和意见"和大白菜一样，也有其变化、时令、诞生和死亡"。蒙田在遵循天主教习俗时，实际上遵循的是自然，因为人性自然就让每个人都置身于特定时空的特定习俗之中。"就像它给了我们一双脚，让我们行走，〔自然〕也给了我们智慧，来指导我们的生活"，这种智慧指导我们尊重习俗，而不是逆反习俗。蒙田仍然信奉天主教，因为天主教是一个 16 世纪的佩里戈尔法国人自然而然就会尊奉的宗教。[59]

　　但倘若他出生在巴西——那里的人"在令人艳羡的朴素和无知中度过一生，没有文字，没有法律，没有国王，没有任何宗教"——他也会成为一个不错的巴西人。尽管蒙田自称是天主教徒，但他并没有提出过什么论点，要让新教徒、无神论、穆斯林、犹太教徒或任何人皈依他的宗教。做一个基督徒，就意味着要做一个"得人如得鱼"的渔夫，也就是说要传教；而这样的传教，完全违背了蒙田式自我的精神。对蒙田来说，皈依就是"放弃道德责任和心理责任"，正如马克·里拉（Mark Lilla）所说的那样，这是自我背叛，而非重生，只会导致作假、虚伪和自欺。用尼采的话来说，最好是"成为我们所是"（become what we are）——我们已经所是，并且一直以来所是的样子。因此，蒙田始终都保持他之所是：作

45

为一个怀疑论者，追求他的内在满足，坚守他出生时的宗教，因为这既不至于太过冒失，又能从权达变。[60]

在论及相当政治性的问题时，蒙田也采取了类似的态度——在他的现代人类学这一全新基础之上来阐述保守主义。他向来宣称自己忠于法律、国王和国家。但他的保守主义，与英美传统中柏克式的保守主义没有什么共同之处。柏克假定，在被普遍接受的习俗之中，有一种"潜藏的智慧"——许多代人积累下来的见解和观点，形成了现有的行事方式，无论这些方式乍看之下是多么武断随意。与之相反，蒙田在考察他那个时代的习俗时，虽意欲为其辩护，却发现其基础如此脆弱，以至于连他自己都"几乎要厌弃它"。即便他有意想要在习俗中辨识出一些潜藏的智慧，也仍旧无功而返。[61]

蒙田认为，道德法和政治法事实上都没有任何理性的基础。不过没关系——它们并不需要理性基础："法律能维系信誉，并非因其公正，而是因为法律就是法律。这便是法律的权威的神秘基础；再无其他。这就已经足够了。"因此，尽管蒙田是一位保守主义者，但他从来没有为他那个时代的法律或社会秩序提供合理性辩护；他从来没有赞扬过君主制的政治优势或贵族制的内在正义。倘若太过认真对待关于何为正当的政体形式的争论，那就会引发混乱。虽然"我们很容易对目前的状况感到不满"，然而"如果希望在民主制国家中建立少数人统治的政府，或在君主制国家中建立另一种类型的政府，那就是愚蠢和错误的"。因此，他几乎完全没有谈到过最佳政体的问题。[62]

　　这样的保守主义中，本质上隐含着一种颇为怪异的激进主义。毕竟，大胆的马基雅维利式的观点会认为，政治应该以征服命运为目标。这种观点在常识上就很有吸引力，如亚历山大·汉密尔顿（Alexander Hamilton）在《联邦党人文集》（*Federalist Papers*）中就持有这一观点，他认为人类往往偏好由"深思熟虑和自由选择"来掌控自己的处境，而非受制于"机遇和强力"。而令人颇为震惊的是，蒙田竟然满足于命运的安排。"无论你把人放在什么位置上，"他写道，"他们都会自己腾挪转移，重新排列组合，这就像人们毫无章法可言地把互不匹配的东西放进一个袋子里一样，这些东西自己为自己找到了互相联结和彼此安置的方法，而最后的结果往往比有意费心安排还要来得更好。"这种无意间的安排足以维持一个政治体，乃至柏拉图或亚里士多德所设想的最美丽的政体。甚至连反抗彻头彻尾的暴政都缺乏理据，因为"在恶过去之后，到来的未必就是善；恶过去之后，可能另一个恶随之而来，而且可能比原先的恶更糟糕……我同时代的法国人对此很有发言权"。所以最好是从政治中抽身出来，经营起还没有被政治的毒液污染过的那部分生活。[63]

　　蒙田对内在满足的渴望，鼓励了这种全身而退的心态。他在内战中的经历提醒我们，政治激情是多么的危险；蒙田低估了人们为了控制或变革我们的日常生活而愿投入的理性能力、技艺和努力，这提醒我们，无论我们碰巧享有何种程度的和平与秩序，都应该对此心怀感激。通过将我们的社交欲望的目标从政治世界转移到社会世界，从一个基于统治和征服的世界转移到一个基于

47

自由、交流、分享兴趣和快乐的世界，蒙田试图将那些把周遭搅得鸡犬不宁的不安激情，转移到更平和的追求之中。他的努力并非徒劳无功。正如马克·富马洛里（Marc Fumaroli）所说，蒙田帮助塑造的"自由主义"的贵族阶级"不再那么野心勃勃：通过书籍、艺术、交流、旅行和满足精神层面的好奇心，他们乐于接受有史以来最多样化的人性形式"。在充满着好奇心、交流和对美的欣赏的生活中，而非在法庭上或战场上，能找到真正的生活。[64]

因此，尽管蒙田担任了两届波尔多市长，并且很擅长在法国交战各派之间辗转腾挪，但他从不认为他的政治活动对他的人性而言有多么重要。相比之下，他的父亲就对市长的职务更加投入，回到家里还在处理工作上的事情，并将其视为自己生命的重要组成部分。就蒙田自己而言，他坚持认为，"市长大人和蒙田始终是两个人，而且是截然不同的两个人"。蒙田所关心的自由，在一定程度上可以通过限制我们自己的勃勃雄心，从而得到保护。"卑躬屈膝的服从，"他写道，"只对我们当中好这一口，并喜欢以此来突显自己有多么荣耀的人有效。"涉足政治是自由的敌人，而远非自由的本质。即便是在天下板荡之际或在暴君的统治之下，也同样如此："说实话，我们的法律已足够自由，一个法国绅士一辈子里可能也碰不到两次来自主权者的施压。"在蒙田式的自我所追求的满足中，政治活动无足轻重。[65]

这种与希腊罗马流传下来的政治军事共和主义传统格格不入的想法，随着心心念念想要追求蒙田式内在满足理想的阶级不断壮大，也得以迅速发扬光大。内在满足的理想不要求人们参与到

48

政治中去，反而要求在私人生活中不受政治的干扰。因此，现代人往往偏爱邦雅曼·贡斯当（Benjamin Constant）所说的私人领域的"现代人的自由"，而非古代人的政治自决的自由。长期以来，读者们都注意到了在蒙田身上自由主义政治哲学的萌芽，这种哲学将在 17 世纪末诞生，有人甚至将蒙田描述为"发明了自由主义的哲学家"。对内在满足的追求，使得我们现代人倾向于从政治中抽身出来，进入到私人层面的享乐、友谊和思想的领域。在这一领域中，生活才可能是诚实的、自由的、真实的。[66]

蒙田的政治人类学与现代政治的纷争

蒙田描述了一种全新的生活方式：这种生活旨在追求内在满足，追求在我们的内在生活中获得心理平衡，追求在我们的社会生活中获得无条件的赞许。在人与人之间充满政治分歧的大背景下，这种对美好生活的愿景作为一种共同的人类学假设，往往能同时为右派和左派的论点指明方向。右派为自由市场经济所做的辩护，假定了经济持续增长是不言而喻的好事。这种假定很少会受到挑战，因为人们往往习惯于从内在满足的角度思考幸福，而不断丰富增长的各类商品和服务有利于实现内在满足。左派则主张对同类资源做再分配，其立场往往建立在类似于政治安排应支持何种繁荣的假设之上。同样，无条件的赞许这一社会目标，也经常同时成为右派对家庭亲密关系的赞美和左派对自由浪漫关系的辩护的基础。双方都倡导真实，谴责虚伪——这种道德标准，

49

与内在满足式幸福理念密切相关。在我们沸沸扬扬的公共纷争之中，对于到底什么才是美好生活的构成要素，其实有着心照不宣的实质共识。

　　尽管现代政治的许多争议是关于究竟何种政治愿景最能满足个人对内在满足的追求，但其他一些争论则源于现代哲学人类学的更根本的怀疑：人类能否充分理解作为自我的自己？心理平衡真的是获得个人幸福的关键吗？无条件的赞许真的是社会性欲望的目的吗？政治是否可以被一定程度上理解为一种多少有点权宜性的框架，人们可以在此框架内追求非政治的美好生活的愿景？又或者，所有把内在满足当作人类生活的实际目的的各种政治主张，它们关于我们是谁以及人类社会如何才能繁荣发展的假设，或许都是错误的？

　　这些问题几乎从一开始就困扰着现代哲学人类学。在蒙田去世之后的那个世纪里，他最伟大也最挑剔的读者布莱兹·帕斯卡尔将振聋发聩地提出这些问题。

第二章　帕斯卡尔：内在的非人性

蒙田在17世纪的影子

圣伯夫写道："每个人身上都有一点蒙田的影子。"蒙田为人 50
类的普遍利益发声——这里所谓的普遍利益，包括好奇心和追求
快乐，也包括物欲满足和直接的质疑权。他许诺，人们可以安然
享有这些，只要守在由坦率、人道和轻盈等现代道德标准所划定
的宽广疆域之内即可。凡是认识蒙田的人，很少能不折服于他略
显粗犷而又一以贯之的淡然态度。[1]

蒙田的练达、平和，对17世纪的法国人尤具吸引力，那时
他的文学声誉达到了第一个高峰。尽管困扰蒙田的法国内战随着
1598年颁布《南特敕令》而正式结束，但在随后的几十年里，取
而代之的则是不断扩大的、不乏暴力的对波旁王室及其强硬的首
席大臣兼红衣主教黎塞留（Richelieu）和马扎然（Mazarin）所代
表的王权顽固势力的抵抗运动。法国人的不满情绪在投石党运动
中达到了顶峰。这场在路易十四年幼时爆发的"未竟其功的革命"
（revolution manqué），是法国旧贵族抵制君主集权浪潮的最后一次 51

失败尝试。[2]

在这场动荡中，为了"回应投石党运动这场闹剧，以及经常与粗暴的贵族英雄主义联系在一起的粗野行径"，一种新的道德理想脱颖而出：正人君子式的理想，也就是达米安·米顿（Damien Mitton）——一位富有且世俗的文人，同时也是布莱兹·帕斯卡尔的朋友，以及隶属于王室的官僚——在他的《所谓正人君子》（Description of the Honest Man）中所描述的。米顿笔下的正人君子，"宽容、人道、乐于助人、能体恤他人的不幸"。正人君子追求幸福，但他追求幸福的方式，是要让别人也能获得幸福。他有无穷无尽的好奇心，但他也谨慎而谦虚；他行事很松泛，甚至有时略显疏忽，而且他并不幻想着要穿上闪亮的盔甲成为骑士。正如莱谢克·科拉科斯基（Leszek Kolakowski）所描述的那样，一位正人君子是"受过教育的、彬彬有礼的上流阶层中的一分子，他与同侪愉快地交谈，意见温和，避免顽固和激烈的党派意志"。在米顿和许多其他人看来，蒙田非常出色地体现了这种新的道德风格，而这种风格似乎很适合取代当时已经日薄西山的武士贵族的粗暴品位。后者不愿温和地走进那个良夜，而这只会带来无济于事的骚动。[3]

然而，有些人会怀疑，蒙田和他越来越多的追随者们是否把生活的界限划得太狭隘了——他们所拥抱的转瞬即逝的快乐，是否只是更坚实的幸福的劣质替代品。淡然处之的态度，可能远远低于道德生活对我们的要求，而且可能让我们太过容易就会与当权者的诡诈为伍。渴望获得朋友们无条件的认可，相比于天真地希望获得他人对我们个性的认可，或许更加幽暗可怖。根据这种看法，蒙田式的转向可能不仅会让我们不再关注无法避免的死亡和无法确知的真理，而且也会让我们不再关注我们的现实处境。倘若真的是这样的话，那么如此这般轻轻松松地游戏人间，看起来就不像是真的在生活。界限的艺术看起来就不像是对我们不安的欲求的健康约束，而更像是自我异化地扼杀了我们追寻上帝的灵魂。吊诡之处在于，蒙田对内在满足的人文主义（humanistic）的追求，似乎是"非人道的"（inhuman）。

没有人比布莱兹·帕斯卡尔更有力地表达了对蒙田式道德现代主义的质疑。在现代性的开端处，帕斯卡尔罕有的洞察力，方方面面地审视了现代性的意涵。帕斯卡尔不仅通晓现代物理学，而且参与创立了现代物理学，他比霍布斯本人更酷辣地描述了现代政治生活表面之下的霍布斯式的现实。在周围的正人君子们的生活中，他目睹了现代人追求内在满足的鲜活真相，并且看到，尽管他的同时代人已经百般努力，为了过上令人赞许的、艺术且愉快的生活，但奥古斯丁在古时候描述的那种心灵的躁动不安，仍然深藏于人们的内心之中。在帕斯卡尔看来，这一情形不可避免，因为**"人超越了人"**（l'homme passe l'homme）。人类根本不可能在人性本身的层面上获得满足。事实上，对内在满足的追求使躁动不安的心灵比以往任何时候都更为焦虑，因为现代性按照人类想象重塑世界方面的成功，让我们无比清晰地看到，人生的问题无法用心理学的计策来解决。正是帕斯卡尔首先并且最有力地指出了这种躁动不安中的现代症候——灵魂躁动不安，试图将自己控制在内在性的范围之中，但又无能为力。[4]

是现代物理学家，也是奥古斯丁派基督徒

53　　帕斯卡尔那颗躁动不安的心点亮了许多项无上光荣的现代事业——其中有几项，甚至是他尚未成年时完成的。弗朗索瓦·德·夏多布里昂（François de Chateaubriand）用一个极长也极为精彩的句子，概括了帕斯卡尔短暂而光辉耀眼的生平轨迹：

> 有这么一个人，在他十二岁的时候，用尺规创造了数学；在他十六岁的时候，写下了自古以来最渊博深奥的关于圆锥曲线的论文；在他十九岁的时候，将此前完全只是空想的一门科学付诸实践，制造出机器；在他二十三岁的时候，证明了空气也有重量，由此指出了古代物理学中存在的一项重大错误；他在其他人才刚刚出生没多久的那个年纪，就已遍览人类科学，觉察到其虚无，并转而思索宗教；从那一刻起，直到三十九岁去世时，尽管始终体弱多病且饱受折磨，但他仍然奠定了博絮埃（Bossuet）和拉辛（Racine）所使用的那门语言，并提供了完美的智慧模型和最强有力的推论模式；最后，在短暂的疾病间隙中，他通过抽象的方式解决了几何学中最重要的问题之一，并把对上帝和对人类来说同样重要的思想诉诸笔端：这位可怕的天才，名字叫作布莱兹·帕斯卡尔。[5]

让我们来补充一下夏多布里昂的概括中或许有些模糊不清的地方：帕斯卡尔出生在法国的克莱蒙（Clermont），父亲对他的教

育倾注了极大的热情，在家中亲自细心、温和地教导儿子，让人想起蒙田的《论儿童的教育》（*On the Education of Children*）。父亲艾蒂安·帕斯卡尔（Étienne Pascal）自己就是一位严肃的数学家，他察觉到儿子被数学深深吸引，担心这种痴迷会导致他忽视拉丁语和希腊语，因此在帕斯卡尔的幼年里，他一直没有接受数学教育。但帕斯卡尔偷听到了父亲与经常拜访他们家的数学家们之间的谈话，便开始自己动手，发明了一套关于尺规的私人几何学语汇。据他的妹妹说，艾蒂安·帕斯卡尔之所以会发现儿子在秘密从事数学研究，是因为有一天他走进了这个十二岁的孩子的游戏室，发现孩子正在自己推导欧几里得的命题32。① 艾蒂安于是改变了主意，开始正式指导布莱兹。这个年轻人很快就会为数学史做出重大贡献，而他的贡献不仅仅是他关于圆锥曲线和摆线的作品，还有他关于他所谓的"算数三角形"的论文——历史上称之为"帕斯卡尔三角形"（Pascal's Triangle）——这奠定了概率论的基础。十九岁时，他发明并主持制造了世界上第一台可以投入使用的计算器，这台计算器能够对八位数做加、减、乘、除的运算。这部被称作帕斯卡尔计算器（Pascaliennes）的机器，有一小部分至今仍留存于世，且工作状态良好。二十五岁时，他设计了关于真空和大气压力的实验，破除了"大自然厌恶真空"这条古老的学术常识。三十三岁时，他写下了《致外省人信札》（*Provincial Letters*）：在该书中，帕斯卡尔对耶稣会士，也即当时法国最有权

54

————————

① 欧几里得的命题32，即三角形的内角之和等于两个直角。

势的教会人士，做了大胆且令人捧腹的讥讽，该书同时也是法国旧制度时代最畅销的作品之一。^① 然后，他开始着手写作《为基督宗教辩护》（*Apology for the Christian Religion*）这部雄心勃勃的作品。尽管疾病和早逝使得他无法完成该书的初稿，但他那些杂乱无章的笔记，经他的朋友们整理后，以《帕斯卡尔先生关于宗教与其他一些主题的思考，他死后发现于他的手稿中》（*Thoughts of M. Pascal on Religion and Several Other Subjects, which were Found after his Death among his Papers*）之名出版，该书后来成为法国道德哲学的经典之作和有史以来最重要的基督教护教学著作之一。最后，在他临死前，他与友人阿图斯·德·罗昂内（Arthus de Roannez）合作，为巴黎贡献了全世界第一个公共交通系统，即五分钱马车，并且将所有的利润都捐给了慈善机构。[6]

帕斯卡尔的数学和科学天才，他的文学和哲学才华，以及他对改善人类处境的培根式伟大项目的技术贡献和慈善捐助，都无可挑剔地证明了这是一个第一流的现代心灵。但无论帕斯卡尔多么惊才绝艳，他都并不算是标准意义上的现代发明家。因为，尽管他从未完全放弃科学（夏多布里昂的说法在这一点上有误），但无论是此前还是此后的人们，很少有人能像他一样觉察到现代科学革命在存在论意义上的、令人不安的后果。在帕斯卡尔看来，现代物理学所揭示的宇宙是无边无际的真空，生活在其中的人类

---

① 法国所谓的"旧制度"（ancien régime），指法国历史上从 15 世纪到 18 世纪之间的这段时期，直到法国大革命为止。

感到茫然失措，就好像自己是一个身处无意义的自然界之中的囚徒。人类需要智慧来过上美好生活，而面对这一需求，大自然静默不语。蒙田式内在满足追求旨在为自然平反，而与此同时，科学却无情地证明了，宇宙并非人类安枕无忧的家园。倘若真能将科学现代主义融会贯通起来思考，那就只会强化我们对超越性的需求，而非削弱这一需求。[7]

帕斯卡尔的科学天才，以及他对科学发现的存在论后果的坚定和坦率的态度，是他非凡性格的一个面向。而他非凡性格的另一个面向，则是在与一个严苛的宗教教派詹森派基督教的接触过程中形成的。在当时，这个教派既吸纳了一批虔诚的皈依者，也强敌环伺。帕斯卡尔通过将这些所谓的詹森派基督徒的强硬的奥古斯丁主义，与他对于人类将会因自己的科学探索而深陷困境的敏锐洞见相结合，对人类的处境做了独特的论述，并条分缕析地回应了蒙田的观点。[8]

一直以来，帕斯卡尔家族都因循传统宗教信仰，直到 1646 年 1 月，父亲艾蒂安·帕斯卡尔滑倒在了鲁昂的冰面上，摔断了腿。专业接骨师德尚兄弟（brothers Deschamps）赶来为他疗伤。他们是圣西朗修道院院长的弟子，而这位院长则是康内留斯·詹森（Cornelius Jansenius）在法国最重要的追随者，后者即詹森派之名的来源。詹森的作品《奥古斯丁书》（*Augustinus*）试图恢复基督教朴素而具有英雄主义气质的内核，在詹森及其支持者看来，天主教会已经错误地放弃了这一内核，将其让给了新教徒。德尚兄弟与才华横溢的青年布莱兹谈论了许多宗教问题，并且借

56

给了他詹森和圣西朗的书。以布莱兹为首，整个家族都开始逐渐趋向于更深刻也更严苛的基督教信仰。帕斯卡尔的妹妹雅克琳娜（Jacqueline）最终在波尔－罗亚尔修道院（Abbey of Port-Royal）受戒成为修女，而这个修道院正是一个由安吉莉克·阿尔诺德修女（Mère Angelique Arnauld）领导的严苛的熙笃会（Cistercians）姐妹会的安身之所。令人敬畏的安吉莉克修女在十岁时就被任命为女修道院院长，她发现她所管辖的修女们都非常堕落腐败。通过经年累月的努力，她的改革事业取得了惊人的成功。安吉莉克修女与她的兄弟，即神学家安托万·阿尔诺德（Antoine Arnauld）一起，最终将波尔－罗亚尔修道院改造成了复兴天主教奥古斯丁主义的中心。[9]

詹森派严苛的奥古斯丁主义很快就与 17 世纪法国天主教中最强大的力量，即耶稣会，发生了灾难性的冲突。耶稣会自 1603 年重新进入法国后，在四十年间迅速崛起，占据了主导地位。他们在法国各地兴建了几十所学校，据说仅在巴黎就掌控了大约一万三千名学生；从 1604 年开始，国王的私人告解神父就由一个又一个的耶稣会士轮流担任。这些聪明而博学的教士知道如何读懂时代的风气，他们看到蒙田式的内在满足追求正方兴未艾。从自由思想，到自然神论，再到历史批评，一切都在密谋引导人们的灵魂远离教会。耶稣会士的应对策略，是设法让教会的教义适应当前的需要——这是一种"野战医院"式的策略，旨在防止天主教在这个弥漫着各种诱惑的时代对无数灵魂失去号召力。[10]

在詹森派看来，耶稣会教义充其量只能算是天主教教义的缩水版本，甚至不客气地说，可能是后者的劣化版本。帕斯卡尔代表詹森派加入了论战，而这将使他看到，这个尊奉天主教的国家的文化，与奥古斯丁最初的基督教愿景，已经大相径庭。在处理詹森派的论战时，他将现代生活的道德倾向与人类内心对坚实稳固的真理、幸福和圣洁的向往，做了截然不同的区分。然而，帕斯卡尔认为，詹森派的这种相当彻底的基督教视角并非与现代科学的决裂，而是对现代科学的补充。在他看来，无论是宗教还是科学的真理，都表明我们对内在满足的追求必然会以失败告终。

放任自流与大权在握：当蒙田精神遇到福音精神

当帕斯卡尔加入詹森派和耶稣会的论战时，他的詹森派友人们正是输得一败涂地。教会裁定了五个深奥的神学命题为异端，并确信这些命题出现在了詹森的著作中，而詹森派则否认这一点。罗马教廷和法国君主——他们正试图撤销《南特敕令》，并且在詹森主义中嗅到了加尔文主义的气息——都一心想要迫使詹森派放弃他们的立场。而安托万·阿尔诺德正处在被索邦大学开除的边缘。在此一筹莫展之际，詹森派决定向公众陈情，试图将沙龙（salons）人士争取到他们一边。据称，阿尔诺德的性格"兼有无懈可击的逻辑严谨和挖苦刻薄的鄙夷轻蔑"，他并不适合从事尤其需要抛头露面的工作。但他认为，才华横溢的青年帕斯卡尔有可能胜任这份工作。[11]

帕斯卡尔接受了这项任务后，构想出了一套修辞策略，来揭露

58

耶稣会士的现代取向与基督教的奥古斯丁式内核之间的分歧。耶稣会士们试图将内在满足式追求纳入到基督教教义之中，来应对这种渴求的不断蔓延。就像蒙田本人一样，他们瞒天过海，掩盖了蒙田精神和福音书精神之间的明显分歧。在詹森派看来，耶稣会士的取向与波尔－罗亚尔的取向之间的对立，实质上是"使真理为人类所喜的精神与使人类为真理所喜的精神"之间的对立。[12]

帕斯卡尔发现，耶稣会诡辩者们的著作中包含了一种放任自流的道德倾向，而这种倾向会让一位诚实正直的读者觉得有必要三思：他们为决斗辩护；他们提倡"轻松简单的奉献"，如每天早上向圣母玛利亚说"你好"，睡前向她说"晚安"，以为这样就能铺平通往天堂的道路；他们编造出各种理由，甚至说神父只要脱下法衣，就能进妓院招妓。帕斯卡尔认为，如果适当地曝光耶稣会士的这些诡辩，很可能会让读者哄堂大笑，因为这些诡辩中包含了"所求与所得之间令人愕然的反差"，而这种反差正是喜剧的内核所在。因此，虽然帕斯卡尔《致外省人信札》全篇的针对对象都是耶稣会士，但他其实并没有真的与他们争辩。相反，他通过大量引用阿尔诺德和另一位詹森派神学家皮埃尔·尼科尔（Pierre Nicole）从耶稣会士论辩著作中摘录的文字，从而把话筒递给了耶稣会士们，让他们自己发言，使得这些材料发挥了极好的喜剧效果。[13]

帕斯卡尔写这部作品时，采用了匿名公开信的形式。这一系列假装寄给外省一位朋友的信件，声称要解释清楚这场已在巴黎乃至全法国成为话题焦点的论战。信中详细描述了信件叙述者——

一位公正且具有好奇心的人物，之后被称为路易·德·蒙特尔特（Louis de Montalte）——与一群虚构的耶稣会士、多明我会士和詹森派人士之间的对话。这些书信立即引起了巨大的轰动。耶稣会对此的回应，则使得帕斯卡尔干脆抛开了虚构出来的外省友人，直接写了六封信给耶稣会士们。在最后两封信中，他甚至敢于指名道姓地写给路易十四的私人告解师弗朗索瓦·安纳特神父（Père François Annat）。[14]

《致外省人信札》颇费了心思来吸引大众的注意力。虽然此前的论战大家都用的是拉丁文，但帕斯卡尔有意用法语来写作。他把全法国乃至全欧洲最有权柄的教士嘲弄了一番，而后者在国王和教皇那儿都能说得上话。沙龙上人们对《致外省人信札》津津乐道，并且乐此不疲地猜测作者到底是谁——大家玩这个游戏时，帕斯卡尔本人有时甚至也在场。在巴黎之外，《致外省人信札》也造成了很大的轰动；乡村神父们开始在讲坛上朗读这些信件。信件吸引了每一位不满于耶稣会的权柄的人，或者是那些本来就乐意看到傲慢的神父被嘲弄的人。事实证明，这样的人并不在少数。[15]

说《致外省人信札》是一部大胆之作，并非虚言。帕斯卡尔和他的助手们选择在夜间印刷，用小号字体来尽量减少页数，并使用特殊的速干墨水，以缩短页面需要铺开晾干的时间——这个时候相当危险，很容易就会暴露。在分发的每一个环节中，每个人都只知道直接与他接头的上下线，以便保护作者的匿名身份；帕斯卡尔本人在写作时，则会四处迁居。之所以采取这些措施，并非出于被迫害妄想症。当时，路易十四的首席大法官皮埃尔·塞

60

吉埃（Pierre Séguier）在阅读第一封信时，就出现了类似中风的症状反应。于是当局收押监禁了几位出售《致外省人信札》的书商，并且大肆搜查到底谁是这本书的作者。一位猜到作者身份的耶稣会士的信使，曾闯进帕斯卡尔家里，警告他最好从此收手，而当时第七封信的印本就正在他的床上晾着。[16]

帕斯卡尔引发了当局的震怒，部分是因为他揭露了耶稣会通过神学立场来获得政治优势的真相。毕竟，自 17 世纪初以来，他们是如何在法国飞速崛起的呢？耶稣会士们玩得一手好套路：他们致力于满足那些野心勃勃、追名逐利、意气风发的人，一方面让他们能够做想做的绝大多数事情，另一方面又能继续做体面的天主教徒。他们知道，在一群想要维护自身利益和欲望的男男女女之中，如果一位神父想要扩大教团的影响力，那么稍微放宽松一点，就是最有效的办法。事实上，他们甚至教导大家说，对上帝的爱并不是获得救赎的必要条件，这就让永生信仰与宗教上的漠不关心得以相容。耶稣会作为道德权威，对其信奉者是相当放任自流的。大权在握之人——与情妇的关系不清不楚的大人物们，在道德边缘赚大钱的商人们——早就发现，这样的道德权威是很有用处的。[17]

帕斯卡尔的披露让读者们对这种大开便利之门的行径瞠目结舌。他提醒基督徒，古老的信念，也就是对永生的追求，要求信徒们满怀热情，而非在宗教上高高挂起、漠不关心；他提醒神父们，灵魂是否能获得救赎，取决于是否能让这些灵魂爱上帝。如此一来，他就让耶稣会的放任自流显得极不光彩了。耶稣会士们在政治上的滑头，让人一目了然他们并不是清白无辜的。更糟糕的是，

61

他们公开诅咒他们的敌人会下地狱，比如《致外省人信札》的作者。人们不禁要问，那些诅咒别人下地狱的人，当初是否会对灵魂的救赎有任何兴趣。在帕斯卡尔看来，最适合用来描述他们所作所为——腐蚀教会予取予夺（binding and loosing）① 的神圣权力，以确保某一宗派的教士们的权势，而这些教士们宣扬的教义，则会让人们被罚入地狱——的词，是**恶魔般的**（diabolical）。[18]

很少有人会完全追随帕斯卡尔，把结论推得如此之远。然而，帕斯卡尔的论点，即赞成一种朴素的基督教道德，而禁绝奉承人们的虚荣心，则有着一种深刻的，乃至是反直觉的力量——尤其是对于那些从经验中明白过来，我们的快乐未必总是我们的朋友，而和我们眉来眼去的人未必总是我们的盟友的人来说。到了19世纪时，放荡不羁的圣伯夫将会花上二十年的时间，来研究《致外省人信札》所根植的波尔－罗亚尔社群中那些朴素的修女和独居者，并将这些材料编织成文学杰作。这种朴素让圣伯夫着迷，他知道这也能让读者们着迷。因为，在一个以轻松自由为荣的社会里，朴素是惟一的禁果。[19]

---

① 本书作者在此处化用了圣经习语。例如，《马太福音》16∶18—19中耶稣对彼得说："我还告诉你：你是彼得，我要把我的教会建造在这磐石上，阴间的权柄不能胜过他。我要把天国的钥匙给你，凡你在地上所捆绑（bind）的，在天上也要捆绑；凡你在地上所释放（loose）的，在天上也要释放。"天主教释经学中一般认为，这里耶稣对彼得所说的话，乃是赋予了教会以正统性和权柄。又如，《马太福音》18∶18中耶稣对门徒的训诫："我实在告诉你们：凡你们在地上所捆绑（bind）的，在天上也要捆绑；凡你们在地上所释放（loose）的，在天上也要释放。"在翻译时，译者采取了"予取予夺"这一意译。若直译的话，应当译为"捆绑与释放"。

　　《致外省人信札》的历久弥新的魅力，是因为这些信札揭示了，放任自流与大权在握的现代同盟并不能真正让人获得幸福。现代人可以纵情快乐、放荡冶游，甚至放纵偷窥癖般的好奇心，积累财富、实现野心，而不用像他们的祖先那样感到羞耻或觉得有必要抱有歉意。但如此种种，似乎只是越来越多地证明了，追求内在满足的关键障碍，并不在于现代人无情批判和试图推翻的法律和道德规范。因为即便在法律和道德方面得到了解放，人们仍然不会幸福，那么这不幸福的根源所在，必然不是我们的律令，而正是我们自己。

　　帕斯卡尔洞察了现代人长久以来不幸福的内在根源，这为他的下一项工作打下了基础。此时他正处于文学成就的高峰，却突然放弃了继续写作《致外省人信札》。因为他得出了一个颇具预言性的结论："哪怕辩才无碍，也只能把人逗乐，而无法劝人改宗。"虽然帕斯卡尔写《致外省人信札》是为了捍卫詹森派奥古斯丁主义，反对耶稣会的现代化努力，但该书之所以能在法国文学经典中占有一席之地，一部分归功于伏尔泰的努力，而伏尔泰仅仅是乐见神父们被无情嘲讽。如果想要让人改宗，那就需要一部完全不同且更为严肃的作品，这样的一部作品应该要能振聋发聩地阐明为什么仅有内在满足还远远不够。[20]

现代人的自我认知：沉迷消遣，还是承认痛苦

　　《致外省人信札》之所以能成功，是因为帕斯卡尔很了解他

的读者。他不仅与詹森派过从甚密，而且还与米顿和梅雷骑士
（Chevalier du Méré）等世俗人士交往密切。其中梅雷骑士是另一
位正直（honnêteté）艺术的支持者，而且连假装虔诚的样子都不
愿意做。对于帕斯卡尔这般才华横溢的人来说，把这些人逗乐是
再容易不过的了，因为他们非常乐意被人逗乐。而想要让他们质
疑自己的娱乐品位，认真审视自己，颠覆自以为是的生活，那就
很难了。帕斯卡尔生命中最后几年开展的伟大计划，就是写出一
部能改变这一切的作品，而这部书被称作是"面向现代异教徒的
基督教"（Christianity for modern pagans）。[21]

　　帕斯卡尔最终没能写完这本书。他做了大量的笔记，和朋友
们谈论此事，并且在 1658 年的某天，在波尔－罗亚尔修道院介
绍了他正在写作的这部作品。在断断续续地经历了四年多的病痛
煎熬后，帕斯卡尔撒手人寰。在他死后，朋友和家人收集了他已
写下的片段，将其按某种（颇受争议的）顺序编排，并付梓成书，
成为最早出版的一批遗稿残篇之一。[22]

　　帕斯卡尔的外甥艾蒂安·佩里耶（Étienne Périer）在《思想录》
第一版的序言中，描述了他舅舅关于这本书的修辞计划：帕斯卡
尔要为那些一直过着"对所有的一切，尤其是对自己，全都漠不
关心"的生活的读者们，描绘一幅人类生活的图景。通过恰当的
鼓励和引导，这些读者可能"最终会在这幅图景中审视自己，检
讨自己的生活"。他希望让这些读者看到其自身存在之中的神秘而
痛苦的矛盾，来刺激他在痛苦之中寻求这一奥秘的答案。帕斯卡
尔本人则如此解释他的修辞方法：

63

他若洋洋得意，我就使他谦卑。

他若谦卑，他就让他洋洋得意，

接着驳斥他，

直到他领悟到，

他是一个无法理解的怪物。

无论是洋洋得意，还是痛苦悲哀，都不适合我们，因为我们既是"伟大的，也是可悲的"。如果帕斯卡尔能让读者们看到他们自相矛盾这一事实，会叫他们大吃一惊——并非惊异于某处外部的奇观，而是惊异于他们自己。要做到这一点，帕斯卡尔必须把漠不关心的灵魂从怪异的昏睡中摇醒。因此，他推翻了蒙田的学说，因为蒙田试图帮助躁动不安的灵魂达到一种淡然自适的满足状态，而帕斯卡尔则希望唤醒这些自我满足的灵魂，让他们开始行动起来。当蒙田试图给灵魂设置界限，帕斯卡尔则试图把灵魂打开。[23]

帕斯卡尔想要告诉那些自认为幸福的人——这些人遵循正人君子的道德准则来生活，这些准则看似很管用，让他们能够充分享受生活的乐趣，而不会招致他人的厌恶——他们其实私底下并不幸福。为此，他踏出了那一步，开始与蒙田这位道德准则的伟大典范交锋,而且是在"消遣"（diversion）① 这一蒙田的地盘上与之交锋。蒙田推崇一种健康的消遣之法，并以他的谈话艺术为荣，

---

① "diversion"一词，若直译应当为"分散注意力"。为避免过于冗长，中译有时将该词译为"消遣"。

即引导悲伤或愤怒的灵魂一步步远离悲痛或复仇的想法。帕斯卡尔注意到了蒙田式解决方案的功效,所谓惟有消遣"才能抚慰我们的痛苦",但在帕斯卡尔看来,靠消遣来自我安慰,这本身就是"我们最大的痛苦"。为什么消遣本身对他来说是一种痛苦呢?为什么消遣在蒙田那里已经足够了,但对帕斯卡尔而言还不够呢? [24]

帕斯卡尔试图了解灵魂在消遣中能获得什么样的乐趣。正如这个词的词源所表明的,消遣意味着"转移到一边去"。他举了狩猎和赌博的例子(后者是他的朋友梅雷和米顿最喜欢的消遣方式)。如果你直接把猎物送给猎手,或者直接把游戏中所能赢得的赌注送给赌徒,要求猎手或赌徒放弃他心爱的狩猎或赌博活动,那会让他们很不开心。因为,他们追求的是狩猎而非杀戮,是游戏而非赌注。然而,如果你让他们狩猎,却不给猎物,让他们赌博,却不给赌注,那么狩猎或赌博的魅力也同样会丧失殆尽。在热火朝天地参与活动时,在我们的设想中,我们真正希望获得的,是杀戮后的休憩,或者是在游戏结束时荷包鼓鼓、满载而归。有效的消遣必须既包括狩猎,也包括杀戮,若只有两者之一,那都无法让我们满足。如果一直让灵魂休息,它就会渴望活动;而让灵魂一直运动,它就渴望休息。无论是活动,还是休息,灵魂都无法单从其中获得满足。[25]

我们对消遣的热爱,不仅激励我们参与娱乐活动,而且同时也激励我们参与最为严肃的活动,包括政治。在帕斯卡尔看来,王室成员是"世界上最好的职位";于是当他有机会参与一位年轻王子的教育时,他在履职时表现出了强烈的奉献精神。然而,当

65

他考察内在于政治责任之中的那种满足感的实质时，发现分散注意力起到了决定性的作用："担任总管大人、大法官或首席大臣，意味着什么呢？无非是意味着，每天都要接待大清早从每个地方赶来的无数访客，以至于连一个小时的闲暇都抽不出来，没时间来反思自己。"当然，权力和责任让我们的虚荣心得到了满足——能让别人视我们为举足轻重之人，这确实挺不错的。然而更重要的是，责任使我们不再关注自己。一个人如果一直忙于各种决策，忙于给人捧场，忙于授予荣誉，那就没什么时间去沉思他自己的生命。而如果让一位国王或总统无所事事地一个人待在那里，那他就和我们其他人没什么两样，除了地位会让他在人们普遍共有的痛苦之上，徒增额外的痛苦："他必然会开始思考他所面临的威胁，可能发生的叛乱，以及最后不可避免的死亡和疾病。"[26]

我们参与政治，去狩猎和赌博，和人调情，给人发消息，所有这一切都是为了不断努力离开自我——我们"无法在一个房间里静坐"。因为当一个人真的无所事事时，思绪必然会转向"我们令人沮丧的、孱弱且必死的处境，人生在世如此悲惨，以至于当我们细细思索的时候，会发现没什么能够宽慰我们"。生而为人，我们为何如此不幸呢？"我们追求真理，却只在自己身上找到不确定性。我们追求幸福，却只得到了痛苦和死亡。我们没法不去追求真理和幸福，但也没法真的获得真理或幸福。"我们知道自己终有一天会死亡，也能意识到自己的无知，这让我们感到很不幸福；我们无法像蒙田希望的那样，去学习死亡，也无法安于无知的状态。我们所欲求的，完全超出了可能获得的，在这种情形下，不可能

66

实现心理平衡。我们想要什么和我们能得到什么，倘若能诚实地估量它们之间的差距，那么我们很难能不为此感到痛苦。[27]

在帕斯卡尔看来，悲伤不仅是我们面对必须承受的损失时的正常反应，而且也是面对人之为人的处境的正常反应。我们渴望获得我们有限的头脑永远无法把握的真理，我们渴望获得超越人之必死的命运的幸福，我们注定永远得不到真理和幸福。消遣能够分散我们对悲伤的注意力，但如果我们所悲伤的不仅仅是发生在自己身上的各种事情，而是人之为人的根本处境，那么分散我们们对悲伤的注意力，就相当于分散我们对自己的注意力。只有诚实地承认我们的不幸福，自我认知才能起步。

社会生活中的自我欺骗

我们总是逃避对自己的诚实，这种欲望无孔不入，使得社会生活充满了活力。在帕斯卡尔看来，这是一套人与人之间相互加强幻觉的社会机制，通过有意让他人参与我们的自我欺骗，从而使注意力从痛苦中转移出来。这种自我欺骗的隐秘欲望感染了——实际上是激励了——我们对朋友们的无条件赞许的追求。帕斯卡尔在揭露这一点时，对准的靶心就是社会层面上蒙田的内在满足观。

帕斯卡尔在人类情感方面的基督教式的洞见，至今仍然令人震惊，而且也许比他写过的所有其他东西都更令人震惊。在他看来，以为人们之间可以自然而然地彼此相爱，这种想法本身就是

67

我们最主要的自我欺骗方式之一。表面上，我们分享快乐，遵循社交礼节，在合作中互赢。但在这层表象之下，社会生活的真相如此残酷："所有人都自然而然地互相憎恨。"一个人要是说漏了嘴，他的朋友就会知道他对自己的真实看法，这虽让友谊破裂，却揭露了真相："如果所有人都知道他们互相之间如何评价，那么世上连四个朋友都不会有，我认为就是事实。"[28]

为什么人们之间会互相憎恨？这当然是因为我们的虚荣心和利益冲突，但更多也是因为，我们的自爱（self-love）希望我们自己是完美的，但却无法阻止自我（也即它所爱的对象）"充斥着缺点和痛苦"。"他想成为伟人，却发现自己如此渺小；他想获得幸福，却发现自己如此悲惨；他想要十全十美，却发现自己身上到处都是缺点。"我们憎恨别人，是因为他们发现了我们身上的恶习和悲惨，而且我们自己也知道他们发现了这些。我们私底下清楚，他们的厌恶和不屑，正是我们所应得的——他们的鄙夷，正是对我们性格的公正裁决。那些被我们称为朋友的人，只不过是我们的帮凶。这些帮凶与我们达成了心照不宣的约定，教唆彼此的自我欺骗：假装看不到我们自己所看到的恶行，假装在令人咋舌的恶行中看见了美德。之所以会有这样的约定，是因为它们有助于我们不遗余力地说服自己，让自己相信我们自爱的对象是善良、美丽和幸福的。但无须深挖细究，就能轻易发现潜藏于这背后的憎恨。友谊之所以如此脆弱，是因为友谊不过是一种幻觉。[29]

那么，我们该如何看待自己对他人煞有介事的爱呢？又该如何看待他人对我们若有其事的爱呢？帕斯卡尔对这一问题的思考，使得他对"自我"（le moi）展开了最为犀利的分析，而这个抽象概念似乎就是他本人创造出来的：

什么是自我？

一个人在窗边看路人：倘若我从那里经过，我可以说他待在窗边就是为了来看我吗？不可以，因为他并没有专门惦记着我。但如果他因为某人的美貌而爱她，他是真的爱她吗？不是，因为如果得了天花，她有可能虽然没有性命之忧，但却容貌尽毁，这时候他就不会再爱她了。但如果一个人因为我的判断力和记忆力而爱我，那么他是真的爱我吗？他是真的爱我的自我（moi）吗？不是，因为我有可能会失去这些品质。那么，如果这个自我既不在身体里，也不在灵魂里，它究竟在哪里呢？人的各种品质，根本就无法构成自我，因为这些品质太容易消亡了。但如果不是因为这些品质的话，我们怎么会爱上身体或灵魂呢？我们会不会抽象地爱一个人的灵魂本身，而不考虑其中包含了哪些品质？这是不可能的，而且也并不公正。因此，我们爱的从不是某个人，而只是某些品质。

爱附着在了我终将逝去的品质之上——姣好的容颜终将衰老松弛，才华横溢之人也总有一天会江郎才尽——人们所爱的不是我，不是那个终将承受所有这些逝去的自我。如果执着于爱那个剥离了所有品质的自我，那么，其实爱的只是抽象物，而这是完全不可能的。人类的爱不可能轻易超越对各种品质的爱；即便它把自我当作靶子，也定会错失靶心。[30]

按照帕斯卡尔这般犀利的分析，蒙田拒绝回答他爱拉博埃西的原因——对于这个问题，他那句著名的充满诗意的回复，"因为是他，因为是我"，其实并没有真的回答问题，而是含含糊糊地拈出了一个神秘的、由各种品质混合而成的"精粹"（quintessence），认为是这个"精粹"让他们走到了一起——这种答复，看起来像是在逃避问题。蒙田无法说清他爱拉博埃西究竟爱的是什么，因为在拉博埃西身上——或者在任何人的身上——都找不出任何一样东西，能够稳定地成为爱的对象。蒙田对于无条件赞许的描绘，对于一个完整的人类自我对另一个这样的自我的爱的描绘，似乎根本上是在拒绝直面我们的情感的前后不一。[31]

69　　倘若我们摒弃幻想，窥视自己的内心，就会知道，我们没有办法满足他人的渴望："让任何人依附于我，都并不公正，即便他们情愿如此，甚至甘之如饴。我注定会让那些对我产生这种渴望的人大失所望，因为我不是任何人的目的，也无法满足他们。"追求别人的爱，甚至让自己成为他们托付感情的对象，就相当于欺骗他们。因为我们太清楚了，我们身上充满了罪恶和脆弱；我们太清楚了，我们终免不了一死。虽然爱蒙蔽了那些被爱控制之人的双眼，但我们作为他们所爱之人，深悉自己的真实面目，并且，对于那些误以为我们是他要的答案的人，我们有责任消除这种误解。[32]

　　一旦揭开面纱，一旦真的开始寻求自我认知，我们就会发现，自我不仅处境悲惨，而且面目可憎。帕斯卡尔在与米顿的虚构对话中，解释了他对我们真实的、可怕的面目的判断：

　　　　自我的面目非常可憎。你，米顿，把它遮掩了起来，但你没办法真的让它洗心革面。因此，你仍然面目可憎。

"完全并非如此，因为当我们这样做的时候，对每个人都处处格外用心，他们没有理由来憎恶我们。"

倘若我们憎恶自我，只是由于自我之中产生的不快，那这个判断才有可能成立。

但如果我憎恶它，是由于它不公正，把自己当作一切的中心，那我就仍然会憎恶它。

总而言之，自我有两种特质。它本身是不公正的，因为它让自己成为一切的中心。这对他人很不便，因为它想让别人受制于它，因为每个自我都成为它的敌人，每个自我都想要做凌驾于所有其他自我之上的暴君。你消解了这种不便，但没能消解不公正。

因此，你没能让那些憎恶其不公正的人，对其感到亲切。你只不过是让不再将其他自我视为敌人的那些不公正的人，对其感到亲切。因此，你仍然并不公正，只能取悦那些同样不公正的人。[33]

蒙田正是米顿的榜样，而帕斯卡尔也可能会对蒙田说同样的话。蒙田很明确地想要让自己成为他自己世界的中心，他通过将自己的生活描绘得如此多姿多彩，让许多人都非常向往这种以自我为中心的生活方式。然而，倘若帕斯卡尔是正确的，那么把自我当作一切的中心，就是最大的不公正，即便我们把这种不公正装点得多么聪明体面，也无济于事。自我的真实面目，就是想做暴君，同时畏首畏尾，憎恶自己的真实面目，而且也憎恶见过自己真实面目的人，再加上用消遣和自欺欺人，来让我们对所有这一切都视而不见。对于这样一颗凄凄惨惨戚戚的心来说，永远无法获得斯多葛式的平静，也无法获得真正的友谊。[34]

人类渴求正义

无论自我对消遣的态度是爱是恨，自我的某些部分都不可能对自己的卑劣和虚伪安然自足。虽然我们不断自欺，并且争取让别人也来帮助我们自欺，但我们仍然厌恶自我欺骗。我们无法让自己对正义或真理完全漠不关心，不论这样做能带来多大的方便。我们无法放弃追求终将令人失望的希望，无法放弃追求难以实现的道德标准，来让自己安于自我欺骗。这一点鲜明地反映在了我们的政治取向上，它使我们在尝试构建政治秩序时永远一地鸡毛，并且使我们永远无法企及蒙田那般对平凡生活的淡然。

最初，帕斯卡尔对于人类政治处境的诊断，紧随着蒙田的脚步。他写道："盗窃、乱伦、杀婴、弑父，所有这些做法都被视为美德。某人和我住在一条河的两岸，尽管他和我之间毫无争执，但只是因为他的君主和我的君主之间有所争执，他就有权杀死我，还有什么能比这更加荒唐？"这段话几乎一字不差地取自蒙田。我们的正义观念变化无常；我们的战争，则使得杀害无辜之人不仅合法，甚至光荣。由此，蒙田式的道德相对主义和政治相对主义，就为彻底的奥古斯丁式的对自然法传统的全然否定，奠定了基础："自然法无疑存在，然而一旦这种美好的理性被败坏了，它就会败坏一切。"那句"人类最普适的格言",即"每个人都应该遵循自己国家的习俗",承认了开始探索真正的、自然的正义之前,这种努力就已经失败了。[35]

由于人们对自然法相当无知,才会就何为正义争论不休。然而,武力是不容争论的;刺刀不会和人讲理。不过,武力若无正义作为支持,就沦为了犯罪,而正义若无武力做后盾,则不过是虚论浮谈罢了。如何把二者结合起来?我们或许希望把正义武装起来,但关于正义的本质的争议使这一设想落空。而要是为不言自明的武力辩护,就没那么困难了:"因此,既然我们没有办法让正义的东西变得强大,我们就让强大的东西变得正义。"正如彼得·克里夫特(Peter Kreeft)所说:"给大炮贴上口号,比让大炮服从口号,要容易许多。"政治上的高谈阔论,无非是在武力基础之上,用正义来涂脂抹粉。所谓政治生活,无非是生活在暴政之下,或者充其量是生活在疯人院里。[36]

智者都深谙于此,但并不为此感到绝望。面对人们的伪装与真实面目之间的落差,他们宁愿放声大笑,也不愿为之哭泣。如果说柏拉图和亚里士多德"写了关于政治的作品",他们也不过是"把这当作一场游戏",就好像人们"为精神病院制定规则那般。而如果他们假装把它当作非常重要的事情来讨论,那是因为他们知道,与他们谈话的那些疯子,自认为是国王和皇帝"。在这里,帕斯卡尔仍旧紧随蒙田的步伐,似乎就快要劝人像蒙田那样地不屑一顾地退出政治生活。政治可能是疯人院,由独断任意的习俗所宰制,但那又如何?我们仍然可以在私人生活中寻到庇护之所;

72

我们仍然可以就简单地打声招呼，然后走自己的路。[37]

然而，在另一段文字中，帕斯卡尔猛然间摆脱了这种蒙田式的政治讽刺：

> 蒙田错了：习俗应被遵守，就是因为它是习俗，而不是因为它多么合理或多么公正。但人们遵守习俗的惟一原因，是因为他们相信习俗是公正的。倘若他们不相信的话，那么即便是习俗，他们也不会遵守，因为人们只愿受制于理性或正义。没有这种相信，习俗就意味着暴政，但让理性和正义来主宰，总不会比享乐来主宰更加暴虐。对人们而言，这些原则都是自然而然的。[38]

如果这些原则——即希望只受理性和正义的辖制——对所有人（而非仅对愚昧之人）而言，真的是自然而然的，那么，蒙田式的立场就站不住脚了。微言大义的哲学家与其他人一起玩着疯人院的游戏；不屑一顾的保守派之所以遵纪守法，并不是因为他认为法律是公正的，而是因为他不想惹麻烦——这两类人都忙着否定人类自身不可磨灭的渴望，尽管这是非人道的。事实可能会令人沮丧，但人们就是想要追求幸福和真理，而不是用谎言搭建的、目空一切的自我满足。冷嘲热讽的保守派和哲学家不仅容忍了，而且也实实在在地参与了公共生活中的欺骗行为。他们在自己的生活中，就一贯自欺欺人。他们自认为，由于人的天性使然，人类可以在某种程度上放弃对真理和正义的向往。[39]

人类渴求真正的正义，而习俗法却无法满足这一需要，这便是现代政治中的躁动不安的核心所在。在蒙田那个时代，他见证了一个被他描述为介于"愚昧而无知"的农民与"博学而无知"的智者之间的阶层的政治势力的崛起。这个中间阶层的"屁股骑在墙两边"，他们有足够的学识，能够通过提醒人们注意其在自然界中脆弱或虚妄的根基，来颠覆政治秩序；但他们却缺乏足够的智慧，看不到破坏秩序会带来的危险，毕竟他们所破坏的这种秩序无论有多少弊端，都还是比内战更为可取的。帕斯卡尔继承了蒙田对这些所谓的**半吊子**（demi-habile）的分析，并指出这些人的煽动工作相当有效，因为人们更愿意服从于理性和正义，而非专断和武力，并且人们也"很愿意听到这样的分析"。正如皮埃尔·马南所指出的，"现代社会和政治闹剧的症结"，正是因为半吊子阶层的政治活动声势渐大，这些人不停地撩拨人们的心弦，让人们一同发起控诉：正义在我们的社会中缺席了。[40]

　　要让现代人对政治感到安心，尤为困难。因为我们中有许多人都是这样的半吊子。我们发现，法律要么起源于我们并不怎么敬畏的、虚无缥缈的过去，要么起源于人们的同意，而那些批准法律的人与我们同样满是缺陷。借助老朽、低效、不乏腐败的代议制政府机器，法律得以运转、传承至今。无论这套法律制度有何优点，它在裁决之时，甚至都不曾假装自己代表着纯粹的理性或不可妥协的正义。尽管我们可能认同蒙田,所谓"步子迈得越沉，走路才越稳当"，在现有的选择中，一套用来调和利益冲突而非追求确切正义的政治制度可能是最不坏的，但我们仍然忍不住鄙夷，这种粗糙的做法必然会导致不公正现象。如帕斯卡尔所说，灵魂对政治的要求，远超政治所能满足的；蒙田式的政治讽刺态度试

74

图压制这些要求，但并不成功，而且甚至有可能从中衍生出一种十分不稳定的政治形态。[41]

真正的自我认知：人的自我超越

我们不停地想从政治上索取的，与政治所能提供给我们的存在冲突，帕斯卡尔对这一点的揭示，代表了他对人性悖论的理解："人超越了人。"人这种生物的自我超越意志，让人类变得既悲惨又伟大。人的思维能力超过了自然界中的所有其他生物，但却不能由此而免于遭受所有生物都要面临的必死命运，甚至也无法通过认识自然，来理解自己身处其中的位置。[42]

我们好歹能够意识到自己身处帕斯卡尔有力揭露的悲惨处境，这一点便首先证明了人类的伟大。人类的伟大之处就在于，"他知道自己是悲惨的。而一棵树不知道自己的悲惨"。虽然树木和我们同样脆弱，也同样注定会朽坏，但树木在经历这些时，并不会看作是苦难。我们却会。我们的苦难类似于"一位高高在上的老爷所经历的苦难，一位被废黜的君王所经历的苦难"。我们生活在一种令人羞耻的匮乏体验之中，总觉得理应得到，却没法得偿所愿："这对动物来说，再自然不过了，对于人类来说，却是苦难。"欲望、运动，乃至身体的疲惫，用尼采的话来说，只对"长着红脸蛋的野兽"意味着窘迫，而对其他野兽而言并非如此。我们不希望被那些我们最渴望从他们那里获得尊重的人发现正在睡觉，哪怕困了就想睡觉这件事再正常不过了。之所以这样，是因为我们觉得自己生来就理应比现在的状态更好。苦难意味着我们意识到，实然与应然之间存在巨大的鸿沟。无论多么不情愿，我们对自身现有状态的不满，恰恰证明了人类伟大的可能。[43]

这种伟大体现在我们的自由之中。虽然帕斯卡尔对哲学家没什么信心，但他仍然承认，哲学家有时能"驯服自身的激情"，而这就成了自然因果链上的一处显著的断裂。"有什么物质性的东西，能够做到这一点呢？"虽然帕斯卡尔对政治和经济的规则制度同样没什么信心，但他指出，我们有能力创造出伟大的系统——从发明交通网络和货币，到创建卫生系统和军队——这一点确实令人钦佩，而这些创造的动力之源，正是我们的私欲。人类的技艺可以把贪婪和野心炼化为一幅"慈善的画面"。[44]

我们的自由和伟大最终来源于思想，而思想产生于与物质因果及其附加物构成的世界之间的尖锐对立："没法从空间中找到我的尊严，而必须从思想的秩序中去寻找。哪怕拥有全世界，我也不会从中获得什么好处。宇宙将我包纳其中，将我吞没在空间里，就好像吞没了一个微不足道的小点；而在思想之中，我容纳吞吐了整个宇宙。"人就像芦苇一样脆弱，脆弱到"哪怕一股水蒸气，或者一滴水"，都有可能让人丧命。但人的头脑中，可以迸发出最伟大的想法："无限""上帝""宇宙"。而据我们所知，宇宙本身从不思考。[45]

帕斯卡尔洞悉了人类所有行为的动机，包括思想，但他从未想过，把人简化为单纯的物质，因为他认为唯物主义是自相矛盾的："如果我们只是单纯的物质，根本就不可能知道任何事情。"

当唯物主义的信徒们提出唯物主义这套学说时，靠的是证据和论证，旨在对事物存在的方式做出合理的解释。隐含其中的假设是，其他有智慧的生命体都会对相当怪异的非物质性的刺激作出反应。一位始终如一的唯物主义者并不会和人争辩；他会直接动用武力。事实上，他根本不会去思考，因为他只不过是物质。一个能思考的人，必然不仅仅是由物质组成。他藉由思想，进入到一个理性比武力更重要的世界里。[46]

但是，一旦承认了人这根会思考的芦苇有着这种怪异的双重性，只会加深我们的困惑。我们"由双重本质所构成，即灵魂和身体，两者不仅不同，而且截然相反"。此外，身体与心灵之间的距离是"无限的"。人是思想世界和广延世界的交会点，因而也是神秘的宇宙整体中最为神秘的部分。"人本身就是大自然中最令人惊叹的客体，因为他无法理解什么是身体，更无法理解什么是心灵，至于身体如何能与心灵相结合，他就更知之甚少了。这是他最大的难题，但这也是他的存在方式。"帕斯卡尔看到了，同时也让我们看到了，我们存在的核心就在于物质与精神之间的矛盾。对此他没有提供任何解决方案，因为要解决人类的悖论，这远非人力所能及。起码能意识到我们自己是多么怪异，这就是人的自我认知所能达到的顶峰。[47]

"骄傲的人呀，你知道吗，你自己是多么自相矛盾。"我们希望获得幸福、爱和赞许，然而我们历经人生百态，各处所见所闻都不过是可悲可恨的虚无。我们希望认识真理，但我们甚至连自己的真实面目都认不太清，因为在我们的内心深处潜藏着巨大的矛盾。尽管我们用尽全力，不断地渴求幸福和真理，但幸福和真理却总是从我们的手掌心里溜走。[48]

如果说帕斯卡尔成功让我们看到了我们身上的自相矛盾之处，看到了我们的所求与所得之间无法填平的鸿沟，那么，他就算完成了《思想录》中的基本教育任务：把一个对宗教、自我和自身命运都漠不关心的灵魂，转变为一个开始有所追求的灵魂。

> 世上只有三种人：侍奉上帝的人，他们已找到了他；忙于寻找上帝的人，他们还没有找到他；从不想要寻找上帝的人。第一种人明理且幸福，最后一种人愚钝且不幸福；中间那种人明理但不幸福。[49]

即便追随帕斯卡尔的脚步，了解到蒙田调和自我认知与满足的理想多么缥缈虚幻，也并不会让我们获得幸福。自我认知带给我们的，并非理智和平衡，而是苦恼。不过，正是这份苦恼促使我们不停追寻。在苦恼中追寻，就是我们在清醒地、不偏不倚地评估了自身的自然处境之后的理性反应。一旦投身于追寻之中，我们就能将令人烦躁、无的放矢的不安，转化为对自身悖论的答案的坚定求索。

在苦恼中追寻

哲学家们：爱比克泰德和蒙田

在内在满足的面具背后，潜藏着由苦难和消遣构筑的牢笼。倘若帕斯卡尔对人类处境的探索真能奏效的话，那么我们就应当立刻行动起来，努力寻求摆脱牢笼的出路。帕斯卡尔的探索还让我们看到了人类的尊严所在，一种觉察自身苦难的能力，那就是理性。帕斯卡尔顺理成章地给出的下一步指引，便是让我们审视那些用理性来指导人生方向的人，也就是哲学家们。[50]

78　　帕斯卡尔最伟大的哲学思考，并不是在《思想录》中，而是出现在 17 世纪的一场发生在现实生活里的、他所主导的对话中。这场对话发生在詹森派的大本营波尔-罗亚尔修道院，就在帕斯卡尔于 1655 年抵达此处并开始第一次长驻之后不久。或许是为了让帕斯卡尔远离他一度深陷其中的、野心勃勃且追名逐利的巴黎知识界，他的精神导师安托万·辛格林（Antoine Singlin）送他来此地闭关。当帕斯卡尔抵达时，他会见了当地的"不可或缺之人"，也即路易-伊萨克·勒梅斯特尔·德·萨西（Louis-Isaac Lemaistre de Saci）。萨西是一位令人钦佩的学者和神父，曾主导了詹森派极为成功的《圣经》翻译工作，并且经常面晤来访波尔-罗亚尔的杰出访客。他试图通过精微的谈话艺术，将他的对话者们引向更为深刻的宗教生活。[51]

　　当帕斯卡尔造访波尔-罗亚尔时，已是思想界的知名人士。由于他致力于世俗科学和哲学，在当地虔诚的居民眼中，几乎声名狼藉。他与萨西的会面属于重大事件，萨西的秘书尼古拉斯·方丹（Nicolas Fontaine）对会面内容作了记录。方丹后来把这份记录扩充为一篇完整的对话，并且明显是查阅了帕斯卡尔的著作来作为补充。这篇对话中所展示的帕斯卡尔才华横溢，全身心投入哲学研究之中，同时又努力超越哲学的局限性——这一形象与我们在《思想录》中所了解到的完全一致。[52]

　　萨西的谈话艺术体现在，他会投其所好地聊起对话者最钟爱的主题——和外科医生聊手术，和画家聊绘画。而一旦他的谈话伙伴开始袒露心事，萨西就必然会将其引向上帝。在察觉到帕斯卡尔在哲学方面的兴趣之后，萨西就让他聊一聊哲学。但他无须刻意把帕斯卡尔引向何处，因为帕斯卡尔的哲学对话本身，就会沿着自身的轨迹，走向实现自我超越之路。[53]

79

　　帕斯卡尔以其惯有的胆识，将所有的哲学都归为两大派：一派是独断论，以古代的斯多葛派哲学家爱比克泰德（Epictetus）为代表；另一派是怀疑主义，以现代的皮浪主义者蒙田为代表。在帕斯卡尔看来，他们是"世上最著名的两个教派的、两位最伟大的捍卫者"；他们不仅仅代表着自己，而且也代表着人类思想和道德的全部可能。爱比克泰德是知识和理性自制的代言人；蒙田是怀疑和轻松享乐的代言人。在两者之间，帕斯卡尔创造了一场**诸神之战**（gigantomachia），或用格雷姆·亨特（Graeme Hunter）的话来说，一场"冠军锦标赛"。在这场竞赛中，所有理想主义的基本选项相互比拼，并由此暴露出各自的局限。[54]

　　在世上的所有哲学家中，爱比克泰德被帕斯卡尔列为"最了解人的职责"的哲学家。爱比克泰德劝告人们把上帝当作首要的目的，试图说服人们相信上帝公正地统治世界，并建议大家欣纳一切神意使然的结果。倘若我们失去了妻子或女儿，爱比克泰德会引导我们说"是我放弃了她"：我们应当心甘情愿地放弃她，因为我们知道她只是上帝借予我们的人，我们注定终究会失去她。

"他说，你绝对不能指望事情按你的意愿来发展；相反，你必须期望事情按其自然而然的方式来发展。"如果一个人能够成功让自己的意志顺服神意，那么他就能够"完全认识上帝，爱他，服从他，取悦他，治愈自己所有的恶习，获得所有的美德，让自己变得神圣，成为上帝的伙伴"。理性和意志的努力，能让人的生命趋于完美，乃至近乎圣洁，升华以至超凡入圣，从而弥合人与上帝之间的鸿沟。这种超凡入圣的升华，就是人类获得满足的秘诀。[55]

80　　　与之相反，蒙田则是怀疑论的信徒。《为雷蒙·塞邦辩护》一文散漫无边，帕斯卡尔为这篇文章精心撰写了一篇摘要，描述了蒙田是如何拆穿人们用来假装掌握了知识的各种小伎俩的。蒙田的怀疑主义是如此彻底，以至于它必须以问题的形式来呈现——"我知道什么？"就是蒙田的座右铭。蒙田"如此粗暴而残酷地对待缺乏信仰的理性，让理性怀疑起自己是否在理"。他彻底动摇了人类对其理性的骄傲，让我们开始怀疑，我们真的能够了解清楚任何事情吗？蒙田无法认定任何坚实的道德准则，于是便追随快乐和平凡之路，坚持追求"便利和安宁"。把顽固的怀疑主义运用在伦理问题上，得出的就是蒙田式的淡然；怀疑论者淡然面对一切，由此来实现自我满足。[56]

帕斯卡尔认为，上面这两派"互相倾轧，各自湮灭"。从理智上看，蒙田和怀疑论者的观点让忠守职责的爱比克泰德和独断论者坐立不安，因为前者指出，我们没法知道自己到底是"由善良的上帝，还是由邪恶的魔鬼，又或者是由机运"创造出来的。如果不了解自身的起源，我们就无法知道，当爱比克泰德努力让自己的意志顺服生活中发生的任何事情，这到底是自欺欺人、屈从于反复无常的命运，还是崇高的升华，指引人超凡入圣。独断论者可能会回应说，"从来没有过哪怕一个彻彻底底的怀疑论者"：人不可能真诚地怀疑一切。虽然我们可能确实无法证明自己的存在，但我们也无法坦诚地对此表示怀疑。彻底的怀疑主义是一种相当虚伪的论证策略，只在哲学课堂和酒吧辩论中才会有用武之地。一旦步入现实世界，我们就将其抛诸脑后了。现实世界不断要求我们放下顾虑、做出决断，而这些决断相比于学术争论里的各种烟幕弹，更能原原本本地披露我们的真实想法。[57]

81

　　独断论和怀疑论在理智层面上有缺陷，相应地也体现在了道德层面上。爱比克泰德"知道人的职责所在，却没有注意到人有多么无能，于是在妄自尊大中迷失了自我"；蒙田"知道人有多么无能，却不清楚人的职责所在，于是难免松懈倦怠"。人有双重的本性，而这两派分别触犯了人的双重本性所带来的双重危险之一：爱比克泰德意识到了人的伟大，却陷入了骄傲，蒙蔽了自己，没有看到自己其实没有能力靠自身努力来履行所觉察到的职责。蒙田深知人的软弱，但却意识不到人有多么伟大，这让他陷入了比骄傲更致命的恶习之中：绝望。正如托马斯·希布斯（Thomas Hibbs）所说的，绝望摧毁了人类对获得真理的希望，让我们陷入冷漠，让灵魂衰败萎缩。因为，一旦对找到真理失去希望，我们就不会再去追寻真理，那么灵魂的力量自然而然就会衰败。[58]

　　倘若纠缠于矫枉过正的肯定与轻佻浮滑的怀疑，徘徊在普罗米修斯式的骄傲与自暴自弃的绝望之间，仅靠理性作为指导的哲学探索，终会在独断论和怀疑论的冲突之中，把自己消耗殆尽。然而，独断论和怀疑论的互戕，并没有终结哲学探究智慧的努力，而是为哲学的自我超越开辟了通途。如果帕斯卡尔是对的，所有的理性主义都可以归结为独断论和怀疑论之间的较量（前者主张我们能够知道所有应当知道的事情，而后者则质疑我们能否弄明白任何事情）；如果他是对的，双方阵营针锋相对地提出了种种反对意见；如果他是对的，双方的罪名分别叫作骄傲和绝望（这些弊病让我们对真理视而不见，并掏空了我们的生活），那么，哲学就有充分的理由去寻找超越理性主义的方法。固然仅凭理性，无法让我们获得指导生活的智慧，但这并不意味着，我们就不需要这种智慧了。[59]

82　　因此，帕斯卡尔引导那些并未获得满足的追寻者，去探索世上的各种宗教，看看上帝或其他各路神明是否有可能为我们提供指导，是否能更真切告诉我们，我们究竟是谁。

异教徒和犹太人

根据佩里耶的说法，帕斯卡尔本打算在下一步中，广泛地考察全人类对神明的各种理解。对于帕斯卡尔会怎么开展这一计划，我们所知甚少；在现代各个版本的《思想录》中，能与佩里耶的描述对应上的内容，只有不到二十条简短的文字。帕斯卡尔曾说过，他需要身体健康的十年时间，才能按计划完成工作；可以想见，这些时间中应有很大一部分，会被用来加深对希腊宗教、埃及宗教、摩西的宗教等各大宗教的理解。在讨论爱比克泰德和蒙田的作品时，帕斯卡尔显示出非凡的理解力，能够抱着同情的心态走进两位与自己意见相左的哲学家的心灵深处。但他关于各路宗教的讨论，就现有的材料而言，却没能体现他的这种理解力。尽管如此，他对异教、犹太教以及其他宗教的研究路数，依然可以帮助我们理解帕斯卡尔眼中基督教的独特之处，而这正是他所关切的终极目标。[60]

在帕斯卡尔看来，异教缺乏理智层面的高度，并不能满足人类心灵的需求。他写道，各路异教"更受欢迎，是因为它们都很肤浅，但它们不适合聪明人。智识上更纯粹的宗教，会更适合聪明人，但不适合普通人"。与圣奥古斯丁一样，帕斯卡尔也发现了，异教的圣贤其实自己更偏爱自然宗教，例如爱比克泰德所信奉的那一派，而不是罗马剧院和神庙里粗鄙可笑的诸神。然而，哲学家的神明太遥不可及了，与人类无亲无故，也不关心人类的事务，无法满足多数人的要求。到了基督的时代，"伟大的潘神［已］死了"，或者用帕斯卡尔从普鲁塔克那里借来的那句令人不安的话来形容，就是：异教神话早已丧失了天真和丰饶，只剩下腐朽且不乏狂悖的迷信来装点门面。[61]

帕斯卡尔这样总结"各路宗教的创立者"都向世人展示了些什么：他们"既没有能让我满意的道德教诲，也缺乏能说服我的证据"；他们所发明的，无非是邪教、迷信和变化无常的道德观念。紧接着，他转向考察一个弱小、受压迫，但也非常古老而坚韧的民族，也即犹太人。面对凄楚的处境，这个民族顽强地闯出

83

了另一条生路。他们崇拜惟一的上帝，根据他们声称是上帝赐予的律法来自我管理，这一律法所传达的道德教诲，要求他们为人诚实而自律。他们顽固地坚守着记录了律法的圣书，也顽固地坚守着自己的宗教和历史，尽管圣书还是不断谴责他们屡屡忘恩负义。圣书细致而动人地描述了心中没有上帝之人的苦难，俯拾即是各种预言：预言有一个人将会把全人类从悲惨的处境中救赎出来，预言这个故土流散的民族，后裔将会遍布全世界。当一位自称是救主的人到来时，有些犹太人决定跟随他，有些则不跟随。帕斯卡尔对那些没有跟随的人最感兴趣，因为他们虽然坚信预言，却不相信这预言指向了基督。因此，基督教得以将其真理主张，奠立在"无可指摘的证人们"的证言之上：而另一种宗教的信徒，他们虽否认基督教的真理，但却在他们自己的圣典中传授能证实基督教真理的证据。[62]

至于其他犹太人，则被帕斯卡尔称作是"属灵的"或"真正的"犹太人。帕斯卡尔旨在"表明，真正的犹太人和真正的基督徒只信奉同一种相同的宗教"。虽然犹太教这种宗教看起来似乎是建立在"亚伯拉罕的父性（fatherhood）、割礼、献祭、仪式、方舟、圣殿、耶路撒冷以及律法和摩西之约"等支柱之上的，但帕斯卡尔认为，犹太教的要义"并不在于这些，而只在于爱上帝"。《旧约》中的上帝承诺，倘若犹太人冒犯了他，他对犹太人的惩罚不会有别于他对外邦人的惩罚；上帝悦纳爱他的外邦人，与悦纳犹太人无异。帕斯卡尔发现，在《申命记》中，上帝真正关心的是心灵的割礼，而非包皮的割礼；而在先知们的预言中，他发现麦基洗德圣职（priesthood of Melchizedek）将会取代亚伦圣职（priesthood of Aaron），耶路撒冷将被斥责，而罗马将被接纳。① 属肉体的犹太教与属灵的犹太教之间的差异，贯穿了全部犹太历史：不仅属灵的犹太人在基督到来时会成为他的追随者，而且属灵的犹太教在任何时候都可能从属肉体的犹太教的内部兴起，因为它正代表着《妥拉》活生生的在场。[63]

帕斯卡尔讨论异教、犹太教等各大宗教的文章，只有其中关于犹太教的部分较为深刻，但即便在讨论犹太教时，他也远远没有充分考究其他可能的看法。不过，他对其他各路宗教所做的评述，揭示了他心目中的基督教的大致样貌：基督教与全人类息息相关，而无论是大众中颇为流行的异教迷信，还是哲学家们信奉的抽象神明，都做不到这一点；基督教的教义**面向**堕落的人类本性；基督教实现了属灵的犹太教所做的承诺，同时摆脱了属肉体的犹太教的封闭性。在追索之中的灵魂，如今终于逼近了关键性的问题：关于基督教的问题，关于基督教能够承诺什么的问题，以及关于基督教的承诺是否值得相信的问题。[64]

赌　注

假如帕斯卡尔完成了遍历各路宗教的任务，他大概会试图把

---

① 麦基洗德圣职是较高级的圣职，持有该圣职的信徒有权担任教会中领导的职位，并指导福音的传播。亚伦圣职是以摩西的兄长亚伦的名字来命名的，担当该圣职的信徒有权执行一些圣职教仪。两相比较，麦基洗德圣职地位更高。

自己的读者定位为类似于第一批基督徒，那些接受基督教的教义、将基督教视作能够彻底取代堕落世界中各种既有方案的替代方案的人。在这个堕落的世界里，人们尝试了无数种方式，希望达成自我满足，但全部失败了，因为这些方式都不符合人类矛盾本性的要求。基督教教义的首要组成部分，便是承诺永生；帕斯卡尔在他称之为"无限—虚无"（infinity, nothingness），而后世称之为"赌注"（The Wager）的片段中，分析了这究竟意味着什么。在或许是为赌徒朋友们而写的"赌注"片段中，帕斯卡尔说，冷酷而自利的数学计算表明，用有限而短暂的此生作为赌注，来赌一把赏金无限（也即永生）的机会，是相当划算的。哪怕支付赏金的上帝极有可能并不存在，我们仍然应该下注，因为我们所下的赌注比起可能赢得的赏金，赔率相当可观。这就好像是，哪怕只有百分之一的概率能赢，但如果有人愿意下一美元的注，来赌一把一百万美元的赏金，那也完全合情合理。正是由于我们有限的思维完全无法与无限的上帝相比，因而理性才无法确定上帝是否存在，也无法确知上帝的本性如何。但站在人类的角度上看，赌局的前景一片大好；不下注的人就是蠢货。[65]

在帕斯卡尔的所有著作中，这篇文字吸引了最多的读者，也招来了最多的反对意见。亚历克西·德·托克维尔认为文中的逻辑"与帕斯卡尔的伟大灵魂并不相称"，因为这篇文字似乎把拯救灵魂的信仰当作了精明利己的计算的产物。但这只不过是帕斯卡尔想让读者走过的漫长道路上的一小步罢了，"赌注"想要达成的目标其实要谦卑得多。除了永生外，"赌注"没有为基督教关于上帝的其他具体理解提供辩护，这些需要去《思想录》的其他部分寻找答案。此外，"赌注"所面向的听众，只限于那些"在苦恼中追寻的人"——帕斯卡尔对人类的苦难与矛盾的说法，已然让这批人信服。这样的读者是否愿意用他有限生命中所剩无几的时间——粗略地说，是"十年的**自恋**（amour-propre）①，竭力讨好，却徒劳无功"——来赌一把无限的生命、真理和幸福呢？[66]

根据"赌注"中的赔率推算，我们应该赌一把。但如果我们接受了这套推算，却仍然不信仰上帝——如果我们要说，虽然永生令人神往，但似乎没有任何证据证明永生真的存在呢？帕斯卡尔想到了他的读者会这么反诘，他的回复是，建议表现得像真的信徒一样，取圣水、做弥撒，因为这会让自己逐渐养成"自然而机械地"信仰的习惯。读者们会觉得这个建议既费解又令人生厌，因为这似乎在说，我们应该简单地重复宗教活动要求的各种动作，直到我们能有效地让自己的理性缄默不语。的确，帕斯卡尔用来描述这种习惯养成过程的用语，表明基督徒需要通过谈话，让自己"昏昏欲睡"（stupefying）。"赌注"似乎最终得出的结论是，要放弃理性，要故意自欺欺人。[67]

帕斯卡尔究竟在搞什么？正如托马斯·希布斯所言，帕斯卡尔在这里触及了"道德转变的奥秘"。我们的视野被欲望所左右，而欲望又被习惯所左右：你眼中的人间绝味，换个人可能就会觉

---

① "amour-propre"是早期现代法国哲学和散文作品中相当常见的概念，尤其卢梭将其视为他的政治哲学中的核心概念之一。关于该词的译法，请参见本书第110页的注释。

得很倒胃口；同样是一座图书馆，有些人觉得是宝库，里面有着取之不尽的宝藏，而另一些人就觉得是监狱，满是拘束，无聊透顶。信仰的问题在于，有些人的眼睛只习惯于盯着看得见摸得着的东西，盯着物质层面的束缚，盯着人世间的荣耀。在这些人看来，宗教所给出的承诺，显得空洞、单薄、不可信。而要改变看待事物的方式，就需要我们改变我们的欲望，进而转变我们的视野。也就是说，要和我们天性中动物性、机械性的那个部分打交道。正如帕斯卡尔所说："至少要认识到，你之所以没有办法明确信仰，是激情使然。尽管理性已经把你带到此处，但你却仍然无动于衷。那么，就努力说服自己吧！不是通过累积上帝存在的证据，而是通过削弱自身的激情。"值得庆幸的是，我们的确有可能改变自己的习惯，使我们能够自己开展这项工作。不论戒烟还是坚持跑马拉松，任何曾经尝试过洗心革面、改变自我的人，都很清楚这一过程。这种自我改造的努力，将理性所能看到的善，内化为了内心的渴望：起初是理性意识到了健康的重要性；接下来，就转变为对运动的好处的具体渴望，而去运动这件事则是身体行动能力的实现。通过一段时间的行动，我们就能够获得这种新的渴望，仿佛我们早已拥有这种渴望。这并不意味着我们在自我欺骗，而是成功实现了自我改造。[68]

　　基督教假定人类生活存在另一个维度，也即恩典或超自然的维度。这个维度有可能隐匿于教会的圣事之中，也有可能隐匿于自然本身之中。当理性叫嚣着反对这一主张时，其背后的精神源泉其实正是"唯有眼见为实"这条难解的信念。天主教通过可食可饮的圣餐，通过十字架苦路 ① 和玫瑰念珠 ②，通过斋戒和朝圣，使得超自然的信仰成为人人都可以**做到**的事情。让理性缄默，去实践信仰，能够打开我们的视野，看到新的可能性；在严肃思考这种可能性之前，首先必须教导我们身体这台机器去觉察它。如果能够做到这一点，我们就能扩大觉察的范围，同时所见所闻又不会与理性所能准确觉察的世上的任何真理相悖。[69]

正如帕斯卡尔在《思想录》的开篇所说，该书的意图是想让正派人士"希望［基督宗教］是真的"，因为它"承诺了真正的善"。他希望让人们看到，基督教所提供的善，正是人们真正想获得的善：无限的生命、幸福和知识。赌注这种提法，则是为了清除明显出于理性而提出的、针对这一基督教命题的反对意见。如果此前帕斯卡尔关于人类苦难的说法已经说服了我们，那么它就会引导我们洗心革面，让我们从此时此地开始，体验一种不同的生活：一个"忠诚、诚实、感激、有益、诚恳待人、真实"的人的生活。相比于帕斯卡尔辛辣的笔触所描绘的那种面目可憎的自我，这种生活强多了。只有在神明的帮助下，才能实现这种精神转变，从追求可悲的感官享乐，转向享有恩典

----

① 十字架苦路（stations of the cross）是基督教中一种模仿耶稣基督被钉上十字架的宗教活动，一般包括"耶稣无罪而问死罪""耶稣肩负十字重架""耶稣力尽首次跌倒"等十四处苦路。

② 玫瑰念珠（rosary beads）是天主教徒诵念玫瑰经时使用的计数工具，旨在让祈祷者在默想时注意力更为集中。

的快乐。然而，神明似乎缺席人间，世界好似蒙着一层面纱一样；只有盼望看到恩典并因此而准备好要刺破这层面纱的人，才能感知到恩典的存在。[70]

隐身匿迹的上帝

倘若想要发现恩典，需要多做一些观察，因为上帝存于这世间，他的踪迹并不公开显现。关于此事，帕斯卡尔很喜欢引用《以赛亚书》中的一句话：**"你实在是自隐的神"**。上帝给了暗示，但没有显露自身的形象；我们所能瞧见的，既太多了，又太少了："自然所呈现给我的一切，全都令人起疑和不安。倘若我完全没有瞧见任何能表明神性的东西，那我凭自己就能给出否定的回答；倘若我到处都能瞧见造物主留下的记号，那我就会安息在信仰中。"大自然辉煌的秩序，似乎透露了上帝的踪迹；但大自然又充满了任意和偶然，仿佛表明没有上帝，只有命运；大自然如此残酷，这让我们怀疑，宰制大自然的会不会是一位灵知派的巨匠造物主（gnostic demiurge）[①]，他乐见我们沉沦于无知和痛苦之中。就连在经文中，上帝的踪迹也常被遮掩起来。没错，《旧约》中的上帝有时会带着耀眼的威严现身；但其他时候，他出现时会伪装成闲逛

①　灵知派（Gnosticism，或译为"诺斯替主义"）主张通过"灵知"（Gnosis）来获得知识，内部派别颇多，思想来源也很复杂。灵知派中的一支，持有二元论观点，认为存在物质世界和非物质世界的区分，前者是恶的，后者是善的。他们认为，物质世界由创造它的巨匠造物主（demiurge）所支配。

的陌生人，或者在暴风雨过后的平静中低声言语。《新约》中的上帝，则隐匿在众人中间，而千百年以来，这些人一直都盼望着他的降临；他"被拒绝，被鄙夷，被出卖……被唾弃，被殴打，被嘲弄，被无数次地折磨"，都是因为人们没有认出他究竟是谁。如果仅仅被视为一个凡人，耶稣基督不过是个无足轻重的人物，当代的历史学家根本不会留意到他现身于世。哪怕是在教会生活中，上帝也寄身于"最古怪也最隐蔽的地方，也就是各种圣餐礼中"，从而遵守了他与人同在的承诺。上帝以普通面包和葡萄酒的外观、触感、气味乃至味道呈现在世人面前，还有什么能比这更加隐秘的呢？[71]

　　上帝为什么要把自己隐匿起来？为什么随时随地、带着无可置疑的威严现身于每个人面前呢？帕斯卡尔相信，上帝藏身于面纱之下，是因为他不是一个粗野鄙夫：他不希望在那些拒绝追寻上帝的人身上，强加"他们不想要的好处"。许多人宁愿上帝要么并不存在，要么是对人们的生活不感兴趣，因为一想到自己始终处在神圣观察者的注视之下，他们就会多多少少感到不安。至于那些追寻上帝的人，用希布斯的话来说，对他们而言，上帝藏身于面纱之下，有助于吸引"探索者走出自我，开启探寻之旅"。由此，超越了理性主义局限的探索者，也仍旧保持着追寻者的特征；他所追求的上帝，不仅扮演着父亲的角色，还扮演着教师的角色。[72]

　　正如希布斯所说，上帝的神圣训迪包含了教师常会使用的反讽，他利用反讽来激励学生。在被称为《追思》（The Memorial）

90

的一段非凡卓绝的文字中——帕斯卡尔把这段文字缝入了上衣的内衬中，在他生命的最后八年里，每次换衣服时，他都会小心翼翼地将其取出，然后缝入下一件衣服里——帕斯卡尔坚持认为，"亚伯拉罕的上帝、以撒的上帝、雅各的上帝"不是笛卡尔式的理性所假设的那个遥不可及的、非人格化的上帝。帕斯卡尔似乎相信，他在1654年11月23日晚上与上帝相遇了，并用"火焰""确信""泪水"和"欢乐"这些词来描述这段经验。帕斯卡尔深知理智探索是一番怎样的体验，他将这段经验描述为截然不同的、仅靠人类思维的努力无法自行产生的。圣祖们（Patriarchs）①的上帝和福音书中的上帝，不仅同"哲学家和学者的上帝"一样，允许自己被人们发现，而且还会主动出来寻找人们，寻找那些乐于招待令人不安的神圣访客的人。[73]

上帝寻找人类的过程中，道成肉身是具有决定性意义的行动。这一事件不仅向人们揭示了上帝，也向人们照出了他们自己："我们不但只能通过耶稣基督来认识上帝，而且只能通过耶稣基督来认识我们自己。"在客西马尼园里，基督在忧惧痛苦中淌着血，祈祷十字架之杯与他擦肩而过，这就是人类苦难的写照；基督从那里出发，无怨无悔地迎接他的命运，这就是人类伟大的形象。这位最具肉身属性的神明，满足了人们心灵中每一种合理的渴望。福音书中的上帝既向人们展示了自己，又为人类的渴望这一问题

91

---

① 根据圣经中的说法，以色列人有三大圣祖，即亚伯拉罕（Abraham）、以撒（Isaac）和雅各（Jacob）。其中亚伯拉罕是以撒的父亲，以撒是雅各的父亲。

提供了答案。正如彼得·克里夫特所说的，"人就像一把形状非常怪异的锁，上面有奇怪的凸起和压痕。……基督教就像是一把钥匙——一把同样形状怪异的钥匙——恰好能打开这把锁。"通过展露我们天性中所有的自相矛盾之处，基督教揭示了我们自己的本来面目。基督教展示给我们的人类形象——不断追求而永不餍足，哪怕取得成功也仍旧受苦，尽管被罪孽缠身，然而在恩典的帮助下，却能展现人性的伟大，堪称神圣——与蒙田所描述的内敛而满足的自我，几乎截然相反。在这幅图景中，最怪异的部分就是帕斯卡尔所说的内心——当我们的这一部分被恩典激活时，就有可能产生一种能与蒙田式的友谊相媲美的爱。[74]

内心与爱的可能性

蒙田试图描述一种忠于我们天性的生活方式，他将其称为"理智层面上很感性而感性层面上很理智"的生活——一种同时适合身体与心灵的生活。帕斯卡尔主张的基督教也同样涉及我们身上的这两个部分；它既像三位一体那样，在理智层面上取之不尽，又像面包和酒那样，在身体层面上用之不竭。但对于帕斯卡尔而言，人并不仅仅是由身体（body）和心灵（mind）组成的。他把人性最深处的东西称作是"内心"（heart），而在蒙田对美好生活的理性和感性层面的看法中，这个部分无足轻重。[75]

"内心自有其理，而理性未尝得知"（The heart has its reasons which reason does not know）——这便是整部《思想录》中被引用

最多的一句话。初看上去，这句话似乎是针对感情用事的精辟辩解，
而帕斯卡尔在其他地方也告诉我们，我们的内心会"感受"，而不
会讲道理。但内心所感受到的东西十分怪异：它能捕捉"第一原
理，如空间、时间、运动和数字"——这些是我们所能设想的最
不带感情的东西了。内心的这些知识是理性的起点，而非其感性
化的对立面："内心感受到空间是三维，感受到数字是无限的，然
后理性告诉我们，一个平方数不可能是另一个平方数的两倍。"所
有的理性知识，都始于内心用"直觉和感性"捕捉到的第一原理。
这些第一原理的的确确是知识，而且比理性所能推导出的任何知
识都更为坚实可靠。[76]

然而，内心除了是知识的器官外，更是爱的器官。因此，它
的运作方式与理性截然不同："内心自有其秩序；心灵也有其秩序，
由原则和证明构成。内心的秩序与心灵的秩序有所不同。我们无
法通过罗列有哪些应当爱我们的理由，来证明我们应当被爱。否
则那就太荒唐了。"求婚的关键，是要能打动人的内心，而不是像
做证明题那样去证明些什么。当内心的语言试图打动我们，诉诸
的是我们最深刻的本能所做的决断。邂逅爱人之时，可能会让我
们突然认识到先前没能觉察到的、生命存在的诸多方面；同样地，
内心的语言试图向我们展示生活中全新的维度，而一旦我们察觉
到，就会发现它同时间流逝的感知一样，绝对确凿无疑。[77]

经文念诵的便是这种内心的语言；它所寻求的，是"打动人
心，而非妄加指点"。虽然其中心人物耶稣基督既为身体也为心灵
预备了食粮，但他并没有以"肉身或精神层面的伟大"，来"吸引

我们的注意力"："他无所发明；他不事统治。"他的伟大是在另一个层面上的："他谦卑而忍耐，在上帝面前是圣洁、圣洁、圣洁①的，对魔鬼而言则是可怕的，他没有任何罪过。带着多么盛大而华丽的光辉，他走进能觉察智慧之人的心眼里！"若能觉察到圣洁就是智慧，那就进到了仁爱（charity）的视野里——帕斯卡尔称之为基督教的"隐秘思想"，它让我们能以全新的眼光看待一切。这种觉察就是信仰，由恩典赐予，代表着内心的直觉，因此不受我们的指挥。我们所能做的，就是敞开自己，接纳它。[78]

帕斯卡尔用一只脚的形象，描述了皈依的体验，也即漂泊不定的内心被恩典触动的体验。一直以来，这只脚都想象着自己是自主的存在，也只爱自己。然后它突然发现，它其实是一个更大的整体的一部分。它从这个整体中获得生命的养分，也只有在整体中才能发挥自己的功能。这个更大的整体就是教会，或者用帕斯卡尔的话来说，就是"基督教共和国"（Christian Republic）。这个整体由"思考着的成员"组成，他们的生命和团结的灵性原则便是仁爱。[79]

仁爱——帕斯卡尔将这种体验称为"火焰"和"人类灵魂的伟大"——是必需之物（one thing needful），因为在我们面对人性自我中的暴虐和对真理的憎恶时，只有仁爱能让我们超越相应的自恨。如果"真正的和独特的美德"包括自恨，那么我们就必须"寻求爱一个真正值得爱的存在"。然而，我们无法简单地放弃自爱，

---

① 原文如此。帕斯卡尔的作品中，常有一些词语会重复出现三遍，以表强调。

去爱我们自己以外的存在。因此，我们必须"爱一个内在于我们，但又不是我们的存在。……只有普遍存在（universal being）才是这样的。普遍善内在于我们；它是我们自己（ourselves），而又不是我们（us）。"自我无法自成一体；普遍存在内在于自我之中。**人超越了人。**[80]

正因为普遍存在内在于我，倘若我不是如此这般悲惨的**我**，那么普遍存在就正是我首先所**是**的，我就可以从普遍存在的角度来审视万物。之所以要这样做，是为了解决帕斯卡尔在《思想录》开篇处的某段话中提出的道德透视（moral perspective）问题。帕斯卡尔说，如果我们想要好好地欣赏一幅画，那就既不能站得太近，也不能站得太远；我们必须身处正确的观察点，而哪个点才算正确的观察点，则由透视艺术决定。这一思想来源于帕斯卡尔关于圆锥曲线的核心研究，这份研究从一个统一的视点出发，解决了一个相当棘手的几何学问题。他问道："但在真理和道德领域，谁会来指定这个观察点呢？"是仁爱，作为内在于我们的普遍存在所运用的透视法，指定了审视万物的观察点。类似地，帕斯卡尔对比了三个人关于时间流逝的截然不同的看法：对第一个人来说，时间流逝得很慢；对第二个人来说，时间流逝得很快；而第三个人则有一块手表。在此仁爱的透视法就起到了道德计时器的作用。因为它是一种来自内部的视角，所以可以成为我们自己的视角。[81]

如果我们采用这种视角——或者不如说，如果我们被赋予了这种视角（因为真正的仁爱来源于上帝恩典）——那么，我们就能解决自己面临的不公正和苦难的问题。"没有人会像真正的基督徒那样快乐，也没有人会像真正的基督徒那样通情达理，那样有德行，那样招人喜爱。"当我们变得通情达理和招人喜爱，是因为我们找到了办法，远离自我的乖张无理和暴虐狠戾。彼时我们不再逃避自我的真实面目，也不再通过其扭曲的镜头看世界，因为我们不再把自我视作世界的中心。我们不再会陷入自身有限性的陷阱之中，不再会注定要去寻求无法获得的幸福。因为彼时我们生活在盼望之中，盼望着能获得一份作为馈赠的幸福，而不是作为一项成就。[82]

蒙田可能会认为，这种关于普遍存在的透视法，只不过是又一种消遣方式罢了，一种让我们的思维暂且离开自己和所受的苦难的方法。在《论消遣》（*Of Diversion*）这一章中，他对永生的看法便是如此。在此处，最佳的检验帕斯卡尔命题的方式，看起来是体验式的检验。正如希布斯所说的，帕斯卡尔向未来的赌徒保证，"他沿着这条道路每走一步"，都会"更清楚地看到基督徒生活方式的真与善"。赌徒于是成为了朝圣者，他不再将自己的生活理解为要努力安居于此世，而是将其视为一趟艰难的航行，通往今生都无法抵达的家园。然而，随着激情枯竭，视野逐渐变得清晰了起来，事后看来，赌徒先前走过的每一步都无比正确。[83]

而那些没能进入这种视角的人，则必须通过其他人的证言，尝试从外部来做判断。遗憾的是，帕斯卡尔几乎从未以第一人称提供证言。正如吉尔伯特·佩里耶（Gilberte Périer）所指出的那样，帕斯卡尔"从不谈论自己，也不谈论其他与自己有关的事情；众所周知，他认为一个正直的人甚至不该提到自己，不该使用 je 和 moi 这些

95

词"①。《思想录》便遵循了这一点；尽管该书窥见了人类恐惧和悲伤情绪的最深处，但书中几乎没有谈及与作者私人生活相关的任何细节——在风格上的不同选择，就标示出了帕斯卡尔和蒙田实质上的差异。当我们试图揣量基督徒的宗教体验时，我们自然希望，帕斯卡尔作为亲历者能给我们提供一些内部视角的参考。[84]

不过，在一处片段中，帕斯卡尔打破了自己设置的不使用第一人称的禁忌，并准确地描述了这种基督徒体验：

> 我爱贫穷，因为上帝爱贫穷。我爱财物，因为财物让我可以支援受苦者。我对所有人都怀着忠诚。我不会以牙还牙，但我希望施害者的处境与我相似，既不受人之善，也不受人之恶。我力求对所有人都公正、真实、诚恳、忠诚，并且对于那些上帝让我与之更紧密联结的人，我满怀柔情。
>
> 无论我是独自一人，还是在别人面前，我的一切所作所为，上帝全都了然。上帝自会决断，而我的所有这些作为，也都献给上帝。
>
> 这就是我所怀有的情感。
>
> 我一生中每天都在祝祷我的救主，他倾注情感于我，也是他用恩典之力，让一个充满软弱、痛苦、贪婪、骄傲和野心的人免于这一切的恶，一切荣耀尽归于他，我只有痛苦和错误。[85]

在帕斯卡尔看来，这种视角使得他能够真正去爱别人：体现在他对雅克琳娜和阿图斯·德·罗昂内特别的依恋中；也体现在

---

① "je" 和 "moi" 在法语中都表示 "我"。

他对每个人的仁爱中，直到生命走到尽头时，他还让一个贫苦家庭安顿在自己家里，并为巴黎的穷人们发明了五分钱马车。这样的仁爱并不意味着无条件而完全地赞许他人的自我；哪怕我们爱有罪之人，我们仍旧必须憎恨罪恶。相反，这是一种对普遍存在的爱。普遍存在既栖身于别人身上，也栖身于我们自己身上。普遍存在**是他们，也是我们**。[86]

在火焰之夜，一个决定性的时刻，他进入了一个全新的审视自己和周围所有人的视角，帕斯卡尔记录道"欢乐，欢乐，欢乐，欢乐的泪水"。这种欢乐并非满足——而是火焰。帕斯卡尔从未把自己束缚在一个固定的平衡点上。他燃烧了自己，或用托克维尔的话来说，他"过早打破了将灵魂和身体关联在一起的纽带，不到四十岁的年纪就衰老［而死］了"。托克维尔还曾在其他地方评论道："人从虚无中来，穿越时光，去往上帝的怀抱，然后永远消失。"这便是帕斯卡尔的一生，当然还可以补上一句：他在人生旅途中，散发出惊人的光芒。如果说蒙田把内在满足的生活描绘成了一个圆，而帕斯卡尔则把基督徒的生活描绘成了一颗彗星。这颗彗星的运动轨迹始于苦恼，终于欢乐，既不休息，也不自转，不断燃烧，勇往向前，直到它被吸纳入永恒之中。[87]

帕斯卡尔的遗产：在急于展示幸福的时代，诚实地表达悲伤

帕斯卡尔的欢乐到底是真实的，还是像科拉科斯基暗自怀疑

的那样，帕斯卡尔的宗教其实是"为不幸福的人准备的宗教……旨在让他们变得更不幸福"，这或许是一个外部观察者没办法看透的秘密。但科拉科斯基在下面这点上是对的：帕斯卡尔所描绘的基督徒生活中的幸福和美德，只不过是一张草图罢了——在基督徒的生活组曲里，这些只是最初的几个快板音符，用来纾解漫长的慢板中可怕而优美的哀愁，后者才是他思想遗产的核心。帕斯卡尔无比直截了当地说出了人类苦难的真相。在我们这样一个致力于系统性地遮掩不幸福的社会里，他的声音只会变得愈发重要。正如克里夫特所说，美国人和英国人最执着于刻意隐瞒的，便是人类受苦的真相。我们早已把受苦视为耻辱，视为紊乱失序，就仿佛苦难的负担本身还不够沉重似的。我们不仅认同成功，甚至认为幸福才是人生的常态。这就是为什么我们如此不知疲倦地发出幸福的信号，展示自己的幸福：在照片墙（Instagram）的动态里，在我们的节日贺卡里，在我们想要让世人看到的哈哈大笑或面露微笑的照片里，无不如此。[88]

帕斯卡尔擦去了如此这般涂抹矫饰出来的欢快。没有哪位观察家能比帕斯卡尔更有力地揭露出现代人灵魂内核中的焦躁不安和不幸福感。现代人可悲地寻求将自己纳入某种形式的满足之中，但这满足却容量不足，无法应付人们试图自我超越的天性要求。我们往往不愿意听到这一真相。在帕斯卡尔死后的一个世纪里，他的奥古斯丁式的忧虑几乎完全被启蒙运动的乐观主义号角所淹没。然而，帕斯卡尔有力陈述的悲惨事实，却不会消失在记忆里。在一位怪异乖张的启蒙运动思想家那里，它又将卷土重来。[89]

第三章　卢梭：大自然救赎者的悲剧

卢梭的第三条道路

　　帕斯卡尔的力量所在，也恰恰是他的弱点所在。他对我们伪装的幸福的不留情面的批评，激发了大家对他的信任，因为能感觉到，他的这种严厉对自己和对其他人是同样的。但这种严厉也会让人心存疑虑。对内在满足的追求，真的失败得如此彻底吗？倘若没有《新约》中人格化的上帝作为中介，人与人之间的爱真的无法实现吗？自然真的已经堕落到了如此地步，以至于在这造化之中，除了教会之外，再无一物坚实可靠吗？[1]

　　帕斯卡尔向我们展示的我们本来的面目，或许令人不堪回首。但一旦帕斯卡尔开始让我们思虑起那如临深渊般的不安，我们就很难再恢复蒙田式的淡然。一面是帕斯卡尔顽固不化的基督徒式的深邃，一面是蒙田心胸开阔而有意为之的浅薄，如果非要在这两者之间做选择，我们的心灵就会想另辟蹊径，寻出第三条道路。或许有可能兼顾深刻与自然性。或许可以不把我们的不安理解为对一位隐身匿迹、无法强迫现身的上帝的渴求。或许我们可以找

100 到一些世俗层面上的替代方案，来取代毫无意义的消遣生活。

让－雅克·卢梭就想要寻找第三条道路。这让卢梭有别于许多 18 世纪他的同时代人，后者简单地否认问题的存在，以此来驳斥帕斯卡尔针对现代人的自欺欺人的批评。比如伏尔泰这位启蒙运动执牛耳者，就长篇累牍地为人类热爱消遣做辩护，认为这种热爱既无可避免，又了无遗憾。让帕斯卡尔困扰不安的是，人类失去了原初的天堂；而在歌颂世俗生活的《俗世之人》（*Le Mondain*）这篇臭名昭著的作品中，伏尔泰则试图说明，他所心爱的巴黎的美酒、美女和歌声，比幻想中的原初天堂里的乐趣要好太多了。然而，每当他身体抱恙时，这位年迈的疑病症患者就会发现有必要再和帕斯卡尔争辩一番。伏尔泰矢口否认帕斯卡尔所力证的追求内在满足的问题，结果他却连自己都没能信服。[2]

相比之下，卢梭意识到帕斯卡尔已经触到了真相。伏尔泰对卢梭的厌恶，比对帕斯卡尔更甚，因为卢梭用启蒙运动中发展出来的各种论证和证据，来批判启蒙运动本身。在伏尔泰看来，正是这位启蒙哲人给教会里的那些反对哲学和自由的敌人递了刀子。两人进行了一番漫长而恶毒的争吵，最终公开声明互相憎恶。在伏尔泰一方，这种憎恨演变为了真正意义上的谋杀：他希望看到卢梭"被打死……在他的女管家（gouvernante）的双膝之间被打死"，并且在 1765 年时，他帮忙煽动了一群暴徒，往卢梭的住处丢掷石头。[3]

这两人之间的关系，并非一开始就是如此。当年轻的卢梭于 1742 年来到巴黎时，他是伏尔泰的忠实崇拜者，并且决心在伏尔泰身处的那个充满艺术、才智、权力和财富的世界中，闯出一片自己的天地。在那里，同许多人一样，他努力追求能够光彩夺目：他曾争取过贵族和王室指派的职位；他曾结交音乐家和作家；他曾向这座城市里的大美人与那些长袖善舞的女人们献殷勤；他也曾向《百科全书》(Encyclopédie)投稿。有的时候，他是权贵们的座上宾；有的时候，他则沦为赤贫。在这座启蒙运动极盛期的都城，卢梭飘摇不定的命运让他遍历了人类的全部可能境遇，"除了王位之外，从极卑贱到极高贵"。[4]

101

然后，卢梭背弃了这一切。有一天，卢梭陷入异象(vision)之中——他请我们将此异象与圣保罗在通往大马士革路上所受的启迪(illumination)[①]作比较——他突然就看穿了巴黎人所有光辉之下的真实面目。原来帕斯卡尔是对的：他那些声名显赫的同时代人，其实私底下都处境悲惨。他们追求科学，纯粹只是为了让自己扬名；他们参加各种娱乐活动，则只是为了掩盖自己的不安。在他们光鲜亮丽的社交中，并不存在真正的爱与友谊，这样的社会实际上是由"笑容满面的敌人们构成的社会"。[5]

在此启迪时刻，卢梭"[看见了]另一个世界，[成为了]另一个人"。他辞去了报酬颇丰的财政总管出纳员的职位，决定靠替

---

① 根据《使徒行传》中的记载，使徒保罗（原名扫罗）在皈依基督教之前，曾极力迫害基督徒。有一次在他从耶路撒冷到大马士革抓捕基督徒的路上，被天上比太阳更强的光照耀，眼睛受刺激而短暂失明，扑倒在地，并听见耶稣的声音。数日后，他在大马士革受洗，加入基督教，后来成为基督教首创向外邦人传教的使徒。

人做人肉复印机来维持生计，以每页几分钱的价格抄写乐谱。他舍弃了他的社交生存装备，所有假模假式的贵族装扮：卖掉了手表，丢弃了佩剑和丝袜，当洗衣店里的一个小偷偷走了他的四十二件亚麻衬衫时，他还感到庆幸。最重要的是，他离开了巴黎。1756年，卢梭离开了这座城市，希望可以永远不再回来。[6]

　　卢梭很快会明白，离开巴黎的决定相当要命，因为这使得他在启蒙运动中的友人们——包括德尼·狄德罗（Denis Diderot）、霍尔巴赫男爵（Baron d'Holback）、弗里德里希·格林（Friedrich Grimm），以及许多其他人——永远视他为仇敌。在他们看来，卢梭的离去意味着对他们全部生活方式的谴责。他们没有会错意：卢梭确实把巴黎的名流社会，视为一张用自恋（amour-propre）[①]的丝缎编织起来的谎言之网。他希望自己的离去，能标志着一种全新的生活方式的开始：一种本真的生活，摒弃都市人的繁文缛节和虚伪做作；他想让这种生活方式成为世人的榜样。[7]

　　帕斯卡尔也同样揭去了社会生活的面纱，揭露了面纱之下的

102

---

① "amour-propre" 是卢梭哲学中的重要概念，并与 "amour de soi"（自爱）构成一组相对概念。在现有的卢梭作品中译本及研究中，没有对该词的统一译法。据统计，该词目前至少有"自尊""虚荣""骄傲""自私""利己主义""自爱""属己之爱""自私之爱""私有之爱""自恋"等十种译法。在翻译本书时，译者采用了"自恋"这一译法，原因有三：第一，该译法能体现 amour-propre 一词中"爱恋"的含义；第二，由于 amour-propre 与 amour de soi 在卢梭哲学中构成了相对概念，而 amour de soi 有"自爱"这种统一的译法，因此用"自恋"这一译法能与"自爱"形成对照；第三，在卢梭哲学中，amour-propre 多数情况下带有负面含义（但也在少数情况下带有正面含义），"自恋"这一译法可以照顾到 amour-propre 相对于 amour de soi 而言的负面色彩。

可悲空洞。卢梭接受了帕斯卡尔的诊断，也即在巴黎人的假模假式和繁琐礼节背后，隐藏着阴郁惨淡的心理状况。但对于这种空洞和厌憎，卢梭找出的原因与帕斯卡尔迥异。两人看待问题的方式不同，给出的解决方案也有所不同。在帕斯卡尔看来，我们之所以不幸福，是因为我们与上帝疏远了。在卢梭看来，我们之所以不幸福，是因为我们与自己疏远了。对帕斯卡尔而言，自然早已堕落，但尚能由上帝来救赎。对卢梭而言，人类早已堕落，但尚能由自然来救赎。[8]

这便是卢梭的原则，而这些原则引领着他针对人类的处境，做了一场规模宏大的思想实验。由于相信思想和生活应该是统一的，卢梭还把他的原则实验性地应用到了自己身上。基于帕斯卡尔对内在满足的批评，卢梭重新设想了内在满足的标准，并重新阐释了蒙田式的心理平衡和无条件赞许的标准。由此，他将我们带到了人类可能达到的极限处境，并慷慨激昂地努力证明，人性并不像帕斯卡尔设想的那般堕落。卢梭这场思想和生活层面的道德和思维实验相当切中利害，因为他检验了这样一个问题，即在现代原则的基础之上，倘若没有圣经中人格化上帝的帮助，人类的幸福和爱是否仍然可能。[9]

卢梭将我们的焦躁不安，归因于人性的分裂。和蒙田一样，卢梭设想人们身处于一条水平轴之上，水平轴的一端是个体，另一端是社会。卢梭认为，我们之所以分裂，便是由于我们既无法全心全意地忠实于自己，又无法全心全意地忠实于我们赖以生存的更广大的社会整体。卢梭拒绝了蒙田式的节制和折衷，他希

103

望我们能够通过"全押"（all in）在某件事情上，而重新获得整全：无论这件事是孤独、社会还是家庭，都无关紧要，关键是我们要能毫无保留地献出我们自己。卢梭的实验非常走极端：他所颂扬的那种形式的公民身份，会让今天的每一位读者都联想起极权主义；他所拥抱的那种形式的感性个人主义（sentimental individualism），则预示了在接下来的几个世纪里，各种波西米亚式社会反叛浪潮将会席卷现代社会生活。最为激进的是，在《爱弥儿》（*Émile*）中，他把人当成了白板（tabula rasa）来研究，如果我们能够把一切都搁置一边，用科学家实验室那般的精准控制来做人性实验，人有可能会变成什么样。在卢梭看来，要救赎尘世存在，要求我们必须愿意采取极端的办法，来改变我们的本性，以便从堕落历史中挽回人性整全的可能性。[10]

卢梭的思路相当激进，但这些思路实际上只不过是众多思想家持续探索的结果：当人们想要寻找某种形式的内在满足，来应对帕斯卡尔的圣经悲观主义所提出的挑战，思想家们则试图努力勾勒出人人共享的那些原则，究竟会导致什么样的后果。卢梭反思了他与那些更温和的现代人都认可的原则，并将这些原则推向极端但又必要的结论，由此形成了他放肆乖张的面貌。在这个意义上，卢梭**就**代表着现代人的自我认知。[11]

卢梭的新伊甸园与自我放逐

虽然卢梭接受了帕斯卡尔对现代人空虚感的诊断，但他重新解读了这一诊断，让他的读者有理由在拒斥社会的同时，不至于拒斥世界。因此，他直截了当地否定了帕斯卡尔笔下基督徒式自我认知的最基本原则："人心原初并无任何扭曲之处，"他写道，"人生来就是好的。"这样一来，原罪就被排除在外了。然而，他在同一句话中又说道，"人是邪恶的"。从某种意义上说，我们周遭看到的那些坏人，其实也有良好的天性。这便是卢梭思想之中的核心悖论，也是他最关键的尝试，在试图抨击世界运作方式的同时，他仍保留了内在救赎的可能性。[12]

在《论人类不平等的起源与基础》（*Discourse on Inequality*）中，卢梭用了一个令人难忘的哲学寓言，也即大卫·戈蒂尔（David Gauthier）所说的"堕落传奇"（legend of the fall）来解释这一悖论。卢梭不仅仅是一位哲学家，也是一位小说家，他很了解故事重塑我们自我认知的力量——特别是有些故事，吸收和改造了听众所看到的宗教叙事的内核。这是卢梭的一贯做法：他写《忏悔录》（*Confessions*），是为了和圣奥古斯丁的《忏悔录》（*Confessions*）一较高下；他写《新爱洛伊丝》（*The New Heloise*），则是为了和旧爱洛伊丝一较高下。在《论人类不平等的起源与基础》这本书里，他甚至重述了圣经中的故事。圣经故事中，神秘莫测的罪恶导致我们从伊甸园堕落，而卢梭则将这个故事改写为了：有迹可循的意外导致我们从自然中堕落。[13]

人类曾经独自在森林中游荡；那时候他单纯、强壮、自足、自由，像兔子一样自得其乐。他的乐趣很平淡，但也充实：休息，进食，偶尔与他独自散步时遇到的异性交配，而当附近没有女人时，他则完全不会想起这码事。他最持久的快乐，是他自身存在的感受（sentiment of his own existence）：我们只要简简单单活着，就能享有这种快乐。他既没有语言，也没有理性，对其他人类漠不关心，对自己的必朽无所察觉，他生活在幸福的无知中。由于能力强大，且欲望有限，他安享着心理平衡，而这便是卢梭对于内在满足的标准。[14]

其他动物独特的本能使得它们各自依赖于特定的食物和生活方式，而人类的幸福在于杂食，并且可以自由模仿他遇到的每种野兽。他所特有的能力，是**可完善性**（perfectibility），也即改变自身本性和进行自我改造的能力：像鸟一样捕鱼，像猴子一样攀爬，像鹿一样觅食，像狮子一样捕猎。随着环境的刺激，日积月累，人类的可完善性最终使他成为整个自然界的主宰，但为此付出的代价则是，人类对自己的暴政。[15]

未受破坏的自然界物产丰足，轻松就能哺育人类，于是人口不断增长，男男女女们相见更为频繁。一些命运性的意外事件让人们掌握了如何运用火，同时各种艺术也随之诞生。很快人们就建起了小屋，在里面组建了家庭；"人类所知的最甜蜜的情感"，即夫妻和父子之爱，第一次触动了人心。慢慢地，人类原本与动物无异的自然的呼号，神秘地转变为了清晰独特的人类语言。学会了言说，就意味着学会了推论——对每种语言最基本的词汇中固有的抽象概念，进行比较和分类，进行创造和运用。要构想出"树"这个简单的概念，就需要人们把森林里能见到的形态各异的树木，汇总到同一个看不见摸不着的名目之下；至于像"他在跑步"这样简单的句子,就需要人们在头脑里把行动者和行动分离开,而能做到这一点,非常令人震惊。在学习言说的过程中,我们跨越了巨大的鸿沟,进入了一个可以进行表达和理解的世界。[16]

进行比较,就意味着要排出等次。随着语言能力的掌握,我们开始为自己身处自然界的巅峰地位而自豪,我们支配动物,安排周围的世界,让万事万物服务于我们的需求。很快,人们也想在人类世界中排出等次:在最初的村落里,男男女女聚集在一起;他们在人群中唱歌、跳舞、说话,每个人都想要焕发出光彩。他们钦慕别人,但首先希望受人钦慕。这种欲望很快就会彻底支配他们。[17]

男人们开始种地;农业创造了财产,而财产则孕育了冲突。这些冲突必须要解决,而聪明人想要保护自己的财产,就会构想出符合他们利益的解决方案。于是诞生了法律,来保护所有人的财产——也就是说,所有有产者的财产。随之而来的,是权力和公权力的概念。财产一旦受到了保护,就会继续增加,进一步分化穷人和富人;政治权力积聚在了富人手中,他们利用这些权力来延续自己的优势地位。繁荣和苦难,压迫和怨恨,都进入了人类世界。[18]

物质层面的变化,也对灵魂产生了影响。人们了解了新的快乐,而这些快乐很快就会成为新的需求。共同生活和劳动分工让我们更容易维持生计,但也让我们开始依赖他人,并为此付出代价。依赖他人,就意味着要关注他人的意见,并通过他人的眼睛来看我们自己。对我们自身存在的简单而直接的爱,也即我们自

106

然性的**自爱**（amour de soi-même），发展并扭曲为了**自恋**（amour propre），也即渴望靠他人来确认我们存在的意义。我们想要举足轻重，想要拔得头筹；其他人也同样如此。我们互相需要，也互相奉承，但背地里却又互相憎恨。我们所有的艺术和事业，其动力都源于这种需求和憎恶的混合。[19]

"出自造物主之手的一切东西都是好的；一到人的手里，就都败坏了。"堕落确实存在。但我们所失去的那个天堂，究竟是什么呢？旧伊甸园里，有男女之间纯洁的爱情，也有人类与上帝之间的恭顺亲近。新伊甸园里，有纯真无邪的自爱，也有从未设想过上帝但却心满意足的自足之人。我们离开了旧伊甸园，出于自我毁灭的骄傲和任意妄为之罪；我们离开了新伊甸园，通过运用任由我们支配的、那伟大的工具，即富有可塑性的自我，努力在这世间维生。[20]

卢梭认同帕斯卡尔的说法：我们所熟知的人确实处境悲惨，满腹仇恨。他们天生是独居者，半心半意地寻求社会生活，一边过于依赖他人，无法享受自足带来的美好，一边又太爱自己，无法全身心地投入社会生活。蒙田描述的那种多姿多彩的生活里，人们像是蜜蜂一样，在独处和社交之间来回穿梭，实际上只是为了从我们可怕的内在分裂中，找到一点喘息之机。过着这种生活的人——那些自称为文明人的人，无论是帕斯卡尔时代的正人君子，还是卢梭时代的启蒙哲人——都只能从"别人的意见"中"体会［他们］自身存在的感受"。通常，连他们自己都会因此而憎恨自己。这种自我厌恶，正是良知对于这逼人作伪的世界的悲惨抗议。[21]

107

但完全没有必要如此。人的堕落是历史的意外；事实上，正是由于这个意外，历史才得以产生。我们的苦难，是我们自己一手造成的；我们之所以邪恶，只是由于我们让自己蒙尘。然而，我们不知道自己究竟做了些什么。如果我们的空虚感是一连串不必要的事件的偶然结果，而我们自己作为主导者（哪怕不是故意的），那么，我们就可以试着不让自己陷入这般田地。因为完善性是一切可能性之母。[22]

卢梭为这些可能性勾勒了一幅全景图，从我们刚脱离自然时的那般孤独自足，到我们可能拥有的彻彻底底的社会性。这是一幅关于灵魂如何蜕变的全景图。人不仅仅通过文明历史创造了一个世界，发明了艺术和语言，创立了法律和城市。人也再造了自己——人类在自己身上搞革命。[23]

"人性不会倒退回去"；我们不可能重新回到森林中，与棕熊为伍，以草木和橡子为食。但我们可以把我们的历史掌握在自己手中。由此，或许我们可以恢复早已失去的整全性——倘若无法回到我们曾经的样子，那就超越我们的自相矛盾之处。蒙田式的生活，为了应对我们的焦躁不安，让我们在社会生活和孤独生活之间永无终止地漫游，但这反而加剧了矛盾，让我们空虚不已。的确，这让我们消散到了"虚无"之中。我们什么都不是，因为我们不知道应该怎样做，才能利人利己。但是，如果导致虚无的罪魁祸首，正是我们的社会化渴望和独处渴望之间的矛盾，也许我们可以通过彻底投入其中一方的怀抱，来脱离困境。[24]

为了应对人类内心的矛盾，卢梭的理论"体系"探讨了一系

108

列可能的解决方案。这些针对资产阶级空虚感的替代方案，每一个聚焦于我们分裂本性中的这个或那个方面。卢梭和帕斯卡尔唱起了反调，他试图证明，哪怕是在此时此地，也仍有可能获得完整而满足的整全人类生活。这些实验的目的，是恢复我们的心理平衡。要么离开社会世界，躲得远远的；要么一头扎入其中。就让我们循着卢梭的顺序，从最彻底的社会生活开始，直到最彻底的孤独生活为止：包括公民生活、家庭生活、独处生活，它们各自有其温和与极端的形式。[25]

英雄主义式的内在性

帕斯卡尔揭示出，蒙田式的正人君子所追求的内在满足，有多么的虚无缥缈。卢梭为内在性辩护的方式，则是赋予它以英雄主义。在卢梭的人类全景图中，公民是第一项伟大的替代选择。在礼赞公民时，他笔下的公民获得心理平衡的方式，并非给自己设定界限，而是通过消除内部分裂——消灭小家子气的自私自利，因为这会妨碍美德，让公民的性格无法达成自洽。在他的描述中，我们所渴望的赞许和归属感，无法在朋友之间的私人乐趣中发现，而要在公民的公共奉献中获得。他通过拔高内在性，来捍卫它，来保全其完整。

当卢梭刚开始作为作家向公众发言时，他的语气就带着反叛，就像是一位被资产阶级的自我欺骗激怒了的公民。他写下的第一部重要的哲学作品，是为了回答第戎科学院（Academy of Dijon）

在一次征文比赛中的题目："艺术和科学的复兴，是有助于敦风化俗，还是会伤风败俗？"他在从巴黎步行去文森（Vincennes）的路上读到了这个题目，那时他的友人狄德罗因为写了《论盲人书简》（Letter on the Blind），激怒了权势人物，被关押在文森。这个题目让卢梭停下了脚步，无数所思所想涌上心头：他对巴黎人的老于世故愈来愈深的反感，他对自己年轻时在农村生活的纯真回忆，他作为一位土生土长的日内瓦人的共和主义自豪感——所有这些，都与这份原本是启蒙运动用来自吹自擂的征文邀请风马牛不相及。[26]

　　卢梭落笔写下的第一句话，是以罗马执政官法布里修斯（Fabricius）的口吻说的：这是一位严厉而古板的公民典范。在路边的一棵树下歇脚时，卢梭为法布里修斯撰写了一篇演讲稿——简而言之，这篇演讲稿包含了整篇《论科学与艺术》（Discourse on the Sciences and the Arts）。被称为"正义者"（the Just）的法布里修斯，虽然贫穷但很廉洁，是早期罗马共和国的一位英雄。他拒绝了丰厚的贿赂，勇于震慑想要谋害他的死敌，他不惧恫吓，哪怕一头大象也无法让他稍有却步，他也因此赢得了崇高的声望。在卢梭为他撰写的演讲中，法布里修斯怒不可遏地鄙弃罗马帝国晚期的财富和艺术辉煌。他问道：旧时罗马的乡间小屋，节制和美德之乡，如今都变成了什么？强大的罗马军团在希腊所向披靡，难道只是为了让罗马人自己成为那些虚伪圆滑的艺术家、虚情假意的戏子、花言巧语的修辞学家的奴隶吗？[27]

　　法布里修斯的声音从卢梭的记忆深处涌现出来。他年幼时，晚上常与父亲一起阅读普鲁塔克，这段经历永久地铭刻在了他的

110

自我认知之中：

> 我无时无刻不痴迷于罗马和雅典；可以说，我与那些伟人们生活在一起，而且我自己生来就是共和国的公民，是一位最炽热地热爱着祖国的父亲的儿子，我从父亲的榜样中得到了灵感；我觉得自己变成了希腊人或罗马人；我变成了我曾熟读其生平事迹的人。[28]

当卢梭在去往文森的路上被灵感砸中时，他**变成了**法布里修斯——他小时候读过的那些人物中的一员。他最终将这篇论文署名为"日内瓦公民"。无论巴黎人多么高雅，成为法布里修斯，成为日内瓦公民，就意味着不再是巴黎人，而且比做巴黎人来得更好。卢梭在出走巴黎的时候开始写作，这绝非偶然，他对巴黎从来就没有什么归属感。灵感告诉他，问题不在于他自己，而在于巴黎。在巴黎，虚荣心无孔不入，美德无足轻重。[29]

卢梭作别了巴黎，并对这座城市说出了只有越过巴黎城墙之外才能看到的真理——从罗马，从日内瓦，从斯巴达来审视这一切。他超越资产阶级世界的第一步，是进入公民的世界。卢梭开始热烈地追求美德，这份"狂热"将持续多年，并且"改造"了他，消灭他的虚荣心，代之以崇高的自豪，让他生平第一次名副其实（integrity）地"[成为]事实上我看起来的样子"。[30]

卢梭式的公民构想，如何解决让我们如此不安和空虚的资产阶级的分裂问题？卢梭赋予政治的权力和合法性，远超我们通常的想象。"一切从根本上都取决于政治"，他宣称：政治不仅在某种程度上支配着我们一部分的生活——它还支配着整个人类世界，

111

包括人的灵魂。公民生活的法律和风俗（moeurs）抓住了人们最私密和最持久的愿望，也即对自我的爱，由此将他们塑造为公民。良好的政治制度设计将每个公民的自恋扩展到整个政治体。这些制度设计告诉我们，只能把自身的存在看作更大的整体的一部分，并"以顾影自怜般的细腻的感情"来爱它。在爱国主义理念中，"自恋的力量"可以与"美德之美"相结合；自豪感可以消灭我们狭隘的自我关注，取而代之以宏伟的自我设想，也就是说，不再视自己为张三或李四，而是视自己为一个罗马人。用帕斯卡尔的话来说，公民成为了由"思考着的成员"组成的整体的一员；不过，卢梭式的公民所隶属的那个整体，并不是教会，而是城邦。[31]

　　在日内瓦，在罗马，以及尤其是在斯巴达，卢梭看到了那里的人们所代表的人类生活的可能性，这为他的同时代人提供了关于自我认知的双重教诲。公民向人们展示了他们理想中的样子，这就让他们实际呈现的面貌显得非常扎眼。对于那些始终摆出一副社交达人姿态的人而言，公民展示了什么才是真正的社会性，什么才叫作关心城邦，而不是仅仅关心狭隘的自我。公民的勇气和正直也展示了自由的真正含义：真正成为自己的主人，让我们赋予法律的准则，战胜那奴役着我们的小家子气的情感。公民知道如何"按照自己的判断准则行事，而不至于自相矛盾"，从而不会无休止地纠结于个体欲望和社会伪装，并铸就完满整全的公共精神。[32]

　　公民的全心全意，法布里修斯和加图的正直，雷古鲁斯（Regulus）和斯凯沃拉（Scaevola）的勇气，这些人类的崇高美德

112

的火焰，点燃了少年卢梭的想象力。而当这火焰在成年卢梭身上苏醒时，激活了他的创作，去唤醒他的沉迷于资产阶级舒适生活的自满和麻木的同时代人，他畅想着迥然不同的生活图景，引导大家在英雄主义式的正直中找到满足。

不过，虽然卢梭试图唤起古代美德，但他所描述的公民形象，并没有回归前现代标准。卢梭深知，古代公民与异教诸神密不可分，前者希望能为自己夺得与后者一样不朽的荣耀。而卢梭所描述的公民形象，颂扬的不是荣耀，而是正直。这种正直将自然人的整全性奉为圭臬，在卢梭看来可以替代资产阶级的分裂生活。这最终塑造出来的，是一个能给自己设定法律的人——"智能生物和人"取代了进化而来的"愚蠢而受限的动物"。公民完美地做到了自我规制，彻头彻尾地约束自己，不再有内在分裂。他的卓越表现，在内在性的层面上，为人类的可能性奏响了赞歌。[33]

但只有征服了自身的自然本性，公民才能克服内在分裂。虽然公民的生活形式与自然人的生活相似，都具有整全性，但就所包含的具体内容而言，公民生活彻底否定了自然。卢梭在《关于波兰政体的思考》（*Considerations on the Government of Poland*）中明确指出，要创造出公民，就需要彻底改造他们的生活。他们必须接受公共教育，因为父亲不可避免地会让自己的孩子牢牢系于家庭，而非系于祖国。此外，这种教育必须是全方位的——必须用一个完整的道德世界把孩子环绕起来，让他永远看不到外面的世界："孩子一睁开眼睛，看到的就应该是祖国，而且直到死亡，目中所见都应该只有祖国，而别无他物。……这种爱构成了他的全部存在；他只看到祖国，他只为祖国而活；一旦他孤身一人，他就什么都不是了。"要想通过公民身份来摆脱资产阶级的不满心绪，就必须连过私人生活这种念头，都要消除干净。[34]

公民生活始终是一种公共景观，公民和他的伙伴们既是观察者，又是被观察的对象，所有人都在不遗余力地寻求国家的公共认可："这种齐头并进的沸腾的激情，会让人们陶醉在爱国主义热潮中，只有这种陶醉才能使人超越自己，否则，自由就不过是一个虚名，立法也不过是一缕幻影。"即便当卢梭在最雄辩地阐述渴慕美德的爱国主义热情时，他也始终认为，这种热情是一种"陶醉"（intoxication）。这种陶醉必须永远保留在公共生活景观的表演中，所有人在里面既是演员又是观众，把自己引入一个绚丽但并不自然的幻象世界。[35]

"好的社会制度，是那些最懂得如何让人去自然化（denature）的制度"，卢梭在《爱弥儿》中这么写道时，举了一位斯巴达母亲作为例子。在这位母亲看来，只有奴隶才会哀悼自己为祖国而牺牲的孩子。要在公民的正直中寻到满足，所需要的不仅仅是消灭琐碎的情感。它所要求的，是泯灭所有可能妨碍我们全心全意投入政治事务的人际关系。它所要求的，是让我们变得去自然化。[36]

虽然斯巴达的景象令人陶醉，但它也让读者看到了自我去自然化的前景。尤其卢梭本人在其他作品中曾用如此迷人的色调来描绘自然，这就让这种景象更加令人生畏了。想要过上卢梭设想中最彻底的社会生活，来获得满足，我们必须付出不菲的代价，况且卢梭本人其实也并不愿意付出这种代价。在去往文森的路上

114

获得灵感后不久，卢梭就贯彻了他退出巴黎的决心。起初，他打算回到日内瓦，希望重新获得那里的公民身份，并投身于公民生活。然而，很快就出现了另一个选项:他的友人埃皮奈夫人（Mme d'Epinay）的城堡里，有一处名为退隐庐（Hermitage）的乡间隐居之地。当卢梭内心深陷无休无止的挣扎时，是大自然的浪漫战胜了公民生活的严苛。因为，卢梭的政治激情并非他惟一的激情，也不是他最强烈的激情。在退隐庐中，他将寻觅一种更甜蜜、更自然的获得人性整全的生活方式。他将会在《爱弥儿》这部作品中，最完整地探讨克服人性分裂的可能性，其中所用的方法并非克服自然，而是调和自然性与社会性。在该书中，通过讲述爱弥儿和苏菲的生活，卢梭描绘了这一对夫妇所获得的内在满足和无条件赞许。即便他们离群索居、未曾受到社会生活的半点腐蚀，但他俩生来就被教导着，要致力构建一个**共同的整体**。[37]

一对美满的夫妇

在卢梭勾勒的人类愿景图中，《爱弥儿》处在中心的位置。这个故事的主人公是一位"被塑造为能在城市里居住的野蛮人"，他在与其他人打交道时，尽可能地保持了其自然独立性。卢梭在《论人类不平等的起源与基础》中所描述的人类历史，就是人类的各种能力如何同时发展和败坏的故事。在那个故事中，学会言说，就意味着学会撒谎；发现美的世界，就意味着进入了虚荣的国度；努力追求美德，就意味着尝到了统治欲的滋味。而在《爱弥儿》

115

中，卢梭试图描述另一个版本的人类历史。这回，人类历史是在"哲学与经验"的指导下展开的，而当人类刚开始在历史演进过程中摸索时，很明显缺乏这种指导。卢梭以教养小说（bildungsroman）的形式展现了这段历史，叙述了在仁慈且几乎无所不能的导师的带领下，爱弥儿这个孩子接受了什么样的教育。这位导师致力于把恶习和美德区隔开来，在培养人的各项能力的同时，又不至于让这些能力走向反面。他的目标是塑造这么一个人：他的生活将远远比野蛮人更为丰富，也更为社会化，与此同时，他又仍能够像野蛮人一样，保持整全、独立和纯粹。因此，《爱弥儿》是卢梭最具野心的尝试，书中向我们展示的完满图景，兼具内在性、社会性和自然性等不同层面。[38]

卢梭甚至早在《论人类不平等的起源与基础》中第一次叙述人类如何离开自然时，就已暗示了这种可能性。在那个故事中，卢梭在人类的发展进程里挑出了一个中间节点，位于懒散的原始人和腐败的文明人之间，他认为这种状态是"最适合人类的"。在那个时代，我们的各项能力已有所发展，确实可以被称作是人类了，但各项能力的发展尚未破坏我们的心理平衡。我们已具有了社会性，但社会依赖和自恋尚未完全奴役我们的想象力。这个"最幸福也最持久的时代"，就是人们尽享家庭幸福的时代。[39]

原始人类在大自然中顽强求生，而随着人口的增长，自然资源越来越不像原先那么丰足了。在这个过程中，原始人类充分发展了他们的技艺和远见，建造了第一批木屋。迫于生存的压力，妇女们在这种境况下发现了改变人类历史的机会。人口的增长使

116 　得性交和怀孕都愈发频繁，损害了女性曾与男性一样享有的自然独立性。一批眼疾手快的男人率先建起了第一批木屋，看着这些身手矫健的男子，善于精进自身的女人抓住了眼前的机会。于是她便发明了家庭。[40]

在描述两性之间的原初关系时，卢梭指出了男女之间性能力的基本差异：男人的欲望在发泄之后很快就消耗殆尽，至少短时间内无法勃起，而女人却能持续享受性快感。此外，其他物种的性欲常会受高温天气的影响，并且有发情期的限制，而女人则不会受制于这些因素。文明人中的男性之所以对性非常痴迷，是想象力使然；而自然人中的男性其实并不会对性特别感兴趣，正是因为自然人的想象力当时尚未得到开发。倘若性的经济学不是如此失衡，倘若女性对性的需求没有远远超过男性的供给，人类就不可能成为卢梭笔下性情平和的自然独居者。倘若男人天生就好色，而女人生来就很羞怯，抗拒男人接近她，那么在纯粹自然的状态下，强奸女人和谋杀情敌就会是家常便饭，而卢梭的整个故事也将分崩离析。[41]

在性和其他许多事情上，人类没法像动物那样，只需顺应本能的指引，便能规律有序地行动。但如果在动物身上发现了行之有效的做法，我们就会模仿。卢梭观察到，许多物种的雌性都相当娇媚。女人便模仿动物的风情万种，成功地刺激了男性蓬勃生长的想象力。在怀孕和哺乳期间，女人要靠别人帮助来获取给养，这种实际的需要促使她将娇媚化作羞怯，将男性想要赢得性交机会的欲望，形塑为被她认可、留在她的身边的愿望。女性的羞怯是第一种真正意义上的统治术。有了这种统治术，女人就能改造她的配偶，教育她的配偶，让她的配偶变得通情达理。[42]

每个人都从中尝到了甜头。性关系里的你侬我侬，甜蜜地延伸到了男人和女人如今的家庭生活中去。由于需要哺乳，女性会自然而然地依恋她的孩子，在这种依恋中，她感到自己的生命被延展了。她完全有动力扩展这种依恋，将配偶也纳入其中，因为这既能给她带来实际的帮助，又能让她体会到生命延展的愉悦，从而获得加倍的满足。家庭给孩子们带来了轻轻松松、衣食无忧的生活，带来了温情脉脉的港湾，他们很愿意享有家庭的庇护，直到成年后在别处找到情感所寄。哪怕这时候还吃不上肉，男人们至少学会了采集植物果实回家，提升了他们在外劳作的可持续性和实用性。女人们则变得越来越居家，她们有各种各样的办法，并且十分愿意让这个家更舒适也更美观。女人首先体会到生命被延展的感受，接着她的伴侣和孩子们也会有所体会；最后所有人都体验到了，当一个人与他人分享自己的生活时，这种感觉多么令人刻骨铭心。他们的自我一下子变得更开阔、更充实了；与自然状态中独处者所获得的满足感相比，他们的满足感同样是内在的，而且更符合真实的人性。[43]

然而，家庭幸福虽是黄金时代皇冠上的明珠，却最终自掘坟墓。通过让每个人更安全、舒适、休闲和快乐，家庭促进了我们能力的发展。在这个暖和而滋养的温室里，语言和艺术、理性和想象力、自我意识和自恋，都迅猛蓬勃地生长。农业、冶金和财产随之出现。始终与家庭紧密相连的物质诉求，如今变得举足轻重，与维系家庭生活温馨甜蜜的情感纽带相互角逐。娇媚而羞怯的年轻女性，无意中与无微不至地呵护着她们的父母合作，挑逗着附近年轻男性的幻想；并不怎么与众不同的女孩，在这些男性的想象中，也成了无与伦比的璀璨珠宝。当年轻男性反观自身时，他的自恋让他对被人轻视十分敏感，无论这轻视是确实存在的，还是无端假想；在狩猎和收获的工具中，嫉妒找到了它的武器。男人成为了满怀嫉妒的马屁精；女人则很乐意收集仰慕者。所有人都活在自己的想象之中，与曾经的栖居之所、温馨家庭日益疏远。[44]

在《爱弥儿》中，卢梭试图重现人类生活中一度最为甜蜜的家庭幸福图景。与此同时，他试图借助教化之后的情感、道德和审美上的敏感，来强化这种甜蜜，防止家庭幸福的愿景走向自掘坟墓之路。为此，男人和女人都必须接受全新的教育。在教育爱弥儿的过程中，导师试图培养他的自然能力，而不给社会世界中的腐败势力以任何可乘之机。他教导爱弥儿，要以坚韧和不屈的态度，来承受必然到来的打击。十五岁的爱弥儿强壮、聪明、勤奋、自足、灵巧，资质胜于常人。他的导师极力避免他受到情色幻想过早的刺激，在他看来，社会中这种幻想已经是甚嚣尘上；他要让激情尽可能长时间地保持沉寂。但性欲终究会到来，性的探索需求也随之而来，这将会让爱弥儿的灵魂向世界敞开。[45]

虽然我们没法让一个人什么都不爱，但在他会爱什么样的对象这件事上，却大有可为——这就是卢梭给立法者的忠告。导师对这条忠告颇为上心，他为爱弥儿创造了一个想象中的爱人，即迷人而羞怯的苏菲。在爱弥儿遇到叫苏菲这个名字的女人之前，苏菲就已经成为净化他的原始冲动的密钥。与此同时，苏菲的父母也正在精心培养一个真实存在的年轻女性，来满足甚至超越爱弥儿的渴望。[46]

"在与性无关的一切方面，"卢梭写道，"女人与男人没什么两样的。""而在与性有关的一切方面，女人与男人处处息息相关，又处处互不相同。"最终很多事情都和性脱不了关系，以至于卢梭为苏菲量身打造的教育计划，相比于他为爱弥儿设计的、不可思议的反主流文化的教育，要传统很多。苏菲被教导着最充分地发挥自己的天赋、尽可能地远离堕落，但她也被有意培养为了男人的好伴侣——这并不是让她为了爱弥儿的幸福而牺牲自己，而是因为，她与未来的丈夫建立融洽关系的能力，对她追求自己的幸福而言，本来就意义重大。[47]

爱弥儿最初接受的教育是孤独的，也是身体性的。他最初的学习动机是为了获得蛋糕，而非获得表扬——他学会了从身体出发，向外推论。他从快乐起步，一路通往实用；一开始导师尽力避免让他进入到严格意义上的道德关系之中，直到他的欲望膨胀，让他不可遏制地迈入社会世界。起码在这之前，他完全不会受到任何宗教教育，他对上帝的看法最终取决于他自己。相比之下，苏菲从一开始就受到道德和宗教的约束。她生活在人与人之间相互依存的家庭中，有忧虑、有责任，也有欢乐。当她还是一个孩子时，她就学会了操持成年后将要接管的家庭事务。她和洋娃娃玩耍，表面上只是过家家，但却培养了她装饰打扮的艺术，这将有助于让爱弥儿拜倒在她裙下。[48]

但苏菲绝不是暴君。她想要受人爱慕，但她希望自己被爱慕更多是出于美德，而非其他方面的吸引力。她的榜样是喀耳刻（Circe）[①]，喀耳刻只把自己献给了尤利西斯，一个她无法魅惑、诱其沦为野兽的男人。爱弥儿有根深蒂固的责任感和人道之心，甚至当爱情与之发生冲突的时候，他也不会将其抛之脑后。苏菲爱他，因为他知道应如何将责任置于欲望之上，哪怕是对她的欲望。[49]

这对男女共同构成了一个道德人，并且共享着一种心理上的安宁：

> 两性的社会关系是非常美妙的。从这个社会关系中，产生了一个道德人，女人是这个道德人的眼睛，男人是这个道德人的臂膀，二者彼此依赖，女人从男人那里学会必须要看到什么，而男人从女人那里学会必须要做些什么。如果女人能像男人一样穷究极理，男人能像女人一样心思细密，那么他们就会彼此独立，永远无法和谐相处，更没法共同构建社会。但当他们琴瑟和谐时，一切都朝着共同的目标；很难分清二人之间谁的贡献更大；双方都受到对方的鞭策，双方都会听从彼此，也同时都是主人。[50]

在家庭中，爱弥儿和苏菲寻找到了某种整全性，而这种整全性

---

① 喀耳刻是古希腊神话中的一位女神，善于运用魔药，让敢于反抗她的人变成怪物。在《奥德赛》的故事中，奥德修斯（也即尤利西斯）一行人在返回故土的途中来到了喀耳刻所在的艾尤岛，喀耳刻在食物中下毒，让船员们变成了猪。但奥德修斯得到了赫耳墨斯的建议，利用草药抵抗喀耳刻的魔法，并将船员们恢复成了人形。于是，奥德修斯获得了喀耳刻的爱情。

延伸和扩展了他们的本性；他们深深依恋着彼此，过着甜美满足的日子，因为他们知道这种共同生活有多么脆弱金贵。他们所受的教育，是精心设计过的，旨在让他们对各种腐败诱惑产生免疫力。这些诱惑曾破坏了原初黄金时代的家庭幸福，而在卢梭自己身处的时代，他则将这些诱惑归咎于奉行世界主义的大都市。在开始寻找苏菲之后、尚未找到她之前，爱弥儿和他的导师就背弃了巴黎：

121

> 　　再见了，巴黎，这座名城，这座满是喧嚣、烟雾和尘土的城市。在这座城市里，女人不再相信荣誉，男人不再相信美德。再见了，巴黎；我们要去寻找爱情、幸福和纯洁；我们恨不得离你越远越好。

在找到苏菲之后，在两人结婚之前，爱弥儿遍游欧洲，但他始终没有找到任何一处可以称之为祖国的地方。当他和苏菲结了婚，并在苏菲父母的住处附近定居：于是这个家园，便成了爱弥儿的祖国。在这幅幸福的图景中，《爱弥儿》全书终。[51]

在卢梭所描绘的所有人类幸福理想方案之中，爱弥儿和苏菲在家庭中所获得的满足，或许最有力地显露了现代人内心深处的渴望。虽然公民身份对许多人来说仍然很有吸引力，而且在我们追求真诚可靠品质的过程中，仍清晰反映出我们对个体整全性的渴望，但是对于完满家庭的渴求，对于夫妇和谐相处、安宁平和的渴求，塑造了我们生活的最细微的角落。以爱为纽带的核心家庭，是现代人所能设想的、最为生动的内在满足图景，而这种家庭中的亲密关系，则成为现代人最孜孜以求的赏心乐事。年轻人的情欲渴望，定格在了未来将要组建的家庭上；中年人则为家庭焦虑不安；老年人的记忆，也驻足于此，后知后觉地回味着家庭生活中的酸甜苦辣。甚至我们关于家庭性质的各种激烈争论，也证明了这种形式的内在满足理想在我们的生活和思考之中有着多么压倒性的意义。[52]

然而，卢梭自己在寻求家庭幸福这种形式的内在满足时，却发现了两处很难逾越的障碍。第一处障碍体现在了《爱弥儿》未完成的续篇中：《爱弥儿和苏菲，或孤独之人》(*Émile and Sophie, or, The Solitaires*)。对于那些被卢梭在《爱弥儿》结尾浓墨重彩地描绘的家庭幸福图景所感动的读者而言，续篇的标题就足以令人悚然。续篇是爱弥儿写给导师的书信，他在信中向导师诉说了自己的苦难经历：一开始是导师离开了爱弥儿，后来苏菲的父母很快就去世了，苏菲和爱弥儿忍受着失去至亲之痛，随即又被他们女儿的去世击垮了，苏菲悲痛欲绝。[53]

爱弥儿无力安慰苏菲，便把她带去了巴黎，想要转移（divert）她的注意力。这是一个惊人的帕斯卡尔式的转折，而死亡和转移注意力（diversion）之间的关联则是其中的核心要素。在巴黎，爱弥儿和苏菲想方设法自娱自乐；两人于是渐行渐远，苏菲怀上了另一个男人的孩子。他们的家庭生活便告一段落，两人注定要分离，最后独自死去。在分离之后，爱弥儿被巴巴里（Barbary）海盗俘虏，沦为了奴隶。卢梭虽然看起来是用家庭幸福的图景把我们给迷住了，但实际上却残忍地拉开了遮掩在幻觉之上的帷幕。[54]

有些人认为《爱弥儿和苏菲》证明了爱弥儿教育的失败；有些人则认为该文反而证实了爱弥儿教育的成功，因为爱弥儿证明了当最严酷的命运（甚至包括奴役）降临时，他都有能力来承受。

然而，对于我们是否能在家庭中获得满足，最具决定性的因素在于续篇故事的开头。和所有心系家庭的人一样，爱弥儿和苏菲是命运的囚徒。苏菲没有接受过爱弥儿那般的教育，无法忍耐必然的命运，无法摆脱对家庭的依赖，于是当命运降临时便不堪一击。苏菲生来的使命都是为了维系家庭，激活家庭的职能，增强家庭成员之间的相互依存，她无法接受家庭由于反复无常的死亡的冲击而分崩离析。一个为爱而生的灵魂，内心深处必然会对这样的失去无法释怀。人类无法承受彼此爱的重量，这条帕斯卡尔式的真理，势不可挡地在苏菲身上体现了出来。[55]

爱弥儿和苏菲的婚姻作为幸福美满的社会典范，其中的第二处困难在于，这场婚姻是高度中介性的（mediated）。蒙田和拉博埃西爱着对方，是爱对方的全部自我，其中不牵涉任何道德、宗教或功利的纠葛，而爱弥儿和苏菲爱着对方，则是爱对方的美德。他们有着对家庭的实际关切，或许还有共同的宗教热忱；导师本人则在他们的生活中起着决定性的作用，以至于爱弥儿把婚姻的崩溃追溯到导师的离开。我们目睹了两人如何被精巧地塑造出来，也见证了他们成为如今这个样子的全部经历——至少对读者而言，这两个人物缺乏一种神秘的深度，而正是这种神秘的深度，让蒙田说出了"因为是他，因为是我"的那番话。

卢梭在他自己的生活中所寻求的情欲关系，更接近于个人性的、无中介性的蒙田式友谊。我们有必要简要地考量一下这种情欲关系，来更充分地理解卢梭是怎么看待伴侣关系给人类带来的满足的性质和限度的。十五岁时，卢梭与弗朗索瓦兹－露易

123

丝·德·华伦（Françoise-Louise de Warens）有过一场迷人的邂逅。她是一位三十来岁的贵族夫人，卢梭称她为"妈妈"（maman），而她则称卢梭为"小家伙"（petit）。她此后成为了卢梭的保护人、女主人和情人，这段关系断断续续持续了十年。但卢梭拒绝将他们之间的依恋称为爱情，并且坚称这段关系相当"特别"（singular），其中有无数的"特殊之处"（peculiarities）。其中有友谊的元素，但也包含了性欲；虽然与性脱不开关系，但在这段关系中"没有不安，没有嫉妒"。卢梭将他们之间的关系称为"灵魂的共鸣"，认为他和华伦夫人"把［他们的］全部生命都放在一起了"。他们之间"相互占有，而且或许这种占有在人类之中独一无二，正如我所说的，这根本不是爱的占有，而是一种更本质的占有——并不依赖于感官、性别、年龄、长相，而是关乎人成为其如今所是的一切，关乎人之为人所不能失去的一切"。这两个人，正如卢梭后来在他的小说《朱莉》（*Julie*）①的人物刻画中所描述的，"在他们的语汇中，'你'和'我'之类的词都被放逐了出去"。[56]

在这里，卢梭令人想起蒙田在描述与拉博埃西之间的友谊、那般无条件赞许时的夸张用语，而他的遣词造句甚至有过之无不及。他与华伦夫人之间的关系具有决定性的意义，奠定了他的性情，同时也是他所谓此生中"短暂的幸福"所在。在华伦夫人面前，他感到对自身存在的感受得到了加倍的强化，从而得以安享一种深刻、平静和自觉的满足。这段经历对他的性情所产生的影

---

① 也即《新爱洛伊丝》。

响，决定了他从此以后会成为什么样的人。但这段经历无法持续下去。在"妈妈"和"小家伙"之间波希米亚式的依恋关系中，并不包含爱弥儿和苏菲的婚姻里的那种家庭职责。他们没有孩子；两人各有其他情人；最终也分道扬镳。这两人的性情如此与众不同，他们之间自由而深入地互相影响，但无论这份体验有多么珍贵，都无法经受住一生的考验。[57]

人与人之间的依恋所能带来的幸福，确实相当脆弱。倘若试图在伴侣之间寻找内在满足，无论是爱弥儿和苏菲的美满婚姻，还是"小家伙"和"妈妈"的怪异关系，都注定无法长久，因为我们所爱的人和我们自己一样脆弱。哪怕我们天性上并不像卢梭所坚称的那样孤独，我们也可能命中注定就是孤独的。我们注定要试图在孤独中寻找某种形式的满足，试图不依赖于他人而获得心灵的安宁。[58]

道德上的自我满足

只有牺牲了我们的本性，城邦才能保我们整全。我们越是想要在伴侣之间寻求幸福美满，人类的摇摆不定和脆弱不堪就越有可能残忍地把我们打得遍体鳞伤。或许，我们不应该在城邦或伴侣身上寻求整全，而应该转向每个个体的自我。或许，我们可以转向内部，去寻找一种能够抵御命运无常的满足。

关于怎么努力回归自我，卢梭做了一番激动人心的描述，让他成为了颂扬真诚可靠（authenticity）的使徒。这便是《萨瓦代

125

理本堂神父的信仰自白》(*The Profession of Faith of the Savoyard Vicar*），是他长久以来关于上帝和人的终极问题的沉思的精华。在卢梭身处的时代，神职人员和理性主义者两派之间激烈对峙，而这篇关键的作品便是试图在两派之间找到一条中间道路。这篇作品所遭遇的命运，与许多试图超越所处时代困境的人的命运一样：取悦的人不多，冒犯的人不少。由于"信仰自白"收录在了《爱弥儿》中，该书面世后就在巴黎和日内瓦的广场上被公开焚毁。卢梭被迫逃离法国，并且在余生的大多数时间里，过着漂泊不定的生活——尽管他名头不小。[59]

这两座城市的宗教当局焚毁"信仰自白"的决定或许是错误的，但他们确实从这篇作品中察觉到了相当严峻的挑战。卢梭笔下的代理本堂神父因为一次出轨，失去了主教的好感，便逃离了家乡的教区。正如代理本堂神父所解释的，倘若他没有那么多的顾虑，本可以避免所有的丑闻，而主教或其他人惟一关心的，只有丑闻。与其说卢梭是在批评代理本堂神父行为举止上的不检点，不如说是在批评教会所定之法。在卢梭看来，教会是在要求神父们放弃自己的男子气概，来宣扬他们的宗教。[60]

然而，引燃教会怒火的并不是代理本堂神父的行为举止，而是卢梭的教诲。虽然代理本堂神父身披教士袍，但他不是天主教徒，甚至不是基督徒。神父认为基督教侮辱了上帝的正义，并且有悖人类的幸福福祉。代理本堂神父所信奉的，只是一种自然宗教，他声称从中发现了幸福的奥秘，并且治愈了自身生命中的分裂，让原本命途多舛的自己感到了知足。[61]

126

卢梭借代理本堂神父之口，对蒙田的宗教怀疑主义和帕斯卡尔的存在主义基督教都做出了最直接的回应。他在回应这两人的同时，也借用了他们的思路。与蒙田一样，代理本堂神父并不认为我们有可能理性地认识有关上帝和我们自身的真理，而这种认识正是我们作为道德存在所需要的。这些问题纠缠于无望的争论辩难之中，单凭理性永远无法解决。不过，代理本堂神父也与帕斯卡尔一样认为没有人可以是彻彻底底的怀疑论者："怀疑那些对我们来说重要的事情，"他说道，"会对人类的心灵造成过于激烈的冲撞。坚持不了太久，人们就会违心地放下怀疑、做出抉择。"人类既是理论的动物，也是实践的动物；尽管我们的理性会在肯定和否定上帝的存在之间不停地摇摆，但在道德生活中，我们不可避免地要做出决断，因为必须得行动起来。而要想行动时保持一致，过上融贯自洽的生活，我们就必须有原则。但是，既然理性没有能力发现这些原则，我们又能到哪里去寻找这些原则呢？[62]

要弄清楚这些原则，需要我们调动感觉。为了引导自己走出怀疑的密林，代理本堂神父决心"承认一切显而易见的东西，只要我内心深处无法拒绝认同它"。像帕斯卡尔一样，代理本堂神父认为，在信仰问题上，最能给予我们指导的是内心，而不是理性。不过，帕斯卡尔所说的内心，和代理本堂神父所说的内心，完全是两码事。对帕斯卡尔而言，内心是信仰和爱的中心，也是我们感知（perceive）自身存在于世上的最基本维度的器官，这些维度包括空间、时间、运动和数字。对代理本堂神父而言，内心是用来感觉（feeling）的器官。正如他在谈论自发运动这个问题上所 127

说的那样——运动是由意志引起的，而不是任何先行的物质原因引起的：

> 你会问我……我怎么知道有自发运动。我会告诉你，我之所以知道，是因为我意识到了它。我想要移动我的手臂，我就移动了它，而这个运动除了我的意志之外，再无任何其他的直接原因。别想摧毁我的这种感受（sentiment），那是徒劳的；这种感受比任何证据都更为强大；不然，任何人不妨试试，来向我证明我并不存在。

代理本堂神父借助诸如此类的感受，穿透了关于上帝存在和人的本性的争论漩涡。从感觉出发去推论，他得出了一条相当简单的信仰：信仰智慧的上帝，这位上帝让世界运转了起来，但又赋予了我们心灵和意志的自由。[63]

然而，占据代理本堂神父信仰的核心位置的感受，更多关涉正义和道德，而不是对自发运动的推测。针对帕斯卡尔的詹森派友人们提出的"上帝不欠受造物任何东西"的学说，代理本堂神父认为上帝所欠我们的，是他在创造我们时所许下的承诺。我们在被造之初，就对幸福有着无法抑制的渴望，对正义有着与生俱来的敬重。如果上帝是公正的，那么当上帝创造出怀抱这种渴望的生命，就意味着给了他们一份标记着欲望对象的期票，并以他们的生活举止作为兑换期票的条件："我越是回归自我，越是反躬自省，就越能看到这句话刻在了我的灵魂深处：**行事公义，你就会幸福。**"上帝在我们的内心之中刻下了这条要求颇高的承诺，暗示着如果我们履行了自己的义务的话，那么他也有义务兑现他那边的承诺。[64]

但我们如何才能知道何为正义——我们必须做些什么，才能配得上我们所渴望的、上帝也隐约承诺过的幸福呢？感受再次给代理本堂神父指明了方向："我只需反躬自省我想要做些什么：我觉得好的东西，都是好的；我觉得坏的东西，都是坏的。在所有的决疑者中，良知是最好的，只有当人们与良知都开始讨价还价的时候，才会去求助于精妙的推论。"[65]

通过这种对良知的感性理解，代理本堂神父教导我们如何与自己的心灵和平相处，并在面对帕斯卡尔的基督教所描述的堕落、蒙田的道德相对主义时，能够恢复自己的本性。帕斯卡尔认为，当我们被逐出伊甸园时，就已经失去了能够指引良知的自然法。当帕斯卡尔做出这番论断时，就彻底背离了自然法传统。他这么做的部分原因，是由于遵循了蒙田对人类习俗极易变化的论述——有时帕斯卡尔会逐字逐句地照抄这一论述。然而，在代理本堂神父看来，蒙田严重夸大了人类是非观念的多变性。而之所以蒙田要如此夸大，是为了强调："所谓诞生于自然之中的良知法则，乃是诞生于习俗之中。"对此，代理本堂神父回应道：

> 蒙田啊，你这个自矜于坦率和真实的人，请诚实地告诉我（如果哲学家真的能做到诚实的话），是否在这地球之上的某些国家里，保持自己的信仰，做一个仁慈、善良、慷慨的人，属于是犯罪？是否在某些国家里，好人受人鄙弃，而背信弃义之人则受人尊敬？

相对主义就像迷雾一般，笼罩着后蒙田时代的道德世界，而感性良知则揭开了这层迷雾。代理本堂神父认为，哲学家们之所以首当其冲，被迫接受这种怀疑主义，只是因为他们贪得无厌地想让自己与众不同："会有哪个哲学家不乐意为了自己的荣耀，而欺骗全人类？"[66]

129 但代理本堂神父并没有像帕斯卡尔那样，在经文中奏响的上帝的纯净声音中，找到取代哲学家骄傲自矜的论述的方案。代理本堂神父对所有圣典都抱有深深的怀疑，他认为这些书是由野心家写就的，并借其他人之手安排部署，来支持他们嚣张的征服欲望。代理本堂神父希望我们能倾听自我，因为当我们平息了激情，静静听从良知的内在召唤时，最容易听到上帝的声音。[67]

然而，代理本堂神父似乎承认，即便真诚地忠于自己的良知，也不能保证尘世生活的幸福："恶人作威作福，义人饱受压迫。"代理本堂神父从人类自由感受到的真理与人类心灵的活跃特性出发来做推论，不乏自得地证明了灵魂的非物质性。他认为，灵魂存续的时间远比身体更长，这足以让上帝兑现他在创造一个渴望幸福和尊重正义的生命时所隐含的承诺。[68]

但那究竟是多长时间呢？代理本堂神父认为，"最大的享受就是对自己感到满足"：对自己的良知感到满足，就是幸福。代理本堂神父声称自己正享受着这种幸福，尽管他穷苦贫困、颠沛流离。至于那些恶人，他评论道："哪里有必要去另寻来世的地狱？在恶人的内心之中，地狱般的生活在此世就已经开启了"，这些人的内心"被嫉妒、贪婪和野心所吞噬"。代理本堂神父暗示，上帝用这样的方式统御自然世界，使得正义成为其自身的回报。照这样说的话，任何超自然世界都会被证明是多余的。于是，代理本堂神父在人类感受的经营之中，找到了自然和内在的正义、智慧和幸福，可以替代超越性的正义、智慧和幸福。[69]

因此，代理本堂神父的自然宗教中隐含了针对超自然的启示宗教的批判。在信仰自白的第二部分，他更为直接地阐述了这一批评。他瞄准了卢梭早先在《爱弥儿》中判定为"血淋淋的不宽容原则"的教义，即**惟有信上帝，才能得拯救**。这条教义强调人们不仅要信仰上帝，而且要信仰耶稣基督给出的具体启示，作为天主教和新教天经地义的共同原则，这条教义也界定了何为基督教的原则。然而，在代理本堂神父看来，如果上帝把人们打入地狱，仅仅因为他们没有信仰一个他未曾向所有人直接给出启示的宗教，那么他就是一位"最不公正和最为残忍的暴君"。虽然代理本堂神父承认对福音书中化身为人的神（man-God）有所敬畏，并在他主持的仪式上毕恭毕敬地做礼拜，但他显然不相信所谓的"制度性宗教"（institutional religion）之类的东西。在他的内心深处，只遵循自然。[70]

代理本堂神父告诉我们，他绝不会向信仰坚笃之人透露他对启示宗教的怀疑。不过，他向年轻的让－雅克谈及了此事。在《爱弥儿》第四卷中，卢梭中断了爱弥儿在青春期的受教育故事，讲述了一个与爱弥儿截然不同的、同一人生阶段的年轻人的故事，而这个年轻人就是让－雅克自己。年轻时的让－雅克没什么营生，也没什么天赋，四处流浪，他虽然是新教徒，但却假装有兴趣皈依天主教，这样天主教徒们就会给他饭吃。在进入罗马公教后，他立刻沾染上了新的恶习，而神父们或多或少都对其嗤之以鼻；对他来说，接纳他的慕道者收容所变成了一座监狱，他深感厌恶。这个年轻人出卖了过去的宗教信仰，但却完全不相信当下新近皈依的宗教，也没有良知的原则来给他提供任何的指引。他深陷贫困的泥潭之中，满含热切的目光，艳羡地看着别人挥霍享乐；由于生活所迫，年轻的让－雅克日渐沉沦，学会了狡猾欺骗，沦落到了"荡妇和无神论者的道德水准"。[71]

这样的道德状况虽然看起来十分异常，但卢梭指出，这其实是他那个时代整个欧洲的普遍道德状况。卢梭向我们展示了一场在"理性人"（Reasoner）和"通灵者"（Inspired Man）之间上演的荒诞争论，向我们揭示了他眼中由分庭抗礼的派别所主宰的世界的精神状况。哲学家们总想要标榜新奇的学说，让自己显得与众不同，哪怕这些学说可能让全人类付出巨大的道德代价；而神父们则想要借助神圣权威的认可，将自己的意志强加在别人身上。根本没有人在严肃认真地探求关于上帝、世界和人类生活的真理。沿着这个路子走下去，整个公众社会的道德水准都会沦落到荡妇和无神论者的水平。而代理本堂神父则试图通过感性信仰，开辟一条不同的道路。[72]

代理本堂神父所开辟的道路，将我们引向了道德上的自我满足这种内在满足形式。他的感性神学带来了超凡入圣的上帝，上帝携手幸福与正义，将两者的紧密结合化作自然而然的过程，使其内化于自我之中。他试图在哲学家追名逐利的相对主义学说和神父的威逼恫吓之外，寻找一个替代方案，这种尝试显然颇具魅力。但代理本堂神父的信仰自白最终奠基在感受的神圣化（sanctification of sentiment）之上，而这种神圣化相当可疑。代理本堂神父教导说，如果你感觉做某件事是对的，那就去做；不要按照上帝的眼光来看待你的生活，而要争取以你自身的道德自律为标准，这就不会那么让人为难了。在将感受神圣化的同时，他的自然神学也将上帝去人格化了。这就把上帝抬到了高于人的层次上，上帝不会和人对话，不会和我们打交道，不会来干涉我们一地鸡毛的生活或人类历史上各种混乱不堪的具体事务。代理本堂神父的上帝只是一位和谐秩序的创造者，自然界中形形色色的、具体可感的失序现象，都可能让这位上帝的存在受到威胁。与圣经中的上帝相比，代理本堂神父的上帝有意被塑造得不那么亲切，也不那么可怕，但或许无意之中，这也让这位上帝显得不那么可信。[73]

　　但从卢梭的视角来看，代理本堂神父的信仰中最深层次的问题，就在于这种信仰需要依赖于上帝。卢梭的目标，是要通过恢复和提升人类的整全性，来寻得满足；而依赖于自我以外的任何东西，哪怕是上帝，都必然限制了人的整全性。代理本堂神父的信仰，惴惴不安地栖身在道德生活和自立自助（self-reliance）的鸿沟之间。若说它算作道德，那么这种信仰太过仰赖于自我的一己之见，无法让人信任；若说是自立自助，它又太过于与上帝和责任纠缠在一起，无法真正自成一体。于是卢梭试图在他自己的生活中，在一种更为激进的自我满足形式中，寻找到满足感。

132

143

彻头彻尾的孤独

　　"只有恶人才会离群索居"，尤喜与人交际的狄德罗在他的《私生子》（Fils Naturel）一书中如是说，而该书就是在卢梭迁居退隐庐后不久面世的。这句话后来成为卢梭与这位旧友彻底决裂的直接原因。在卢梭看来，决定离开巴黎，居住在退隐庐，是一种对于孤独生活的生存选择。他认为自己遵循了各个时代和许多地方的智者们所共有的传统，这些人都寻求"隐居生活的平静和安宁"。他个人长期以来的孤独生活试验，是他为了寻找幸福例证所做的最后努力。[74]

　　孤独，在帕斯卡尔的思想中也占据着重要的位置。在帕斯卡尔看来，孤独是灵魂的试验场：独处和不转移注意力（undiverted），意味着要直面自己的不幸福和对上帝的需求。而若像卢梭所追求的那样，想要过上满足惬意的独居生活，那就相当于同时拒斥了狄德罗和帕斯卡尔，也就是同时拒斥了启蒙运动和基督教。卢梭想要通过远离社会世界来寻找满足，而这种试图摆脱不安感的努力，恰好与他描述的全心全意为社会服务的公民截然相反——前者旨在恢复最初自然人的那种未曾分裂、自给自足的整全性。[75]

　　严格来说，卢梭在退隐庐并非完全孤身一人。他的长期伴侣特蕾莎·勒瓦瑟（Thérèse Levasseur）和她的母亲与他住在一起。他经常拜访他的女主人埃皮奈夫人——他有义务如此，而事实上，他实际拜访的次数远远超出必须自愿拜访的次数。然而，卢梭在每天漫长而孤独的散步中，把自己交给了所谓的"幻想"（chimeras）。只要他继续散步，他就会完全忘记俗世，完全满足于天马行空的放意肆志。这些散步很快就成为卢梭的田园生活中的核心部分。[76]

在胡思乱想中，卢梭年轻时调情和玩弄过的所有女人的形象浮上了他的心头。卢梭以这些充满魅力的女人为原型，勾勒描绘了两位迷人的友人，并且把她们作为《朱莉》的核心人物，写进了书页里。只要有机会，他就一头扎进孤独之中，投入到另一个世界里。这个世界里的人物，比现实世界里卢梭周围的人物，更能让他感到愉快。[77]

但事实证明，对于卢梭来说，这些生活在想象之中的迷人生命尚不足够。他感到自己的心是为爱而生的，并且也渴望所爱的对象能有现实世界中的化身。特蕾莎虽然甜美可人，但没什么修养，无法追随卢梭的思想冒险，因此她和华伦夫人一样无法深入到他的生命之中。不过，正当卢梭处于幻想的高潮时，苏菲·德·乌德托（Sophie d'Houdetot）这位活泼的年轻贵族夫人前来拜访他，而他幻想生活中的所有乐趣，都幻化结晶在了这个有血有肉的女人身上。这位朴素的日内瓦公民，就像个青春期的男孩一样，疯狂地陷入了爱河。这番痴情最后破坏了他在退隐庐的生活，他很快就觉得不得不离开那里。浪漫幻想若不加以约束，很快就会逾越孤独生活所能容许的范围。退隐庐中的卢梭想要成为孤独之人，但最终功亏一篑。[78]

卢梭还会有别的机会，来实现这一想法。《爱弥儿》和《社会

134

契约论》所引发的危机让卢梭被迫逃离法国，而他若是前往日内瓦，也不会有什么更好的待遇，于是卢梭在瑞士某座湖泊中央的圣彼得岛（St. Peter's Island）上短暂居住了一段时间。

在圣彼得岛上，卢梭没做太多事情。事实上，对他来说，什么都不做才是最紧要的。他在岛上闲逛，考察各种植物，但他考察植物也并没有什么特别的目的，只是对这些植物啧啧称奇。他乘着一条小船四处漂荡，迷失在他想象的国度中。他也会去毗邻圣彼得岛的一座无名小岛，那里无人居住，他就坐在岸边，聆听浪花轻轻地拍打着水岸的声音。这些适度的活动让他"愉快地感受到［他的］存在，而不用费力地思考"。他说自己一生中从未如此快乐过。[79]

在这些活动中，有什么能让他如此满意？流连于此间时，卢梭比以往任何时候都更彻底地安享着他自身存在的感受。沉浸在这种感受中时，他进入到了这样一种心理状态：他既不用考虑过去，又不用考虑未来；他既感觉不到欲望，又感觉不到恐惧；他既无须考量别人，又无须考虑是不是有别人会来考量他；对于这种单纯存在（simply being）的美好，他感到悠哉乐哉。虽然文明人常常会忘记这个事实，但存在本身、单纯的存在，就是美好的。我们能否把握住获得内在满足的最佳机会，取决于我们是否能够将自己安顿在对于这条谦卑、平等、迷人的真理的体会之中。

存在的感受不同于代理本堂神父所描述的那种道德上的自我满足状态，因为卢梭在这时候没有表达任何对责任或正义问题的关注。这种感受也无须与更大的人类整体——无论是城邦、家庭或浪漫伴侣——相统一。这是一种非道德性的、非社会性的、存在性的满足体验，这是一种幸福体验，它来自于简单生活，一旦有意识地感受到这种体验时，就会油然而生出满心欣喜。这种体验并不依赖于上帝；相反，那些知道如何体验这种感受的人，至少在那一刻，"感觉有自身就已足矣，就像上帝一样"。在圣彼得岛上，卢梭发明了一种能让自己沉浸在这种感受之中的艺术，并照此目的来安排每一天。卢梭似乎成为了一个全心全意的、自然的、未曾分裂的幸福之人。他似乎终于获得了他所渴望的、孤独而又完全内在的满足感体验。[80]

帕斯卡尔认为，在孤独之中，人们自然会开始思考自己的苦难处境：死亡、罪恶、无知。卢梭却并没有遵循这一思路。卢梭是一位"知道如何用惬意的幻想来滋养自己"的梦想家，他发现周遭绚丽的环境让自己更能享受想象力的美妙。环境与他的遐想完美地融合在一起，让他无法分清虚构与现实的界限。此外他发现，即便是多年后再生活在巴黎时，他也仍然能够回味当初在圣彼得岛上的遐想，因为记忆不仅重新唤起了他对存在的感知的思索，也唤醒了过往对这种感受的体验。[81]

然而卢梭知道，这些遐想并不是，也不可能是人类生活的全部真相。"从来没有哪个时刻，能比忘记自己的时候，带来更美妙的冥想，有过更美妙的梦境，"他写道，"我感到狂喜，不可言喻的狂喜，可以说是化入了众生之中，让自己与整个自然界融为一体。"不过，卢梭当然不是真的与整个自然界融为一体——他只是人类中的一个个体。当他在船上漂流了整整一下午后，夕阳提醒了他时间，他发现自己得像帆船上的奴隶一样划船，在天黑前赶

136

紧回到岛上，这时他才明白了自己的真正处境。黑暗的降临让他意识到了自己是多么有限、多么脆弱。[82]

事实上，卢梭住在圣彼得岛上时，也并非孤身一人；他住在一位税吏的家里，另外他还把特蕾莎带在了身边。在讲述这段故事时，卢梭有时称特蕾莎为"我的伙伴"（ma compagne），有时则称她为"我的管家"（ma gouvernante），而从未称她为"我的妻子"，尽管在卢梭写《孤独散步者的遐思》（Rêveries）时她已经是他的妻子了。无论是在这本书里，还是在《忏悔录》中，特蕾莎的出现都常常可悲可叹地提醒着我们卢梭的弱点和过失：她是卢梭遗弃在弃婴院的五个孩子的母亲，她和卢梭一起过着颠沛流离的流亡生活，是她在照顾这位虚弱、贫苦、刻薄、偏执的人，满足他的身体需求，而在他的著作中，提到她时却不甚尊重。特蕾莎的存在提醒我们，仅从字面意义上说，卢梭从来做不到自足。[83]

不仅如此，卢梭还发现，哪怕是在孤独之中，一个人的头脑里也有可能充斥着"要让自己在全世界的舞台上受人仰慕"的想法。在《孤独散步者的遐思》的"散步七"中，他回忆了一次植物学考察。在这次考察中，他抵达了一处被密林包裹着的空地，那里幽暗而僻静，他感受到了一种彻头彻尾的孤独，觉得自己甚至可能是第一个踏足此处的人。他这时孤独而又快乐，他把自己比作哥伦布再世——有史以来第一个、登陆了一处未被发现的精神国度的人。会这样想的人，自恋之情当然仍旧溢于言表，并且这暴露出，他仍然是通过与他人比较来看待自己。一阵叮叮当当的声音把卢梭从遐想中唤醒，他冲进灌木丛中，寻找声音的来源，这才发现是一家袜厂正在生产劳作，而这家袜厂距离他那个无人驻足的国度只有区区二十英尺。他哈哈大笑，为自己幼稚的虚荣心和因此受到的滑稽惩罚而感到懊恼。[84]

尽管卢梭号称，他写《孤独散步者的遐思》"纯粹只是为了自己"，但他还是对其做了加工，或许是期待着该书能够出版，并且他还公然说，想知道"本世纪的人"会如何看待他在书中描述的生活。哪怕远离了巴黎，这位作家的自恋也仍然紧紧跟随着他。他如上帝那般满意而自足地沉浸在自身存在之中的那些瞬间，注定只能是一个一个瞬间，而无法成为一种生活方式。没有人是一座孤岛，哪怕他住在一座岛上，也同样如此。[85]

倘若是蒙田，他有可能会评论道，偶尔能享受一点幸福，过着处处妥协、依赖他人的生活，便已经是我们所能指望的最好结果了——总而言之，这并不算太坏。但卢梭毕竟不是蒙田。他太过认同帕斯卡尔式的诊断，认为蒙田式的现代人安于现状的生活充斥着不安和空虚。在自己的作品中，卢梭用世俗化的语言有力地重塑了帕斯卡尔的不满，并走上了一条试图让自己重新获得整全性的探索之路。他诚实地披露了自己在现代道德的疆域里、追求内在满足时所遭遇的种种失败，这对任何有着同样目标的人来说，都提供了宝贵的自我认知的参考。

卢梭的"可悲而伟大的体系"：发人深省的悲剧

卢梭有力地阐明了现代人的幸福追求，使其轮廓更为清晰，也使其局限性更一目了然。他从自己的内心深处，窥见了现代人内心之中最深的渴望：在大自然中安适自在，在人类世界中也同样悠然自得；去享受社交生活，总有人不是"笑脸相迎的仇敌"；在自身之中获得满足、获得整全性，这是现代人的个体推崇的应有之义。他试图克服我们的精神分裂来满足这些渴望，但却或许事与愿违地证明了，我们的精神分裂还将继续。

卢梭同时在他的生活和思想之中，做了一个广泛的实验，来检验现代人的自我认知是否足够合理。在《社会契约论》和《爱弥儿》中，他想象如果可以不受历史和实际生活的限制，我们可以把人变成什么样。在个人生活中，卢梭同样拒绝向安稳舒适的社会生活妥协。他厌恶依赖于他人，厌恶社会生活中的虚情假意，他想要同伴们透明的、彻底的、热情洋溢的赞许——后果可想而知是相当灾难性的。虽然卢梭认为自己是"为友谊而生"，但他却毁掉了自己曾一度拥有过的每一份友谊。[86]

无论是生活还是思想层面，卢梭的实验都失败了。要想公民生活的愿景成真，就必须完全使人类去自然化，但这样的成功就相当于是失败。伴侣之间的相处虽然不那么要求去自然化，但仍然无法让我们摆脱疏远和悲伤，因为疏远和悲伤伴随着所有人与人之间的依恋关系。我们希望在他人身上寻得的整全性，即便往好了说，也是脆弱不堪的，而若是往坏了说，这种整全只不过是未来痛苦的前奏。

孤独生活中的整全性也同样难以捉摸。卢梭笔下萨瓦代理本堂神父的那种宗教性和道德性的独处生活，不免含有偏颇和妥协的成分——这种独处生活太过感性，太过仰赖于自我的一己之见，无法成为真正意义上的道德；同时，这种独处生活又太过依赖于上帝，因而无法做到真正意义上的自足。事实证明，卢梭在他自己的生活中所寻求的那种更彻底的孤独，也同样是转瞬即逝的。他在某几个弥足珍贵的片刻，通过想象与大自然融为一体，感到心满意足，实现了心理平衡。然而，他那虚弱而骄傲的个性总是会闯入到他的遐思之中，不断地提醒他，自我遗忘并不代表着自我认知。卢梭不可能永远停留在这种自足的状态之中。[87]

不过，卢梭的思想实验和生活实验虽说是失败了，但这些失败仍然颇具启发意义。卢梭就像是一位实验室里的化学家，大胆调配、混合了各种元素，引发了大爆炸：这项实验虽然杀死了实验操作者，但仍然在烧杯里留下了十分可观的残留物。卢梭把现代人的不安视作人性的分裂，为了厘清这一问题，他将这种分裂沿着一条水平轴描绘了出来，轴的一端是自然和孤独，另一端则是社会和人造。卢梭发现，走向任何一端，都无法平息我们的不安，因为这两端都各自构成我们人性的一部分：人类既是社会性的，又是孤独的；既是历史的，又是自然的。而事实证明，即便在两个极端之间寻求妥协，也不见得能更有效地解决我们的内在矛盾。

卢梭把他的全部作品称作是一个"可悲而伟大的体系"，这一论断恰如其分。这一体系十分伟大，因为在思考和践行现代人的幸福追求的内在原则方面，它是有史以来最具力量的尝试之一。但这一体系也十分可悲，因为它没能令人满意地解决我们身上的自相矛盾。这一伟大尝试的失败，不啻于一场悲剧。[88]

因此，卢梭给我们留下的，是一种带有悲剧色彩的自我认知方式。他或许在不经意间启迪了我们，要想通过更始终如一地践行现代原则来克服自身分裂性，即便用尽全力，都无法让我们与自己和解。他系统性地证明了，无论是彻底践行社会化生活，还是彻底践行孤独生活，都不可能做得到——甚至不见得比起初的资产阶级式的分裂生活更好。现代人对内在满足的追求，无论多么全心全意地投入，注定会让我们焦虑不安、永无宁日。

第四章　托克维尔：民主与赤裸的灵魂

让民主照照镜子

梭伦（Solon）说，直到去世之前，没有人能算是幸福的。[1]
毕竟，哪怕是普里阿摩斯（Priam）这样的人，不幸也有可能在
生命临近终点时到来，在他快要入土的时候，让他失去最亲近的
人，把看似幸福的一生变成一场悲剧。[2] 在这样的幸福观面前，
脆弱的凡俗之人根本无能为力。前现代传统常常展现出这种梭伦
式的严苛，要求我们成为英雄或圣人，然后跟我们说，哪怕是

---

① 梭伦（约前 638—前 559）是雅典著名的政治家和立法者，在公元前 594 年出
　　任雅典执政官后进行改革，史称"梭伦改革"。此后，梭伦离开雅典，云游四方。
　　根据希罗多德在《历史》中的记载，梭伦来到吕底亚首都萨迪斯后，吕底亚国
　　王克洛伊索斯问梭伦谁是最幸福的人。梭伦回答说，当下掌握了权势和财富的
　　人都不见得是幸福的人，因为死亡才是衡量幸福的重要指标。一个人若无法善
　　终，很难说是幸福的。
② 根据希腊神话中的说法，普里阿摩斯是特洛伊战争时特洛伊的国王。普里阿摩
　　斯子嗣众多，其中包括著名的英雄赫克托尔和引发了特洛伊战争的帕里斯。在
　　特洛伊战争中，普里阿摩斯几乎所有子嗣都被杀死。特洛伊城被攻破后，年迈
　　的普里阿摩斯也被阿基里斯的儿子皮洛斯杀死。

人类的意志和智慧发挥到极点，也仍然不够。直到人生最后一幕，甚至直到最后一幕落幕之后，都必须得到恩典或好运的青睐，才能获得幸福。[1]

蒙田认为，梭伦灰暗色调的观念中存在着一些问题：倘若直到去世了才能掂量幸不幸福的话，"那么人就永远无法获得幸福，因为只有当他不再是个活人的时候，他才可能算幸福"。无论梭伦怎么说，蒙田更偏爱与我们的必死处境相适应的幸福，也即我们此时此刻就可以享受得到的幸福。他开发了一门追求幸福的艺术，这门艺术不再要求英雄气概或崇高圣洁，而是要求人有自知之明，把我们的需求降到可接受范围内的最低。这门艺术只要求我们明智而适度地享受生活中的各种好东西——友谊和孤独，爱情和旅行，艺术和书籍，裘马轻狂，侍弄花草——现代社会早期蓬勃发展的繁荣景象，使得某个蒸蒸日上的阶层能够享用这些。《蒙田随笔》是关于这种内在化的幸福理想的生动写照，也是一部关于追寻这种幸福理想的现代阶层的传记。[2]

像蒙田一样，17 世纪的正人君子们想在此时此刻就获得满足，轻轻松松而又忠于自己地游戏人间。帕斯卡尔是在这些正人君子身边长大的，他断定这些人的所谓"正直"永远无法满足心灵最深处的要求。这些人企图通过限定幸福的含义，将幸福纳入自己够得着的范围，无论这种限定看起来多么美好、多么合理，都无法禁绝自我，无法切断自己身上、人之为人的深层次渴望。无论各种娱乐活动有多么的缤纷多彩、精致机巧，人们都无法靠娱乐来获得满足。帕斯卡尔认为，人类乃是为了严肃乃至痛苦的追求而生的，也就是追求隐秘的上帝，上帝适时赐予人们恩典，只有这种恩典才能填补人类焦虑不安的内心之中永无餍足的深渊。

把幸福看作上帝赐予的礼物，而我们无法强迫上帝赐予幸福，这便是基督教对梭伦严苛的论调所施加的报复。但这种报复很难吸引芸芸众生，很难让他们远离更为世俗的、快乐的追求。呵斥责骂很容易遭到忽视，尤其是在社会蓬勃向上迅速发展的时候，启蒙运动就忽视了帕斯卡尔。内在满足的理想有伏尔泰充当旗手，有巴黎充当乐园，在 18 世纪以不可阻挡之势向外传播，成为欧洲社会某个关键阶层的心头大事，这个社会阶层便是卢梭在他的**资产阶级**画像中抨击的那个。帕斯卡尔揭露了正人君子的隐秘痛苦，但是卢梭之所以借用帕斯卡尔的洞察来抨击那个阶层，并不是为了让人们放弃内在满足的追求，而是为了改造这一追求的面貌。蒙田将内在满足描述为精致的少数人无忧无虑的快乐，而在卢梭的努力下，内在满足成了他那个时代的、恳切的多数人严肃认真的要求。

当托克维尔在美国发现了一个"全新的世界"，也即密尔所谓"**全员**中产阶级"的世界时，这个阶层及其渴望便成为托克维尔的研究对象。尽管托克维尔清楚，美国在经济和其他方面存在不平等的现象，但他发现，中产阶级的幸福理想在这个新世界占据着无可匹敌的统治地位。对于平凡而又勤劳的男男女女们而言，内在满足是他们的普遍渴望，他们用不屈不挠乃至略带癫狂的努力来追求内在满足："美国的居民十分看重此世的各种好东西，就好像他确信自己长生不死一样，而且他如此急不可待，一下子就把

142

能抓住的东西都弄到手，以至于有人说，每时每刻，他都害怕在享用这些好东西之前就丢了性命。"由于这个阶级"就像上帝主宰着宇宙那样"主宰着美国的政治世界，内在满足理想的民主化不仅改变了这一理想的面貌，而且使得原先只是私人关注的问题，变成了一种普遍的社会和政治现象。[3]

在美国的民主制度中，各种追求内在满足的潜在方案及其后遗症，在这个广袤而强大的国家的政治生活大舞台上轮番上演。托克维尔的"新的政治科学"把美国作为研究案例，试图摸索探究这种追求会激发出来什么样的政治形式，为所有现代民主社会提供教训。正如亚里士多德很久以前指出的，正是我们追求幸福的方式，在个人层面和政治层面上塑造了我们："正是通过不同的方式和手段来追求［幸福］的过程中，人们创造了不同的生活方式和政体。"托克维尔将美国这个追求内在满足的民族作为其核心研究对象，由此成为蒙田意义上伟大的现代政治人类学家。他向我们展示了，我们的自我认知对于我们的政治生活而言，到底意味着什么。[4]

托克维尔并没有直接接触蒙田，而是以帕斯卡尔作为中介。他受益于帕斯卡尔之处，可谓不知凡几。正如他的好友、旅伴和合著者古斯塔夫·德·博蒙（Gustave de Beaumont）所说，托克维尔对任何人的研究"都没有比对帕斯卡尔的研究更锲而不舍、更兴致勃勃。这两个人的头脑是为彼此而生的"。正如我们所见，帕斯卡尔独特的现代性理念正是源于对蒙田的深入了解。当托克维尔化用了帕斯卡尔对现代人的批评之时，也就等于化用了帕斯卡尔对蒙田这类人的批评。[5]

　　正是由于这个原因，细心的读者可以发现，在蒙田勾勒的现代生活方式与托克维尔观察到的民主生活方式之间，有着不可思议的平行关系。在蒙田看来，人类共同的处境比人为划分的社会地位、等级差别更为重要。这种观点是"身份平等"（equality of conditions）的民主信仰的先驱，正是这种信仰形塑了托克维尔所描述的这个世界。蒙田批判了传统的人际关系，推崇朋友之间的自由赞许，这些都在美国社会产生了共鸣：尊崇个人主义的美国人自然而然地想要逃离地域和家庭的约束，并且强烈渴望作为特殊且不可替代的个体而得到肯定。蒙田欣然揭露了手握强权而夸夸其谈之人有多么的自命不凡，他对暴行深恶痛绝，大胆维护人们的物质和身体性存在，所有这些都在托克维尔描述的民主社会中找到了呼应。令托克维尔颇感惊讶的是，在美国，甚至连蒙田著名的令人不安的怀疑主义也成为整个民族本能的思想倾向。[6]

144

　　托克维尔十分钦慕美国民主的充沛活力与心胸伟岸，以至于他称自己是"半个美国佬"（half Yankee）。他惊叹于美国人令人自豪的政治能量、巨大的经济和工业活力、坦率的言论、随时随地的同情心以及健全的道德品质，他把美国人作为现代世界的模范公民呈现给他的读者。《论美国的民主》第一卷中描绘了一幅引人入胜的画卷，展现了宽泛意义上的内在满足追求到底会对现代生活产生哪些可能的影响。[7]

　　不过，正如帕斯卡尔在如蒙田这般享受生活之人的欢声笑语底下，察觉到了呻吟声，托克维尔在美国人的欢快忙碌底下，也察觉到了一种焦虑不安的情绪。事实上，托克维尔发现，民主事业越是成功，公民们就越是因为帕斯卡尔所诊断的这种病症而不安。贯穿《论美国的民主》第二卷的悖论是，日增月益的平等和繁荣不但没有治愈不安，反而强化了不安：我们的不安正是我们所取得的成功的产物。托克维尔努力"让民主照照镜子"，就是试图向民主社会成员传授帕斯卡尔式的教诲：我们当作珍宝的各种好东西，我们引以为豪的正义，我们视为目标的幸福，对于所有的这些，人类的灵魂都永不会餍足。[8]

托克维尔在阅读有关美国生活的散文时，耳边回响的是法国道德家们的诗句。我们可以把托克维尔的作品看作这组法国思想家之间对话的最终成果，这有助于我们深入了解这个时代许多人曾经历过的、那种混杂了满足与不满的怪异结合。道德家们凭借丰富的人类学视野，提醒了我们内在满足最初吸引我们的最深层原因，提醒了我们当遭遇生活和思想的重压的检验时、内在满足理想中出现的裂痕，也提醒了我们，每一次尝试安抚灵魂的努力，都会因为过于强调某种形式的内在性，而自取灭亡。有些人认为内在满足是人类理应抵达的终点，有些人则认为这可悲地偏离了我们真正的目标，我们必须充分考虑双方的观点，才能培育必要的想象力，满怀着感恩来看待我们的过去，清晰地看待我们的现在，清醒地看待我们的未来。这样的道德想象力，起着决定性的作用，可以助力我们获得所需要的政治审慎，帮助我们驾驭这个动荡不安的时代。[9]

全员中产阶级社会？

托克维尔是以局外人的视角观察民主的，这既有局限性，也有优势。这种局外人的视角有助于我们发展道德想象力，能真切地感知我们自身所处的地域和时代情境。已经有无数局内人撰写的研究，相当准确地描述了清教徒建国的特点、艺术和科学的进步、乡镇政府的各种琐碎事务、残暴的奴隶制以及妇女在 1830 年代美国的地位，并重点研究了民主思维中自然而然产生的自由和平等问题。然而，作为一个局外人，托克维尔却留意到了民主社会中局内人则极易忽视的、某些重要的基本事实。用卢梭的话来说，他帮助我们跳出自我的束缚，以便"观察一下［我们］每天都能见到的东西"。他关注的是美国人关于幸福、正义和人性的明确预设，正是因为这些预设无处不在，所以常常会被我们忽视。[10]

正因为托克维尔不是美国社会的一员，所以他留意到了这些预设，并且察觉到了它们的重要性。不同于任何美国人（无论多么富有），托克维尔是在一个与他同名的城堡里长大的，他的家族在那里居住了几个世纪之久。他的贵族血统可以追溯到近八百年前的黑斯廷斯之战（Battle of Hastings）①，他的祖先乃是征服者威廉（William the Conqueror）的同伴，他的外曾祖父纪尧姆 –

146

---

① 黑斯廷斯之战发生于 1066 年 10 月 14 日，是诺曼征服中最具决定性的一战。在该战役中，诺曼底公爵征服者威廉率领的诺曼军队在黑斯廷斯附近打败了英格兰国王哈罗德二世的军队，哈罗德二世阵亡。

克雷蒂安·德·马勒泽布（Guillaume-Chrétien de Malesherbes）[①]曾在审判中代表路易十六做辩护，并在国王死后几个月被送上了断头台；托克维尔的办公桌上一直摆放着马勒泽布的半身像。抚养他的家庭教师勒絮尔神父（Abbé Leseur）温文尔雅，是一位"顽固的天主教君主主义者"。托克维尔的母亲也是如此，她在恐怖统治（Reign of Terror）时期被监禁，致使她有些轻微的精神错乱。托克维尔生平最初的记忆之一，便是他和家人们围坐在火炉边，母亲唱着哀悼国王去世的农民歌谣，每个人都泪流满面。尽管托克维尔本人是一位坚定的政治自由主义者，并且在担任芒什省（Manche）议员的那些年里，在法国众议院（Chamber of Deputies）里处于中间偏左的位置，但他总是觉得，"相比于和那些与我观点和利益更接近的资产阶级打交道，与那些利益和观点与我完全不同的贵族打交道，会让我更自在"。托克维尔与他的贵族同伴们所共享的，是某种比观点和利益更深刻的东西。[11]

　　流淌在托克维尔血液里的，是一种与民主制度格格不入的社会秩序，即法国旧制度的秩序。旧制度有教士阶级、贵族阶级和第三等级这三个固定的阶级，不同人有着天差地别的社会地位，而且这些差别大多是世袭而来的：谁能获得政治权力，谁能结婚，谁必须保持独身，谁能穿什么样的衣服，谁能在住所建城墙，谁

147

---

① 马勒泽布（1721—1794）是法国旧制度时期的政治家。担任皇家总审查官时，他对《百科全书》的出版起到了重要的作用。同时，他与狄德罗、卢梭等人关系密切。1792年，路易十六面临审判时，马勒泽布自告奋勇担任国王的辩护人，但最终辩护失败了。1793年，马勒泽布和家人们一起被捕，并于翌年被处死。

能过上悠闲的生活，谁必须靠工作来挣钱，不同人在这些方面都有差别。在那个由教士和贵族主宰的世界里，所谓的中产阶级不过是规模庞大而又鱼龙混杂的第三等级的一部分，其名称本身就表明，它是社会和政治层面上被挑拣剩下的那个阶层。[12]

托克维尔抵达美国时，他突然看到了一个所有人都是第三等级的社会：这是一个没有贵族头衔或长子继承制的世界；在这个世界里，所有人（哪怕是最富有的人）都在工作，因为工作是生活的全部意义所在；在这个世界里，神职人员绝大多数都是新教徒，或者用托克维尔的话来说，都是"宗教商人"，他们像其他人一样，也可以娶妻生子；在这个世界里，人们不断地奔波劳碌，他们身上的典型特征，是勤劳，是对物质财富的热爱，是对于变化的不安渴望。托克维尔将美国人生活中的这一基本现实称为"身份平等"，并且注意到了其本质所在：这是真正意义上的太阳底下的新鲜事，这是一个"全新的世界"。当初需要蒙田充分大胆地发挥想象力才能设想的人类之间的相似性，如今已经成为一种平凡的现实，塑造着千百万人的生活。托克维尔的政治科学旨在勾勒出这番宏伟创举的后果。身处其中的人往往对这番无处不在的创新无知无觉，就像在水中游泳的鱼那样，对无处不在的水也无知无觉。对于我们的自我认知而言，托克维尔的政治科学仍然不可或缺，因为它记录了现代社会和政治世界中最根本但又最容易被忽视的事实，记录了它们所产生的不可估量的影响。[13]

然而，我们不禁要问，托克维尔的最根本性的洞察是否能够成立。托克维尔各种具体的分析，都相当一致地肇始于身份平等

148 这条"源头观念"（mother idea），而在一个不平等现象日益加剧
的世界里，他的这些分析是否仍然有意义呢？考虑到他在1830年
代观察到的美国社会中明显的不平等现象，托克维尔的分析是否
从一开始就是无的放矢呢？ 14

托克维尔并没有对美国的不平等现象视而不见。在《论美国
的民主》中篇幅最长的一章，他讲述了美国人和美国政府对黑奴
和被驱逐的美洲原住民犯下的罪行，另外他也毫不留情地批评了
美国式的多数人暴政。但在托克维尔看来，哪怕是美国人对社会
不平等的看法，也是由历史上首次出现的新事物决定的，即一个
完全由卢梭所谓的**资产阶级**支配的社会。这种新事物让托克维尔
大受震撼。当我们讨论不平等时，我们所指的其实正是有人被排
除在了资产阶级的中产生活之外，无法体会这种生活带来的机遇、
权利和风险。同工同酬的要求，预设了受薪劳动应当拥有的尊严，
而在贵族社会，受薪劳动并没有这种尊严。我们之所以担心流动
性正在下降，是因为我们理所应当地认为流动性就是好的。我们
担忧勤劳和节俭等价值观念式微，则是因为我们首先预设了这些
资产阶级价值观念从根本上就是正确的。当我们关注到社会在多
大程度上不是（也从来未曾是）"全员中产阶级"社会时，我们隐
含的预设是，我们的社会可以而且也应该是一个"全员中产阶级"
社会。这种预设中反映的历史经验非比寻常，远远超过一般人的
想象。15

因为我们把平等视为一种普普通通的现实，所以我们会把不
平等视为一种非常严重的不公正。为了说明这种认知带有鲜明的

民主特征，托克维尔从生活在 17 世纪的塞维涅侯爵夫人（Mme de Sévigné）的书信中摘录了一些段落。[①] 在这些段落里，她既表现出最精致的风趣、温柔和优雅，又表现出令人难以置信的野蛮，她用俏皮话讥讽当地的工匠，后者因为胆敢抗议一项新税收而被羁押入狱。托克维尔评论道："倘若你不是一位绅士的话，塞维涅夫人就无法清楚地想象你会受什么样的苦。"她对工匠所受的苦没什么同情心，因为她不认为工匠和她是平等的人，甚至她不认为工匠和她自己有什么相似之处。托克维尔继续说道："今天哪怕是最严酷的人，给最麻木不仁的人写信，也不敢冷血地说出我刚才转引的那番残忍的嘲笑。"如果有人听到了这样一番话，就知道对方已经在试探民主的边界。[16]

149

　　尽管身份平等带来了政治权利上的平等，尽管身份平等依赖于平等分配财产等经济安排，但身份平等的最强大的力量，既不在于选票，也不在于银行账户，而在于灵魂。身份平等是一种感受："对于人类之间相似性的感受"。普通人不再需要像蒙田那般卓绝才智，无论社会处境和地位有多么悬殊，大家都拥有共同的人性，这种不拘一格的感受是相当深入人心的。托克维尔指出，美国的主人们对待佣人相当尊重，而贵族只会觉得这种尊重很是奇怪。在美国人那里，主人和佣人之间的关系是由合同来界定的，而不是由阶级来界定的，这种关系假定了佣人有朝一日也可以并有可

---

① 塞维涅夫人（1626—1696）是法国著名的书信作家，现存大多数的书信都是写给她的女儿的。

能继续往上爬，也许有一天会摇身变主人。另外，主人或许已经在生活中经历过了一些地位上的变化，这让他自然而然会想象，如果自己处在佣人的位置，会是怎样一番情景。民主社会里的人特有的广泛同情心，正是来自这种设身处地的移情想象能力：我们自己的地位不见得多么稳固，因此别人所受的苦对我们来说也并不陌生。在民主社会中，托多罗夫描述的哲学人文主义抽象命题，即"他者的普遍性"（universality of the they），成为一种直接而有力的内心活动。我们看到了自己与他人共同拥有的人性，哪怕有时我们并不愿意看到这一点。[17]

与这种关于我们共同的受苦能力的认识相反的，是想要用同样的共有的能力来衡量幸福。我们渴望远离贫困和动荡，过上安稳的生活；远离寒酸和简陋，过上舒适的生活；踏实努力工作，过上富裕的生活。我们想要拥有被他人认可的生活，想要从孤独中解脱出来，这些渴望如影随形地纠缠着我们。以上便是蒙田式内在满足理想的民主化演绎，已然清除了其中关于贵族们放荡生活的古怪成分。而获得这番幸福的条件，体现在各种各样的数字上，从预期寿命的提升到国内生产总值的增长，这些都成为国家的骄傲。我们预设了，从这些条件中产生的满足感，似乎不仅对于某些人而言是可以达到且令人向往的，而且对于所有人来说都是如此。谁没有能力获得普普通通的舒适和安全？谁不希望避免陷入贫困、焦虑、不适和孤独？

对于人与人之间的相似性，民主人感到习以为常，这往往使他们忽视了，这种感受是多么非比寻常。毕竟，人类之间的差异性远比相似性更为明显：有些人身材高大，有些人身材矮小，有些人是男人，有些人是女人，有些人皮肤黝黑，有些人皮肤白皙，有些人富裕多金、衣冠楚楚，有些人穷困潦倒、穿着不怎么体面，而所有这些差别，光靠眼睛就能看到。我们看到的，从来不是一个作为抽象概念的人；我们总是会看到**这个**人或**那个**人，他或她各自有区别于他人的特质。此外，正如卢梭所说，人类的自我意识似乎与自恋密不可分，而自恋是一种比较性的自爱，执着于考量人与人之间的差异。把人分出高下，排出三六九等，然后把自己放在第一的位次上，对人类来说这无比自然。[18]

　　人与人之间的相似性并不明显，并且我们有很强的心理动机来否认这种相似性。然而，现代的民主人宣布，人类之间的相似性是不言而喻的，而且他们也确实体验到了这种相似性。努力在言谈举止中表达民主式的同情和平等的尊重，为了捍卫平等正义而义愤填膺，对社会地位更高的人普遍感到恼火（哪怕这一条并不那么值得钦佩），所有这些都凸显了相似性体验所带来的魔力。它具有最强大的社会力量，重塑了不同种族之间、不同性别之间、年轻人与老年人之间、学生与教师之间的关系。此外，在演进过程中，它的力量不断地增长，而非减弱；正如皮埃尔·马南所说，"社会越是同质化，对同质化的渴望就越是强烈"。[19]

　　当托克维尔从一位贵族的视角察觉到这股巨大且不断增长的力量时，他很快就明白，贵族世界的残余，以及像他自己作为其中一分子的这类人，注定会趋于消亡。他预感到自己这类人就快要过时了，他接受了这一现实，并且试图说服法国其他那些残存

151

的贵族将其当作"天意"（providential fact）加以接受。他知道，对于人与人之间相似性的感受是民主正义的灵魂所在，而这种正义恰恰是民主制度的伟大之处。[20]

但是，作为徘徊在民主和贵族"两个世界"之间的人，托克维尔"相信法律之中从来没有绝对的好"。没有哪个社会能够享受到所有的美好事物；每个社会都有一些怪异之处，而这些怪异之处则揭示出，他们各自对人类生活的看法都有所偏颇。美国民主人典型的特质，是对托克维尔所谓的"形式"（forms）① 有本能的敌意。托克维尔观察到的民主头脑的这一明显怪癖，揭示了影响我们追求幸福的要害之处。[21]

敌视形式，并不是什么新鲜事。身处一个迷恋形式的时代，蒙田就曾反抗形式，以便顺从本性地追求幸福。不过，在民主时代，千百万人本能地对形式怀有敌意。托克维尔在分析这种本能时，既带着欣赏，又带着怀疑，两者掺杂在一起。在这个过程中，他既发现了民主头脑中某些具有决定性的要素，又在这场法国思想家之间关于幸福的对话中，开启了新篇章。

---

① "form"一词，董果良先生在商务印书馆汉译名著系列的《论美国的民主》译本中将其翻译为了"规章"。从本书两位作者的论述看，这一译法在部分情形下能够成立，但在另外一些情形下则并不合适。例如，在本书后文中，两位作者将托克维尔所说的"form"与埃德蒙·斯宾塞和亚里士多德所说的"form"放在一起讨论，此时若将该词译为"规章"，文意就不可解。因此，译者在翻译时仍然保留了"form"一词最为通常的译法，即"形式"。

赤裸的世界

托克维尔写道，民主人"鄙视形式，认为形式这层无用而不便的面纱将他们与真理分隔开了"。托克维尔没有准确定义"形式"一词的含义，但他在描绘贵族社会时，有意将其与民主社会作对比，从中可以看出他对形式的理解。在贵族社会中，繁文缛节（formalities）构成了社会生活的全部。每个人需要用适当的头衔来互相称呼，例如"大人""夫人""陛下""殿下"。每个人需要遵从规定的动作，从舞厅里的鞠躬礼和屈膝礼，到教堂里的跪拜礼和十字圣号手势。[①] 每个人必须着装得体，知道自己在尊卑等次之中的位置，以免把自己放得太低，让自己蒙羞，抑或把自己抬得太高，让别人受辱。古老且有时相当古怪的规则支配着政治生活，而人们以能有权利和特权严格坚持这些繁文缛节为荣。哪怕是在家里，孩子们也会与父亲保持恭敬的距离，并以正式的"您"（vous）来称呼父亲。贵族制度试图在人们的言行举止外面披上一层纱幔，对其严加规定，保持人们之间尊卑有别，从而让人们变得文明起来。[22]

对于内在满足的追求，从一开始就很敌视形式。蒙田写道，"我们必须撕下遮掩在事与人上的面具"；而倘若我们真这么做的话，会发现"国王和哲学家都是些废物，那些女士也同样如此"。蒙田描绘了他与拉博埃西之间纯真透亮的友谊，而这种友谊之所以吸

153

---

① 十字圣号是许多基督教教派的一种礼仪手势，指在身体前隔空划出十字的动作。

引人，是因为提供了一种人类亲密关系的愿景。这种亲密关系不会受任何障碍的阻挠，也不需要以身份或繁文缛节作为中介。他的现代伦理观认为，我们可以愉快地追随桀骜不驯的生命之流，而不是把生命视为一团不成形的混沌，非要用习惯和理性，将其塑造成某种特定的形状。他写道："生命是一种物质性和肉体性的运动，是一种本质上未经完善和不受规范的行动。我雇佣我自己，来为生命服务。"蒙田全部的努力，就是要追随这样的生命中不受规范约束且无固定形式的运动，来追求幸福。[23]

在托克维尔之前，这种对形式的怀疑都是本书考察的整个道德家传统的特色。尽管帕斯卡尔拒绝了蒙田式的内在满足理想，但他仍然继承了蒙田对形式的不信任；在《思想录》开篇处，他就揭开了覆盖在社会世界之上的名为礼貌的面纱，揭露了隐藏在这层面纱之下的苦难和仇恨。卢梭则如他一贯的那样，将对于形式的敌意，对于未经中介的自发性和透明性的渴望，推向了极端。当他离开巴黎去寻找新的生活方式时，他抛弃了巴黎人为了维持体面必备的一整套行头，包括所有的怀表、佩剑、亚麻衬衫，作为开启新生活的标志。在他看来，各种规定好了的言语形式之中，都隐含着欺骗。他对此并不信任，转而把眼泪、手势和无声的呼喊视为最能真实地揭示人类内心的标志。他曾经蹦到大卫·休谟（David Hume）的膝上，热烈地亲吻他，来让他知道自己的感受。[24]

现代民主在其平等主义追求中，肯定了隐藏在外在形式的可见区别之下的、人与人之间的相似性，由此普及了原本属于这一哲学传统的对于形式的怀疑。形式往往象征着社会等级制度，而

154

民主人士认为他们有责任拆毁之。拒绝遵守繁文缛节，就是掌握了自由，而自由人很热衷于掌握自由。没有什么比被告知要"认清你自己的位置"更让他们觉得刺耳的了。这种对形式的本能敌意，使得他们不仅想要超越各种期望和界限，而且想要把一切都剥离，揭示出他们原本隐而不显的本质，尤其是他们的真实自我。民主人普遍参与了各种自我揭露的仪式，通过这些仪式，他们煞有介事地抛弃了社会在他们身上寄予的各种期望，和施加的各种阻碍。这样一来，他们往往就抛弃了他们的祖先花了好几个世纪才积累起来的知识和道德遗产。这些遗产虽然会限制他们的生活，但也让他们变得博闻广识和温文尔雅。[25]

不断对抗来自过去的塑造性力量，拒绝接受任何的指定和分配，这也会带来自己的问题。托克维尔将目光投向了这些问题，正是在这里，他与道德家传统分道扬镳了。他所看到的美国社会，剥去了面纱，破坏了社会身份，消灭了人与人之间的社会距离，但也让身处其中的公民感到暴露、无助和不安。贵族社会的繁文缛节固然死板僵化，但也教会了人们该如何生活。在一个没有繁文缛节的社会里，我们有机会为自己创造一切，但也不得不为自己创造一切。我们敌视形式，但这让我们在智识上、社交上和道德上都处于赤裸的状态。[26]

托克维尔的政治科学关注的核心主题，就是民主灵魂的这种自我赤裸化（self-denuding）。我们将会看到，民主对于形式的敌意，会让获取知识（尤其是自我认知）变得相当困难。如果没有这样的知识，民主人在追求幸福时无论多么精力丰沛，其最终所得都

155

会缺乏确定的形式，变得杂乱无章，让人焦虑不安。另外，民主人学到了一条相当刺耳的经验教训：尽管形式具有限制性，但形式有其居间调解的能力。若没有这种能力，要想寻求爱、认可和赞许，就会变得无比困难。最终，在不安和孤独的重压之下涌现出的愤怒情绪，都会倒映在民主政治之中。

怀疑令人面目全非

在《论美国的民主》第二卷中，托克维尔从智力开始，自上而下地考察了民主灵魂的内在生活。在这番考察中，他向我们展示了，对于内在满足的渴望会如何塑造我们的思维方式。我们之所以受到内在满足的吸引，部分是由于那些有关超越性的说法让我们感到不安。我们知道，野心勃勃的人可能会提出类似的说法，引诱我们为了他们的事业卖命。我们担心被蒙蔽，无法获得此时此刻就可以享有的幸福。这种挥之不去的怀疑，影响了我们的权衡取舍。[27]

由于唯恐失去自己的特权，托克维尔所描述的民主灵魂信奉了蒙田颂扬的原则，即托多罗夫所谓的"我的自治"（autonomy of the I）原则。自由、独立、平等的美国公民，致力于追求包含在其基本权利中的幸福，自然会希望尽可能过上自足的生活。在智识层面上，他只希望以"自身理性的个人努力"作为基础，来指导自己。他想要靠自己的力量破解世界的奥秘，靠自我产生的信念之光来指引生活，并且他也为自己能接受这些高尚的挑战而深

156

感自豪。美国人务实，并且善于解决生活中的实际困难，他们于是"得出结论，觉得世上的一切都可加以解释，没有什么能超越智力的极限"。[28]

因此，美国人"热衷于清清楚楚地看明白他们所处理的问题"。他们"尽可能地剥去问题的表象"，以便"在光天化日之下，更仔细地观察它"。自力更生的人希望自己能看到事物赤裸裸的真相，为了探求问题的核心，他们会用怀疑的溶剂，来松动并剥去表面的形式。因此，民主社会中的人们不信任形式，这不仅仅是一种社会层面的本能，而且也是一种本体论层面的本能。[29]

美国人想要目睹各种事物，这种愿望使得他们"本能地不相信超自然现象"，这成为他们宗教生活中巨大的悖论。托克维尔平日里常会读帕斯卡尔；他能理解，基督教信仰和超自然现象是分不开的。但从来到美国的那一刻起，托克维尔就注意到，这些对超自然现象深感怀疑的美国人，几乎都会去教堂。美国人的信仰中包含了深层的矛盾。托克维尔在来到美国后不久写给一位友人的信中说，"要么我错得离谱"，要么在美国人宗教活动的外在形式之下，隐藏着"深深的怀疑"。这种深深的怀疑，正是民主心灵之所以会焦虑不安的核心所在。而在宗教生活层面，这一点也有助于解释为什么美国人会如此频繁地改宗：他们所追求的，是摒弃了装模作样的虔诚姿态的信仰，这种追求常会陷入失望，但总是能不断重新开始。[30]

157

美国人对于循规蹈矩很不耐烦，这也让他们对于过去既有的思想有着持久的怀疑。美国人不会把传统当作权威，在他们眼中，传统"不过是资料"罢了——传统能表明过去人们是如何行事的，但不能表明人们应该如何行事。创新，而不是延续，让人在民主社会中取得成功，这便使得民主人本能地偏好新事物，而非旧事物。正如密尔所说的那样："当人们普遍意识到最重要的物理学发现是在最近才为人所知的，他们就很容易对他们的祖先形成一种相当轻蔑的看法。"每一轮最新的技术革新，都会"让哪怕完全没受过教育的阶层对现代油然而生钦佩之情，而对古代则满是不敬"。在智识问题上，民主人默认自己都是进步主义者。他们通过否认传统的权威，找到了一种能够轻易维护自身独立性的方法。[31]

然而，这种维护智识独立性的方法，最后往往适得其反。我们雄心勃勃，想要自主思考，但当我们真的开始尝试认真思考的时候，我们就会发现，这可不是一件简单的事情。一系列的问题纷至沓来：我应该怎样生活？什么是幸福？我有哪些职责？是否存在上帝？上帝对我有什么要求？世界是被有意创造出来的，还是偶然的产物？想要回答这些问题，甚至哪怕仅仅只是有力地阐明这些问题的含义，都极为困难。若是打算寻求这些问题的答案，显而易见的办法是，先去研究之前考察过这些问题的人的思想。事实证明，这种研究也相当费力。尤其是对初学者而言，要展开这样一番研究，需要他们在智识层面上怀有敬意：年轻人需要在"美德"这个词上纠结好一阵子之后，才能开始评判道德哲学中的基本要素，例如亚里士多德列出的德目表。毕竟，民主人往往不会使用"美德"这个词。这个词必须要与亚里士多德哲学中的其他元素（例如"幸福""灵魂"和"活动"）放在一起来考量。若是不理解亚里士多德，就无法评判他；若是看不到亚里士多德所能看到的东西，就无法理解他——也就是说，必须成为一个亚里士多德主义者，至少是暂时成为一个亚里士多德主义者。这种智识上的学徒制让渴望独立的心灵深感厌恶：难道我必须停止自主思考，才能学会自主思考吗？[32]

因此，追求内在满足就与怀疑形式、质疑知识权威联系在了一起，而这种怀疑也让民主心灵非常忌惮那些鼎鼎大名的宗教和哲学经典的指导。只要对于内在满足的渴望指引我们努力把握住此时此刻的幸福，不耐烦的情绪也就随之而来，使得我们不仅十分抵触知识权威，而且十分抵触严肃和持久的思考。进行哲学思考，在思考中失去自我，就是遗忘了时间。民主人从来不会忘记时间，我们承担不起忘记时间的代价。因为身份平等意味着我们没有固定的社会地位，如果我们不努力往上爬，无数的竞争对手肯定就会利用我们的怠惰，抢占先机。出于同样的原因，我们会很不耐烦地想要行动起来。我们需要让付出的努力换得切实的回报——一些可以用来展示的东西，一些可以让我们在这世上扬名立万的东西。我们不愿意思考哲学，因为我们担心哲学可能会让我们错过生活，我们担心在苦思冥想之际，可能会与此时此刻就可以抓住的幸福擦肩而过。[33]

人们追求着内在满足，不断地把自己从反思中抽离出来，投入到更加紧迫的实际事务中去。大千世界中各种光怪陆离的景象吸引着他们的眼球，于是他们总是在不同事务之间疲于奔命。我们中有一些人非常清楚，这种不断地转移注意力，是很成问题的。但我们有一种基于蒙田式怀疑主义的本能，想要通过转移自己的注意力，不再关注我们的存在性焦虑，以此来安抚这些焦虑。因此，我们必

159

须和自己作斗争，训练我们的头脑，以便能够稳健地思考任何事情。托克维尔写道："心思涣散必然被认为是民主头脑最大的恶习。"尽管当前的数字时代被认为是真正的"分心的时代"，但人们近年来发明的各种转移注意力的科技，不过只是加剧了一个长期以来就一直存在的趋势。"没有什么比身处民主社会之中更不利于沉思冥想的了。"忙碌和分心让我们的注意力涣散，也扭曲了我们的注意力。[34]

尽管我们的社会鼓励人们在个人理性的指引下追求幸福，但同样的社会状态也会让人们在哲学研究和冥想中形成理性能力，而这两项事业在根本上背道而驰。不过，在民主的社会形态中，确实产生了符合其自身形式的理性主义天才。托克维尔指出，虽然他那个时代的美国人从来没有创立过任何一个哲学流派，也从来没有发现过任何一条物理学的一般规律，但他们在科学的具体应用上投入了大量的精力，并且发明了蒸汽船，而这种机器正在"改变世界的面貌"。美国有世界上最长的铁路里程；美国人建造的运河是不朽的工程杰作。"美国人民在这片荒野上行进，排干沼泽，疏浚河流，在孤独中繁衍生息，驾驭大自然。"美国人颇具诗意地自视为一个站在历史浪尖上的民族。从刘易斯（Lewis）和克拉克（Clark）①到托马斯·爱迪生（Thomas Edison），再到史蒂夫·乔

———————

① 刘易斯和克拉克分别指梅里韦瑟·刘易斯（Meriwether Lewis）和威廉·克拉克（William Clark）。这两人领队的"刘易斯与克拉克远征"（1804年5月14日—1806年9月23日）是美国人首次横越大陆、西抵太平洋沿岸的往返考察活动。这次远征帮助美国人掌握了美国西部的许多地理知识，以及主要河流和山脉的形势地图。

布斯（Steve Jobs），这些驾驭大自然的壮举，正是这种自我构想的核心所在。[35]

但美国人的技术天赋反而加深了他们的哲学困境。因为，这种技术天赋对理性主义的终极标准，即自然本身，提出了质疑。一个尤为重视技术的民族不会把自然视为标准，而是视为某种"常设储备"（standing reserve），或者用海德格尔的话来说，把自然看作为了人类的各种目的而可供开发的"资源"，而非把自然视为各种目的的源头，能帮助我们在茫茫世界中找到方向。技术民族用各项发明抹除了时间和距离上的各种限制，于是便认为自然所设置的限制是可以讨价还价的，而不是每个人在生活中都必须遵循的永恒框架。技术天才自有其英雄主义，承担着风险，推动着前沿科技的进步；这种英雄主义让每个人都从中获利，享受了无数的好处、舒适和便利。但这种英雄主义和这些好处所要付出的代价，则是人类疏远了大自然，不再把自然视为人们生活的指南。[36]

民主人哪怕是在去教堂的路上，都会怀疑他们所信奉的宗教的超自然基础。民主人渴望自主思考，但却缺乏沉思冥想的时间和品位。民主人解构了可能帮助他们学会推论的形式和公式，在实用科学方面表现出色，但却由于实用主义所描摹的技术前景，而疏远了大自然。民主人有无数怀疑的理由，"我认为我所看到的怀疑情绪，统摄着每个人的灵魂深处"。正如谢尔顿·沃林（Sheldon Wolin）所指出的那样，这场美国之旅让托克维尔突然进入了一个"信仰和怀疑互换了位置"的世界。在现代民主社会中，怀疑取代了长期以来信仰所占据的角色，被默认承担了管理道德

160

生活的功能。[37]

如果怀疑同时也伴随着可能获得知识的希望，那么借助怀疑，也可以形成一种有明确方向的生活方式，也即苏格拉底式的或奥古斯丁式的生活。然而，现代民主制度下的公民缺乏必要的时间和品位，无法将怀疑变成一种富有成效的生活方式。我们的内在满足渴望，将我们卷入到了消遣的湍流之中。尽管我们对此有所保留，尽管我们经常能体会到，分散注意力并不能让我们获得快乐，但依然缺乏深入思考这些问题的天性，于是转瞬即逝间，便又落入了原来的圈套之中。身份平等给我们提供了大量的机会，指引着我们的生活，而怀疑则让我们在面对这些机会时失去了信心。有怀疑的自由，但却没有希望的勇气，看上去简直前景黯淡，未来并不可期。[38]

自我省视

在一个宗教教条和神学美德有着强大的政治和社会力量的世界里，蒙田式的怀疑主义提议或许可以略作放松，给被鄙夷和被忽视的身体欲望以应有的地位，并允许自己在这个充满了各种繁重职责的世界的边缘，稍稍放荡冶游一番。托克维尔说，倘若他出生在像蒙田那样的时代，宗教权威"沉湎于沉思另一个世界，灵魂仿佛早已麻木"，那他也会试图让我们的注意力转向对物质生活的追求。在美国，他看到人们的物质欲望得到了解放，这鼓励他们勤奋工作，创造出欣欣向荣的景象，比历史上任何时候都更繁荣。为这种繁荣注入动能的引擎，则鼓励我们把想象力从天堂带回到人间，引向无尽的身体需求和欲望。然而，当我们拉低思想的视野时，我们终究是把精神世界从视野中排除了出去。[39]

因此，现代中产阶级的物质主义与它试图取代的唯灵主义一样有局限性。"民主有利于物质享受的品味，"托克维尔写道，"而这种品味如果过度了，那么很快就会让人们相信，一切都不过是物质。"对于始终关注有形资产、容易产生怀疑、质疑形式和超自然现象的人而言，灵魂的概念——亚里士多德将其描述为有机体的"活的形式"——看起来就像是神女仙娥一般离奇。但生命体若不具备这种统一的原则，想要理解它，就无从下手。我们不愿意相信灵魂有可能存在，这导致我们在自我理解的入口处停滞不前。[40]

这种精神层面上的多疑破坏了我们对自身能动性的感受。在评论他那个时代的民主派历史学家的倾向时，托克维尔指出，这些历史学家描述人类事务时，通常会将其置于因果巨链之上，将人类行动置于"盲目的命运"的支配之下。他们设想了一个仅由物质构成的世界，而物质的运动则由颠扑不破的因果序列所决定。这条因果序列一直延伸到时间的开端处。由此，活跃有力的人类灵魂通过思考、选择和行动来塑造世界的努力，就沦为了附庸。我们开始怀疑，我们是否如某些人所说，只不过是"有机生成的网络空间中无力且转瞬即逝的存在"。怀疑将人类灵魂从精神力量的霸权中解放了出来，但它最终也让灵魂怀疑一切精神性的东西，甚至怀疑灵魂自身是否存在。[41]

这样的看法加深了帕斯卡尔首先发现的现代人的存在性困惑。帕斯卡尔想要知道，为什么他被推入到这么一个世界，在其中他找不到任何关于他生活目的的合理指示。在美国，这种精神上的不安弥漫在社会中；人们担心自己的命运会不会就像彼得·劳勒所写的那样，是一场"悲惨的意外，而且能觉察到自身的悲惨"。我们顽固地否认我们所想要满足的自我是现实存在的，这阻碍了我们对幸福的追求。[42]

没有自我认知来做向导，对美好生活的追求就会变成一连串地点（locations）、职业（vocations）和假期（vacations）的仓促组合：

> 在美国，一个人精心建造了一座房子，准备在其中安度晚年，但刚开始搭房梁的时候，他就把房子卖了；他种植了一片果园，但还没品尝到果实，就把果园租了出去；他开垦了一片田地，还没来得及丰收，就转手给了别人。他选择了一个行当，又很快离了职。他在一个地方定居，但他的志向又变了，于是迁去了另一个地方。如果他除了私事之外，还能有喘息之机，他就会立刻投入到政治的漩涡中去。辛苦工作了一整年，到了年尾时，如果他还有一点闲暇，他就会受不安分的好奇心的驱使，遍游美国大地。[43]

蒙田自觉地设计了一种没有统一形式和方向的生活。民主人由于受到各种因素的阻挠，无法踏踏实实地思考他们的本性，以及他们究竟渴望什么，因此默认过着缺乏形式的生活。

连续不断的各种目标和活动让我们疲惫不堪，也让我们渴望获得有可以歇歇脚的地方，有某处地方或某个人，能让我们有回家的感觉。但我们很难把朦胧模糊的自我固定下来，或者让自我与他人形成有意义的相互关系。我们自然而然地渴望回家，渴望人与人之间的深层联结，但在追寻这些安全支持的同时，我们也会被存在性的自我怀疑所困扰，上述的渴望也变得愈发迫切了。

孤独与渴望无条件的赞许

许多因素都促使我们不安地追求与某处地方或某些人建立联系：我们在地理层面和社会层面上的流动性，我们对形式和期望的不信任，我们想象与各种各样的人建立关系的能力。我们不安地追求稳定和社会意义，这种不安很难平息，因为它根植于我们的社会秩序中的各种备受推崇的要素。

身份平等界定了何为现代民主制度，而身份平等需要流动性，既包括地理层面上的流动性，也包括社会层面上的流动性。要使这种平等在经济上有意义，就必须保证人们能够获得自己的劳动成果；同时，他的出生条件不应该限制他获得成功的机会。民主教导我们，要将工作视为"必要的、自然的、正当的人类处境"，并且对劳动给予了高度评价。为了让人们在工作中获得公正的回报，就必须保证他们的社会阶层会随着他们努力程度的变化而上升或下降。人们必须灵活机动，抓住机会，合理分配自己的劳动力，以尽可能地获利。[44]

然而，那些竭尽所能努力往上爬的人，等待着他们的却是孤独，因为在往上爬的过程中，必须抛下自己亲近、疼爱和熟悉的人。

那时托克维尔观察到，在民主世界的边疆，在美国的西部，那里有定居者，但却没有社会。在那里，"人们几乎都互不相识，没有人在意他的左邻右舍过去有什么样的经历"。如今全美各地的社区，可能都是如此。在一个瞬息万变的社会中，彼此萍水相逢，人们永远都不知道应该对他人抱有什么样的期待。民主人渴望获得同伴的认可，但事实证明，这种认可和他们的行踪一样捉摸不定。[45]

165

在贵族世界中，人们永远生活在同一张社会网络里。无论一个人身处什么样的位置，这张社会网络都将会决定他的一生。这样的社会往往毫无任何流动性可言：一个人可能就住在自己祖先们住过的屋檐下，用着祖先们用过的家具，穿着祖先们穿过的衣服，而祖先们死后的安葬之所，也就在不远处。一个人出生时在兄弟姐妹中的排序，就赋予了他一个永久的角色——他需要好好扮演这个角色，他可以用不同的方式来诠释这个角色，但永远无法简简单单地放弃这个角色。这张永久不变的网络超越了家庭的范围，渗透到了更广泛的社会秩序之中。托克维尔在写给某位侄子的信中，以第一人称描述了这种根深蒂固的贵族体验：

> 我追溯了我们祖先过去近四百年的血统，发现他们总是都住在托克维尔，他们的历史与我周围人的历史交织在一起。踩着我们祖先曾走过的土地，生活在与我们祖先交好的那些人的后裔中间，自有其无穷魅力。[46]

出生在民主世界之中，就意味着这张永久不变的网络已经烟消云散了。民主人在年轻时就知道，他们的家庭、地域和角色都不过是临时性的安排，他们可以在此基础上大修大改，也可以彻底拒绝这些安排。父母摆在孩子们面前的，是独立生活的前景，以及由此带来的责任，这些都是正在准备着成人生活的孩子们所要明确面对的挑战。当此之时，是否要组建家庭，以及要以何种方式来组建家庭，成为比以往任何时候都更加重要的抉择。在托克维尔的时代，奔赴异国他乡，奋力一搏发家致富，是相当正常的事；而在如今这个时代，奔赴异国他乡，追求更好的工作机会、更优越的学术声誉或更低廉的生活费用，也是相当正常的事。能够束缚住我们的各种纽带，都一定是我们自己给打上的结。

谁会不喜欢这种模式呢？在贵族世界里，每个人会扮演什么角色，都已经确定好了，输家永远多于赢家。而民主社会的风尚相当自然，与之相比，贵族社会所给定的这些角色，不可救药地缺乏真实感。但是，如果没有给定的角色，那就必须从头开始，自己打拼出一片天地。打算住在哪里，打算将来做些什么，是否打算结婚，和谁结婚，政治上忠于哪一派，是否要加入"有组织的宗教"——所有这一切，都取决于我们自己。我们总是在不断重塑和消解原先界定我们的各种关系。因此，正如密尔所说，"民主社会的成员就像海边的沙子，每个人都很渺小，但没有人会依附于任何其他人"。[47]

于是，民主人转向了内在。在他们看来，政治，也即共同利益的问题，可能会分散他们的注意力，让他们不再关注真实而费力的人生事业——走出属于自己的路，追求自己的事业，建立家庭，创造家园。如此专注于私人事务，人们就可能会令人不安地疏离于公共事务。托克维尔在他自己嫂子身上，就察觉到了这种现象。

166

在出现政治危机的时候，"[她的]头脑与内心都只关心上帝、丈夫、孩子，以及尤其是她自己身体的健康，而对其他人毫无兴趣。在这世上，再也找不到比她更值得尊敬的妇女了，也再也找不到比她更糟糕的公民了"。虽然现代民主制度前所未有地普及了公民权，但颇为吊诡的是，这往往也会耗尽公共生活中的道德能量。[48]

虽然民主个人主义会破坏公民认同，但它也是民主社会中同情心的基础。民主人不会表现得像塞维涅夫人那样，只需要最简单和最自然地调动他们的想象力，就可以设身处地为别人着想。他们很善良，主要是因为他们并不认为自己可以免于别人所遭受的不幸。他们自己也始终在体验着孤独、脆弱和怀疑。他们乐于同情他人，哪怕自己远在天边，也常会认为自己有责任做些事情，来缓解别人所遭受的任何痛苦。

然而，民主社会中同情心所唤起的感同身受，会随着这种感受的延伸，而变得越来越稀薄。尽管民主人可以同情任何人，但这种同情往往只会释放出微小而举手之劳的善意，而不愿意付出巨大的不菲的代价：在台面上柔和待人，给慈善机构做小额捐款，声援远方那些受困的人。尽管他们很善良，但这些都不是雷古鲁斯或安提戈涅那般的惊人之举。事实上，普世的同情心可能恰恰与人们对城市或家庭的奉献此消彼长。正如约书亚·米切尔所说："上帝的爱或许是无限的，但凡人的爱绝非如此：常年关注和关心着远在天边之人，你愿意给站在你面前的邻居提供的帮助就会减少。"由于托克维尔笔下的美国人常会体验到窘迫和孤独，所以他们想要做个好心人。又由于他们专注于壮大自己脆弱的财富和关系网，所以他们并不希望承担过多的义务。[49]

　　因此，民主社会中的孤独感既滋养了同情心，也决定了这种同情心是相当局限的。嫉妒代表了同情心的黑暗面，同时也加剧了孤独感。民主制度把所有人都纳入到了同一套范畴之内，使得每个人都既可能十分可怜，又可能令人羡慕。正如托克维尔所说："只要资产阶级与贵族尚且泾渭分明，他们就不会嫉妒贵族，而是会相互嫉妒。"如果别人的地位远超自己，以至于完全无法想象与之平起平坐，那么我们就不会去嫉妒他——他完全是另一种存在，不是我们所能企及的。嫉妒的对象，只可能是与我们类似的人。"如果我们探究自己的内心深处，我们不都会惊恐地发现，我们妒忌着我们的邻居、朋友和亲戚吗？我们嫉妒他们，不是因为他们是邻居、朋友和亲戚，而是因为他们与我们相似而平等。"民主人可以同情任何人，而出于同样的原因，他们也可以嫉妒任何人。对于人与人之间相似性的感受，也即对于受苦者的同情，也可以成为对于成功者的嫉妒。[50]

　　正如吕西安·若姆（Lucien Jaume）所指出的，这种嫉妒影响了民主社会中人们对幸福的追求："就像帕斯卡尔所说的普通人一样，'民主制度'下的公民并不了解自己，而不幸的是，他们一面认为平等是终极快乐的源泉，一面又把对平等的追求与自己的生命对立了起来。"嫉妒别人获得满足，会损害他们自己的满足。嫉妒让他们将周围人都视为潜在的对手，而这也使得流动不定的生活如影随形的孤独感变得更加强烈。[51]

　　因此，过着漂泊不定生活的人，待人接物常常相当冷漠。托

168

克维尔在观察 1830 年代新近出现的工业经济时，就察觉到了这种冷漠。他指出，这些行业的老板很少会和工人们住在一起，这就使得他们可以轻易地雇佣和抛弃手下的工人，而不会有太多心理负担。全球化将这一原则进一步延伸，高管们可能和工人们分处地球的两端，而工人们工资相当微薄，这才为高管们获得利润创造了条件。在美国，人力资源部门都是经过培训的专业人员，他们精于如何按照规定开除员工，避免大动干戈，因为情绪化的丑态毕露并不利于企业盈利。[52]

169 民主灵魂普遍受到这种带有商业气息的冷漠的诱惑，并且这种冷漠渗透到了生活中最隐秘的地方：我们通过发送文字消息来提分手；单单只是沉默，就能让一位老友退出自己的生活。民主人并非刻意要突显出自己的冷漠，更不是有意想要苛待别人，或者心存报复。他们只是想要让生活继续向前，好好利用他们的时间和注意力，不要给浪费了。在民主社会中，友好和冷漠就像是润滑油，让流动不定的生活能够继续下去，让人们能够轻轻松松地滑过彼此的生活，减小摩擦，而不至于产生敌意或依恋。

然而，这种摩擦其实才是人类真正渴望的东西。现代人系统性地打破了与特定地域或特定人之间的传统联系，最后发现在自己所处的社会世界中，就只剩下了蒙田式友谊里的那种无条件赞许。在蒙田看来，像他与拉博埃西之间那样的友谊，在过去三个世纪中都极为罕有。更为传统的社会纽带让人际关系单调地世代相传，而蒙田式的友谊正是从这之中意外地迸发而出的。现代生活把我们从单调的传统纽带中解放了出来，同时也使得我们每个人都迫切地需要为自己寻找到一位拉博埃西般的人物。

这种相当独特的灵魂结合是我们认为惟一合理的人际关系模式，我们期望它能承载社会结构的全部重量。这种实际上无法达成的要求，产生了相互冲突的期望——例如，我们既希望婚姻能完全从传统的期望中解放出来，又希望婚姻能成为一种完全可靠的基本社会制度。然而，正如蒙田所认识到的那样，灵魂伴侣是相当珍贵的，既稀缺，又很短暂。建立在这种纽带之上的世界，是非常脆弱的。在这样的世界里，许多人将必须忍受可怕的孤独。哪怕是那些受益于这种新秩序的人，也会发现它难以为继。

内在性的政治与审慎的复苏

托克维尔洞察了美国人的灵魂，而他的洞见表明，将蒙田式内在满足的追求加以民主化，并不能普及蒙田式的淡然生活。一个"内在性的框架"也有可能是一个带有限制性的框架，让我们像从前一样不安和焦虑。我们疯狂地争夺满足感和能显示我们地位的标志，我们在渺茫中苦苦追寻灵魂伴侣，希望与之共同经营生活——所有这一切，都让我们不断地碰壁，也不断地考验着我们的耐心。这种挫败感最终动摇了我们的政治思考。因为，分离架构（architecture of separations）是自由主义式的审慎（liberal prudence）的标志性发明，而上述挫败感则与这种架构背道而驰。[53]

在非自由主义的政治—宗教秩序中，教会始终占据一席之地，这就使得人们无法忽视超越性的追求。蒙田身处这种秩序之中，

170

试图开辟出一方天地，在这方天地里追求内在满足。他的原生自由主义（proto-liberal）立场鼓励他的同时代人审慎行事，给予彼此私人生活的自由——这种自由让每个人都可以关注自己本能的需求和快乐，同时这种自由也成为灵魂的后备间，让人们的灵魂得以带着怀疑和梦想自由驰骋。后来的思想家，如约翰·洛克，则阐述了一套完整的政治理论，并以有关限制的审慎建议作为这套理论的基础：要限制政府的职权范围，将其限定在对发展和安全的内在关切上，而将超越性的探索工作主要留给个人，如今大家都已经非常熟悉这套理论了。蒙田和洛克以不同的方式，分别发明了关于分离和限制的一套说法，而分离和限制也成为现代政治技艺的特有策略。[54]

171　　　美国宪法架构中所体现的自由主义秩序，就代表了这种政治审慎的伟大成就。这套秩序既保守又颇为创新，既大胆又折中妥协，显示出对于人类生活中的多重冲突维度以及由此产生的自我治理挑战的深刻认识：如何能让多数人来统治，同时避免多数人暴政；如何在保护私人自由的同时，又能确保公共秩序；如何既限制和约束政府，又保证政府有强大的执行能力。正如托克维尔所说，美国的这套制度以一种尤为巧妙的方式，处理了历史上内在性和超越性的冲突，为每个人提供了安全但又有限的空间。他说道，宗教"从未直接参与到社会治理之中"，但宗教必须"被视为［美国］政治体制中的首要元素"，因为它帮助人们学会如何运用好他们的自由，并让人们不会相信"为了社会的利益，一切做法都能被允许"这条危险的说法。通过洽谈交涉，形成"**宗教精**

神和**自由精神**"之间卓有成效而又颇具张力的联盟，美国的政治秩序让不同人的利益关切得以互为补充，又各安其位。[55]

　　然而，如果民主社会中，越来越多的民众相信内在目标才是惟一合理合法的目标，那么内在视角就会主导私人生活和公共生活，而蒙田、洛克和麦迪逊等思想家所设想的分离也会失去其力量。超越性的原则，无论是启示的还是自然的，都会显得越来越可疑。曾经是一种限制性力量的内在性，将会成为一种侵略性力量——正如帕特里克·迪内恩所说，那会是一种"无孔不入、无所不包的**反文化**（anticulture）"。对于个体实现内在目标的任何限制，无论是来自传统层面的限制，来自道德层面的限制，还是来自宗教层面的限制，都会显得像是充满虚伪和压迫的过往时代的遗迹。在这种情况下，政治的特征也会发生改变。自由主义将不再能吸引富有创造力，同时又能谨慎行事的天才，而最伟大的政治家恰恰就必须是这种天才。相反，自由主义所能吸引到的，将会是那些狡猾奸诈而又冷酷无情之人，靠这些人来推动满足我们的各种要求。[56]

　　繁荣、安全和同意——这些曾被用来限制政治野心的朴素理念——已经被证明具有相当广泛的影响。我们期待经济增长能无限持续下去；我们无法容忍微小的风险；我们想要获得自主，无视任何的限制。我们渴望的这些东西并不一致，甚至互不相容——人类生活不可能同时享有无限的自由、绝对的安全和永久的繁荣。因此，我们发现自己提出了相当奇怪的要求：我们被迫买下保险，系好安全带，确认同意。因为，我们想要完全握有掌控权，同时

172

还想要得到完美的照顾，"时而权力比国王还大，时而连普通人都不如"。[57]

当我们把注意力过度集中在财产、土地和特权这些有形的东西上时，亚里士多德意义上的政治——关于何为善好，人们真诚地持有各种观点，这种观点之间虽然互相冲突，但都有可能成立，于是人们就这些观点展开理性而又激烈的商谈——就失去了意义。公开场合的争论，似乎成为某种表演性的姿态，旨在将注意力从真正驱动每个人的物质利益冲突上转移开。各种制度，包括我们为调解分歧而创立的自由主义体制，如今看起来更像是实现阶层跃迁的机制，而非合法的对立观点之间通过妥协而达成的来之不易的成果。反传统的怀疑无孔不入。哪怕是最完美的圈内人士——纽约的房地产大亨、硅谷的高科技公司亿万富翁、好莱坞的明星、常春藤大学里的学者——也都想要往上凑。好卖弄的人和独行侠占据了政治舞台，他们惟一的共同点在于，都对繁文缛节没什么尊重，很乐意不惜一切代价推进自己的事业，让自己更上一层楼。[58]

当我们不再相信人们是受他们所援引的原则所驱动的时候，我们对待他人的方式就会有所变化。在保守派看来，自由派并非虽然误入歧途，但真实恳切地想要消除根深蒂固的不公正现象，而是身为文化精英，意在标榜自己的美德；在自由派看来，保守派并非虽然有失偏颇，但真心诚意地想要维护传统道德，而是身为富有的白人男性，意在延续自己的特权。无论是左派还是右派，都鄙视那些通过我们的各种制度成功升迁的人，把他们称作"建制派"——这个词本身似乎就证明了我们的鄙视是相当有理有据的。在惯于听人用阴险的语言来描述敌人的人看来，那些援引各种原则，试图限制政治冲突的人，就听起来相当软弱或者两面三刀。因为我们会担心，如果遵循这些限制，就有可能受骗上当了：武断地遵守限制，不去任意妄为，就相当于给自己的对手消除了麻烦。[59]

于是粗言鄙语成为各方都爱用的政治白话。话语粗俗被当作了诚实，相当于给说出这些话的人盖上了章，证明他们所说的话有着无懈可击的真实性。嘲讽在政治上总是很有力，于是人们愈发普遍地讥嘲别人，而且在嘲讽时也不再那么遮遮掩掩。暴力也越来越被视为正当的手段。若是谁使用暴力，那就表明他没有被具有欺骗性的表象所迷惑，而是能够直指问题的核心。当每种限制都被认为是用来掩饰权力铁拳的天鹅绒手套时，我们愈发感到不得不摘下自己的手套，用铁拳直面铁拳。[60]

界定道德生活的那些微小而又基本的礼节被废止了——我们中很少有人会主动渴求这种变化，但当变化发生时，我们中有不少人会被动默许。这些礼节代表了日常生活中我们对他人自我的尊敬，然而我们发现，这种尊敬很难维持，因为我们对自身自我的真实性就颇觉怀疑，并且深受困扰。毕竟，为什么我们要尊重别人？为什么我们要避免侵犯他人的个人空间？为什么要假装没有看见他人的窘迫尴尬？为什么不在别人说话的时候打断他们？为什么不去我们想去的地方，看我们想看的风景，说我们想说的话？如果我们能把其他人视为有尊严的人，那么我们就能观察到这些限制，而这也让我们多多少少区别于消长流变的无意义的物

174

质。但要相信我们不只是构成我们的物质，我们就必须要相信，除了物质之外，还有其他东西真实存在。我们对于形式的条件反射式的敌意，削弱了我们感知构成人的各种东西的能力——只有上帝才知道，从无生命的物质之中，是如何产生出能够生活、行动、思考、存在的生物的。正是积极和组织化的形式原则，将食物转化为人的一部分，我们吃下去的食物很快就消失了，而人则一直存在；而当形式失效时，我们就尘归尘，土归土。正如埃德蒙·斯宾塞[①]在将亚里士多德哲学写入诗歌时所说的那样："因为身体以灵魂为形式；/因为灵魂是形式，也是身体所造。"我们**就是**形式；不尊重形式，就相当于不尊重我们自己。[61]

当对形式的怀疑破坏了我们对真实自我的感受时，我们与之打交道的人就变得似乎相当粗鄙，可以任意影响和操纵他人。没什么必要待人慎重恭敬，也没什么必要允许他人有追寻真理的自由，只需要用社会压力把一些教条灌输进他们的脑袋里就好了。现有的政治秩序起始于分隔出一些空间的需要，这样自我就可以在这些空间中自由驰骋。如今，这种政治秩序违背了自身最深层次的智慧，不再能理解为什么需要这些空间了。

于是，内在性框架之中的政治就会反映出其中的灵魂的孤独和存在性不安。这种不安促使我们在政治上轻率妄为，唆使我们敌视克制，刺激我们变得愈发庸俗、粗鄙和迷恋暴力，同时也解释了为什么我们对其他人越来越不耐烦，为什么我们越来越无法

175

---

① 埃德蒙·斯宾塞（Edmund Spenser，1552—1599），英国著名诗人，代表作为《仙后》。

把其他人视为必须尊重的独立和严肃的对象。审慎的态度颇具天才地发明了为内在性辩护的方式，这种辩护也曾有助于标明自由和个体性所需要的空间，但后来却滋生了某种新的不审慎，一心想要摧毁所有这些空间。之所以会如此轻率，最深层的原因在于，我们对自身的理解愈发过于简单化了。[62]

结论　博雅教育与选择的艺术

如何花掉筹码

　　读法学院还是读博士？年轻人总是执着于这类问题。为了谨慎起见，年轻人运用他们所学到的分析模式，来研究这类问题：查阅无数的机会，把优点和缺点一一列出，然后制作成电子表格，以便一览无遗。但加总了各式各样的数字，他们却仍然无法回答应当如何生活这一问题。要思考这个问题，我们就必须关注人之为人的各种奇怪而又互相矛盾的特质——我们是自由的、理性的、向神性开放的，但同时也是脆弱的、易变的、注定会死亡的。如此拼凑而成的生物，如何能够振奋抖擞，过上有意义的生活？我们在实际生活中所做出的选择背后，深藏着我们的本性。如果教育坚持只关注内在善，而拒绝帮助我们思考我们的本性，那么，我们在人生中做出的各种重大选择，就难免会显得无所凭据。[1]

　　这般前景往往会让年轻人感到不知所措，特别是那些手握诸多选择的人，尤其如此。一位尤为天资聪颖的年轻人曾在课上对我们说，他最害怕的，就是"花掉筹码"：把自己精心培养的所有

潜力投入到某项特定的人生事业中去，将模糊朦胧但又无限可期
的**可能性**（might be），转变为明确清晰但又范围有限的**实际**（is）。
他做了这番自白后，同学们纷纷陷入了沉默，因为他说出了他们
自己内心深处的困惑。在成年生活的门槛前，许多年轻人本能地
退缩，想要尽可能长时间地保持"干细胞状态"，让自己可以方
便地被塑造成任何形态，随时准备着以任何一种方式运用自己的
才能。[2]

在这种怪异的处境之中，漫长而昂贵的教育无法帮助年轻
人做好准备，学会做出必要的选择。我们是怎样陷入这种处境
之中的呢？为什么这种犹豫不决，会一直延续到成年生活中？
以至于我们试图同时成为超级父母、公司总裁和撒玛利亚人
（Samaritans）？[①] 在之前的各章中，我们追随四位法国道德家们关
于幸福的论述，发现正是幸福这一概念激发了这种格格不入的焦
虑不安。蒙田描绘了一幅宏阔的生活画卷，与他那伪善的同时代
人的争吵不休的生活形成了鲜明的对比，由此为幸福这一概念提
供了一个令人着迷的亲身案例。蒙田将心灵的危险探索挡在了内
在性框架之外，让自己得以在朴实无华的快乐中安居乐业。他不
把任何事情过分当回事。他就像蝴蝶一样，在生活的花园里飞来

---

① 《路加福音》10 : 25—37 中，耶稣讲述了"好心的撒玛利亚人"（Good
Samaritan）的故事：一个犹太人被强盗打劫，被剥去衣裳，打了个半死。一个
祭司和一个利未人路过时，都不闻不问。惟有一个撒玛利亚人路过时，不顾撒
玛利亚人和犹太人数百年来的隔阂和敌视，动了慈心，救助了受重伤的犹太人。
在后世的基督教文化中，"好心的撒玛利亚人"成为一个著名的习语，用来代
指"好心人"或"见义勇为者"。

飞去，从不在任何一朵花上停留太久。

蒙田的动机令人钦佩，他的身体力行的天赋让人印象深刻，他对自己生活的描绘也富有吸引力。但从蒙田式的人文主义（humanism）之中，却孕育出了一个怪异的非人（inhuman）的世界。在这个世界里，我们发现自己疏远了我们自身的自我超越的本性。这种人文主义所应许的社会，由各式各样的个体组成，大家并肩追求着不同的生活方式。但它实际上创造出来的，是一大群执着追求与众不同，但实际上又十分类似的人。这让我们深感焦虑，因为我们不得不在缺乏理性指导的情况下，做出生活中最重要的选择。我们缺乏洞悉超越性问题的架构的智慧，而我们在实际生活中的选择，往往需要去处理这些问题。[3]

帕斯卡尔和卢梭深刻地描述了内在性视角所带来的个体层面的失调。帕斯卡尔揭示出，伴随着内在满足的追求，是如影随形的苦难。这种苦难被小心翼翼地隐藏了起来，但又在现代人所特有的躁动渴望中，被不断地揭露出来。我们所追求的幸福与我们生而为人的本性并不匹配，而苦难就是这种不匹配的持续的信号。尽管或许并非卢梭的本意，但他证明了，在蒙田式愿景中，哪怕我们在一个又一个方面付出加倍的努力，也无法从中找到整全的自我。我们发现，自己的生活被禁锢在了内在性的层面上，在孤独和社会的两极之间横向展开。在这个时候，我们就很想把所有的能量都聚集在其中某一极，由此来寻求满足。但我们永远无法通过投入这两种选择中的任意一种，来让自己成为一个整全的人，因为我们内心深处的某些东西总是会受另一极的吸引。如果说内在性是我们设定的标准，那么分裂就是我们的命运。[4]

托克维尔描绘了美国的民主，在他的描绘里，一个以内在满足为目标的社会，其中政治层面的失调暴露无遗。当内在满足的幸福理念成为一个民主社会中大多数人默认的目标时，为追求这种幸福而产生的焦虑不安，最终会动摇国家的政治安排。尽管内在满足最初被设想为一道防御性的屏障，用来保卫私人生活，使其免受政治的侵扰，但后来它却成为一条带有侵略性的原则，让政治为其服务，全方位地改造人类世界和自然世界，以便我们最终可能可以感到舒适自在。由此以来，内在性显露出它的面目，它是一位与超越性同样疯狂的主宰者。[5]

179

哲学家的木板

不管我们是否乐意，内在性的框架正在崩坏之中。哪怕是在平淡乏味的政策辩论里，也渗透着存在性的激情；我们在医保和移民问题上争论不休，仿佛是否能获得救赎都取决于此。与此同时，那些苦苦求索的年轻人意识到，智库白皮书没有办法满足他们的渴望，于是转而改投新的部落或旧的神明。至于年老的一代，他们早已习惯在洛克式的启蒙理性主义或约翰·罗尔斯式的"公共理性"的范围之内思考问题。在他们看来，年轻人的这种运动是相当可怕的。因为，对于受过此番训练的人而言，内在性框架之外的那些东西，与中世纪地图边缘上的怪人无异。[6]

在当前这个超越性的主张即将再次引发公开争论的时代，我们需要重新唤醒理性的力量，来帮助我们从中斡旋。必须开始重新考虑我们的前提假设，即在内在性的界限之外就只有一片混沌的假设。蒙田在《为雷蒙·塞邦辩护》这篇现代哲学怀疑论的奠基之作中，为这条前提假设提供了理由。为了让我们相信理性无力处理有关诸神、人性和善好的问题，蒙田迫使我们直面关于这些问题的各种各样的立场，他把最荒谬和最合理的主张堆在一起，直到我们看得头晕目眩。"想想看，那么多哲学家的脑子里都是些什么东西在喧嚣作响？"他向读者提出挑战，"如果你还能吹嘘自己幸运地找到了正确答案，那就相信你的哲学去吧！"[7]

180　　　　正如 T. S. 艾略特所指出的那样，蒙田的修辞策略就像是一种气体——它是我们吸入的空气，而非经过深思熟虑的论证。是一种智力层面上的贩卖恐惧，旨在诱发精神上的眩晕感。蒙田在文中描绘了如下画面：一位哲学家走在巴黎圣母院两座塔楼之间的木板上，发现自己距离广阔而坚实的地面如此之远，处境如此岌岌可危，于是被吓坏了。通过对这位哲学家的形象的描绘，蒙田唤起了一种眩晕感。尽管这位哲学家的理智可能会认为，这条路已经足够宽了，走起路来绰绰有余；但无论理智提出怎样的抗议，都无法克服他的恐惧。蒙田希望我们都能感受到，倘若迈出内在性的框架，我们的智力生活就会像那位浑身颤抖的哲学家那样，变得无所依怙。[8]

　　　　蒙田说得确实有道理——要处理与我们的本性、我们的幸福以及万物的终极来源相关的问题，确实是一段险象环生的旅途。但关于这些问题的风险，是建立在人类生命有限这一基础之上的。

当我们提出这些问题的时候，我们会发现，自己已经在路上了，过去发生的事情已经在身后了，无法改变，也没有办法回头。无论哪一边都有危险，我们都有可能以各种各样的方式浪费自己的生命。我们别无选择，只能迈步向前，尽量睁大眼睛，专注于开辟前方的道路。[9]

　　然而，随着视角的微妙的转变，穿越这段不确定的人生旅途看起来就不再像是无谓的冒险，而成为有的放矢的探险。帕斯卡尔终其一生都在大胆地反思，他从不认为自己能在此世过上安逸的生活。虽然很少有人能指望拥有与帕斯卡尔相媲美的天分，但对我们所有人而言，他的熠熠生辉，照亮了人类所可能达到的遥远边界。帕斯卡尔所倚重的不仅仅是怀疑，更是理性、诚实和不屈不挠的希望。他在寻找真正的知识、坚实的幸福和真实的爱时，断绝了所有琐碎的执念。他向我们展示了，人类灵魂的真正探险并非始于远赴海外求学，而就始于此时此地——就始于我们在自己的房间里独处之时。[10]

　　要开启这场孤独的探险，所需要的基本装备，就是要对前人的思考有所了解。帕斯卡尔在即将踏上《思想录》中的精神旅途时，他随身携带了来自过去的声音：既包括但以理和以赛亚之类的先知，也包括爱比克泰德和蒙田之类的哲学家。与这些思想家对话，促使我们超越这个时代的种种陈词滥调，获知构建人类生活持久性问题的框架。站上这一制高点，我们不仅可以反思所处的时代，而且还有可能可以塑造当下的时代。无论这个时代的任务是革新自由秩序，还是为我们的共同生活寻找新的基础，只有那些深谙古往今来人类

181

思想的人，才能拥有足够的视野，来指导这项工作。[11]

了解过去是如此重要，而大学天然就是负责让人们了解过去的地方。在这个匆忙的时代，大学理应成为坚守耐心的堡垒。倘若大学能够忠于自己的使命，不受潮流的影响，那就不应该再要求年轻人永远在躁动中前行，来争取录取和升职的筹码。如果大学能更加坚守自己的使命，就不应该再培养一批批不知道如何才能静下心来的精英：这些精英心思涣散、焦虑不安，奉行着消极被动的实用主义立场，观点随着主流舆论的风向变化而摇摆不定。大学应该提供真正的博雅教育。就根本而言，博雅教育正是一种旨在让学生掌握选择的艺术的教育。

过多的选择奴役了我们的精英阶层；尽管我们之中的许多人都有过这样的经历：当得知活动被意外取消的时候，感到欢欣雀跃，然而我们自己却缺乏取消活动的勇气。更为丰富的人类学视野，能够给我们以指引，不仅要抓住我们在人生中遇到的各种机会，而且要对它们进行排序，区分出哪些属于可有可无的装点，哪些才是生命中值得骄傲的桂冠。只有学会感知生命的高度和广度，我们才能不再不管什么都手忙脚乱地草草涉猎一番，从而开启目标坚定的工作。选择的艺术并不能让我们不安的心灵彻底安顿下来，但这种艺术或许可以帮助我们停下无意义的忙碌，开始有的放矢的追求。

182

致　谢

"四十岁之前不要出书"——芝加哥大学社会思想委员会的一位资深教授如是说，当时我们两人都在芝大读书，还没有充分理解这位教授的建议对有抱负的学者可能会带来什么样的风险，就遵循了这条建议，并且竟然挺了过来。这是我们从这个奇特的机构里学到的、诸多与主流文化不合的教诲之一，我们对此深表感谢。

由于我们花了很长时间才写成这部小书，我们所欠下的恩情可以追溯到多年以前。我们首先要感谢我们的老师们：拉里·戈德堡（Larry Goldberg）对古老著作中的智慧满怀热爱，对头脑活跃的年轻人和蔼可亲，一直是我们永恒的榜样；莱昂·R. 卡斯对待我们的认真程度甚至超过了我们自己，并且他向我们展示了，正直尊严的生活中也同样可以充满欢声笑语；已故的彼得·奥古斯丁·劳勒证明了帕斯卡尔式的基督教可以让人十分清晰地看到人类生活中的伟大和苦难。

在北卡罗来纳大学教堂山分校，安妮·霍尔（Anne Hall）曾教导年轻的本，成年生活的当口上亟须清醒一点。在波士顿大学，杰弗里·希尔（Geoffrey Hill）耐心而又执着地用一支绿色的笔，

183

184

教会了珍娜敬畏文字，而利亚·格林菲尔德则引导她聆听，现代思想中的根本观点仍然在当代生活的平凡角落里回响着。在芝加哥大学，纳坦·塔科夫（Nathan Tarcov）用他发人深省的提问让我们感到谦卑，同时不遗余力地支持我们刚刚起步的学术生涯，而已故的赫尔曼·西纳科（Herman Sinaiko）亲身彰显了这所大学的广博精神，向我们展示了对无可争议的事实的朴素观察如何能够让人突然遭遇存在的陌生感。马克·里拉教会了我们两人如何写作，他提供给我们的建议，我们始终提醒着自己需要牢记，也始终在向别人重复这些建议。法兰西学院已故的马克·富马洛里慷慨地将本引入《蒙田随笔》的世界，随后又将本引入思想资源更为丰富的法国。当我们来到这个美好的国家后，皮埃尔·马南在他的研讨会上慷慨地接待了我们两人，并启发了我们如何在不牺牲深度、复杂性和诚实的前提下从事公共写作。

国家人文基金会（National Endowment for the Humanities）的"持久问题"（Enduring Questions）津贴资助了我们开设的一门课程，正是这门课程为本书奠定了基础。自由基金（Liberty Fund）主办的学术研讨会，让我们对这里讨论的作家有了更深入的了解，同时，我们也要感谢克里斯蒂娜·邓恩·亨德森（Christine Dunn Henderson），是她多次把我们引荐到这个研讨会。在傅尔曼大学（Furman University），我们得到了政治和国际事务系主任和同事们的慷慨支持，特别是泰·泰西托尔（Ty Tessitore）、布伦特·内尔森（Brent Nelsen）、吉姆·古斯（Jim Guth）和莉兹·史密斯（Liz Smith），以及我们的院长约翰·贝克福德（John Beckford）、肯·彼得森（Ken Peterson）和杰里米·卡斯（Jeremy Cass）。在普林斯顿大学，詹姆斯·麦迪逊项目（James Madison Program）的罗比·乔治（Robby George）和布拉德·威尔逊（Brad Wilson）赞助我们获得了为期一年的休假，为我们提供了该校丰富的资源，让我们得以沉浸在美妙的友好社区中，并且坚定地对我们的所有努力表示支持。

　　对本书的写作做出了贡献的还有来自全国各地的许多朋友和同仁。其中包括：纽约市立学院（City College of New York）的丹尼尔·迪萨尔沃（Daniel DiSalvo）；牛津大学的保罗·凯里（Paul Kerry）和理查德·芬恩神父；圣约翰学院的哈维·福劳门哈夫特（Harvey Flaumenhaft）、卡琳·埃克霍尔姆（Karin Eckholm）、汉娜·辛茨（Hannah Hintze）和乔·麦克法兰（Joe McFarland）；圣母大学的帕特里克·迪内恩、卡特·斯尼德(Carter Snead)、玛丽·凯斯(Mary Keys)、凯瑟琳·扎科特、菲利普·穆诺兹（Phillip Munoz）和苏·柯林斯（Sue Collins）；莫瑟尔大学（Mercer University）的威尔·乔丹（Will Jordan）和夏洛特·托马斯（Charlotte Thomas）；弗吉尼亚大学的吉姆·希塞（Jim Ceaser）和丽塔·科甘松（Rita Koganzon）；经典教育研究所（Institute for Classical Education）的罗伯特·杰克逊（Robert Jackson）；当时在圣十字学院（College of the Holy Cross）而现在在北德克萨斯大学（University of North Texas）的亚历克斯·杜夫（Alex Duff）；以及西点军校的休·利伯特（Hugh Liebert）。本书是从他们发起的各场讲座中酝酿出来的，他们愿意拨冗与我们交流，慷慨地支持了我们的工作。多年

185

来，还有许多其他人也为我们提供了明智的建议、实际的帮助以及哲学上的洞察启发，包括：比尔·麦克莱（Bill McClay）、尤瓦尔·莱文（Yuval Levin）、谢丽尔·米勒（Cheryl Miller）、亚当·基伯（Adam Keiper）、丹·格斯特尔（Dan Gerstle）、丹·马霍尼（Dan Mahoney）、戴安娜·肖布、拉尔夫·汉考克、安·哈特尔、莱恩·汉利（Ryan Hanley）、让·亚伯勒、克里斯托弗·纳顿（Christopher Nadon）、约翰·T. 斯科特（John T. Scott）、大卫·莫尔斯（David Morse）、斯维托扎尔·明科夫（Svetozar Minkov）、拉娜·利伯特（Rana Liebert）、凯瑟琳·博克（Catherine Borck）、弗朗克·达德纳（Franck Dardenne）、阿诺德·奥迪耶（Arnaud Odier）、汤姆和杰奎·梅里尔（Tom and Jacquie Merrill）、大卫·奥克利（David Oakley）、大卫·芬克（David Fink）、乔恩·麦考德（Jon McCord）、杰·斯科特·纽曼神父（Father Jay Scott Newman）。另外，已故的乔纳森·B. 汉德（Jonathan B. Hand）教导我们，一个好老师是"部分牧师、部分律师和部分喜剧演员"的结合，我们希望本书并不辜负他的教诲。

与傅尔曼大学以及华盛顿特区赫托格项目（Hertog Program）的学生们的交流，深刻影响了我们的写作、思考和生活。我们要特别感谢威尔·沃克（Will Walker）、马丁·格拉姆林（Martin Gramling）、巴雷特·鲍德雷（Barret Bowdre）、卡里·丰塔纳（Cary Fontana）、劳尔·罗德里格斯（Raul Rodriguez）、萨拉·伯内特（Sarah Burnett）、奥林·谢尔盖夫（Orlin Sergev）、托马斯·海德里克（Thomas Hydrick）、布莱恩·博达（Brian Boda）、安德鲁·史密斯（Andrew Smith）、阿丽斯·亚历山大（Alise Alexander）、阿玛雅·古纳塞克拉（Amaya Gunasekera）、伯利恒·贝拉丘（Bethlehem Belachew）、萨拉·德桑蒂斯（Sara DeSantis）、塞西莉·克里兹（Cecily Kritz）、茱莉亚·罗伯茨（Julia Roberts）、内森·汤普森（Nathan Thompson）、乔纳森·库巴昆迪马纳（Jonathan Kubakundimana）、艾玛·齐里克（Emma Zyriek）、罗宾·库珀（Robin Cooper）、卡罗尔·刘易斯（Carol Lewis）、J.P.伯莱（J. P. Burleigh）、马修·迪宁格（Matthew Deininger）、本·维尔兹巴（Ben Wirzba）、梅森·戴维斯（Mason Davis）、埃文·迈尔斯（Evan Myers）、张凯铭（Kaiming Zhang）、娜奥米·拉迪恩（Naomi LaDine）、托马斯·莫尔（Thomas Moore）、乔纳森·麦克金尼（Jonathan McKinney）、普莱斯·圣·克莱尔（Price St. Clair）、埃里卡·戴利（Erica Daly）、阿比盖尔·史密斯（Abigail Smith）、卢克·凯利（Luke Kelly）和贝克特·鲁埃达（Beckett Rueda）。亚当·托马斯（Adam Thomas）、乔什·金（Josh King）、马修·斯托里（Matthew Story）和伊莱·西蒙斯（Eli Simmons）阅读了手稿，并给我们提出了周详的批评和建议；卡梅隆·卢戈（Cameron Lugo）一丝不苟地参与了注释和参考文献的编订。

我们非常感谢普林斯顿大学出版社的罗伯·坦皮奥（Rob Tempio）和埃里克·克拉汉（Eric Crahan），他们从本书写作初期就始终给予信任，并耐心地指导我们这两个新人作者。在修订稿件的过程中，该出版社的匿名审稿人和一流的编辑团队给予了我们大量友善且宝贵的帮助。

最重要的是，我们要感谢我们的家人：我们的父母朱迪和比

186

尔·斯托里（Judy and Bill Storey）创造了一个珍视阅读、思考和智慧的世界；林恩和泰德·西尔伯（Lynn and Ted Silber）则教给我们哲学交流所需的勇气和温柔。还有我们的孩子们，埃莉诺（Elinor）、罗莎琳德（Rosalind）和查尔斯（Charles），当爸爸妈妈躲进书房，为了某个论证或寻找合适的词语而争论时，他们耐心地维系着家庭的运转。十四年来，他们为我们的生活带来了欢笑、惊奇和深度——这提醒着我们：爱，而非成就，才是生活的恰当目标；恩典，而非功绩，才是我们最终的源头和目的。

注　释

1　帕斯卡尔，《思想录》(*Pensées*)，S114/L79。在提到《思想录》时，我们按照罗杰·阿里欧（Roger Ariew）英译本（Indianapolis: Hackett, 2004）的做法，根据菲利普·塞里耶（Philippe Sellier）的编号（S）及路易·拉夫玛（Louis Lafuma）的编号（L），来给各条片段编号。对于法语文本，我们使用了亨利·古伊尔（Henri Gouhier）和路易·拉夫玛编辑的全集本(Paris: Editions du Seuil, 1963)。对法语文本的翻译，要么来自所引用的英译本，要么由我们自己译出。

2　丹尼尔·马科维茨（Daniel Markovits）的《英才制度的陷阱：美国的奠基神话如何助长不平等、瓦解中产阶级和吞噬精英》(*The Meritocracy Trap: How America's Foundational Myth Feeds Inequality, Dismantles the Middle Class, and Devours the Elite,* New York: Penguin, 2019)和威廉·德雷谢维奇（William Deresiewicz）的《优秀的绵羊：美国精英的错误教育与有意义的生活之路》(*Excellent Sheep: The Miseducation of the American Elite and the Way to a Meaningful Life,* New York: Free Press, 2014)是最近许多描述美国精英的不幸福、错

误教育和领导力失败的著作中的两部。近年来其他的一些著作，例如安妮·凯斯（Anne Case）和安格斯·迪顿（Angus Deaton）的《绝望的死亡与资本主义的未来》（*Deaths of Despair and the Future of Capitalism,* Princeton: Princeton University Press, 2020），以及罗伯特·普特南（Robert Putnam）的《我们的孩子：危机之中的美国梦》（*Our Kids: The American Dream in Crisis*, New York: Simon and Schuster, 2016），都引发了人们对精英和下层社会之间日益扩大的鸿沟的关注，并为后者的失能和绝望敲响了警钟。在这里，我们试图探究激励精英阶层的幸福观，并认为上层阶级正在以统计数据所无法显示的方式摇摆。这种摇摆在很大程度上解释了这个阶级失败的领导力，以及他们在其作为统治者的生活中持续的混乱。

3　柏拉图，《理想国》（*Republic*），trans. G. M. A. Grube, from *Plato: The Complete Works*, ed. John M. Cooper, Indianapolis: Hackett, 1997, 544d。我们在这里描述的不安病症，可以被理解为更大范围内的颓废问题的一个方面。罗斯·杜萨特（Ross Douthat）最近研究了这个问题，并和我们同样认为，"颓废的社会，根据其定义，是其自身之成功的受害者"。参见杜萨特，《颓废的社会：我们如何成为自身之成功的受害者》（*The Decadent Society: How We Became the Victims of Our Own Success*），New York: Avid Reader Press, 2020, 9。

4　亚历克西·德·托克维尔，《论美国的民主》（*Democracy in America*），ed. Eduardo Nolla, trans. James T. Schleifer, Indianapolis: Liberty Fund, 2010, II.ii.13, 942–943。我们将始终引用这一版本的托克维尔作品，包括法文本和英译本。罗杰·波厄歇（Roger Boesche）在《亚历克

190

西·德·托克维尔怪异的自由主义》（*The Strange Liberalism of Alexis de Tocqueville*, Ithaca: Cornell University Press, 1987）一书中，以及彼得·奥古斯丁·劳勒（Peter Augustine Lawler）在《不安的心灵》（*The Restless Mind,Lanham,* MD: Rowman and Littlefield, 1993）一书中，指出了"不安"（restlessness）在托克维尔思想中的核心地位，本书在很大程度上得益于这些研究。波厄歇将托克维尔的思想置于整个"不安的一代"的思想之中；劳勒将不安视为理解托克维尔自由观的关键。我们在此处的目的是要表明，这种不安与一种特别的幸福理想密切相关，我们将称之为"内在满足"（immanent contentment）。关于这种理想的有力阐述，源于法国的道德家（moralistes）传统。我们认为，托克维尔必须被认定为隶属于这一传统。

导论　四位法国哲学家怎样看待现代人的幸福观

1　托克维尔,《论美国的民主》, II.i.2.712–17。最近在为自由民主多元主义辩护时，威廉·加尔斯顿（William Galston）指出，"虽然自由民主对于各种形式的政治组织最有包容度，但它并不是对所有生活方式都同样友好"，反而它"预设了，并在某种程度上培育了一种独特的样貌和政治心理"。[加尔斯顿,《反多元主义：民粹主义对自由民主的威胁》（*Anti-Pluralism: The Populist Threat to Liberal Democracy*），New Haven: Yale University Press, 2018, 6, 128]

2　如查尔斯·泰勒（Charles Taylor）所说，通过标志性的思想家来考察现代认同（modern identity），并不需要暗示任何关于这些思想家是"不被认可的人类立法者"的主张；相反，这涉及"对新认同加以说明，从而明确其吸引力究竟何在"，而这个问题"可以独立于历时性因果关系的问题来加以探讨"。［泰勒，《自我的来源》(*Sources of the Self*)，Cambridge, MA: Harvard University Press, 1989, 203–7］关于法文术语"道德家"(moraliste)的重要性，参见罗伯特·皮平(Robert Pippin)，《尼采、心理学和第一哲学》(*Nietzsche, Psychology, and First Philosophy*)，Chicago: University of Chicago Press, 2010，6–8；《罗伯特法语大词典》(*Le grand Robert de la langue française*)，"moraliste"条目(Paris: Éditions le Robert, 2017)，http://grand-robert.lerobert.com。我们将托克维尔纳入到道德家的行列，这或许多少有些新奇，但托克维尔的自我理解能够说明这一做法是合理的。在写给他的朋友查尔斯·斯托弗斯(Charles Stöffels)的一封信中，他以一种相当夸张的方式，证实了他对道德家特有的自我研究工作的投入，而这使得他继承了蒙田和卢梭的传统："无论你做什么，你都无法穿透人心的晦暗，你永远无法清楚地看到它的深处，无法系统性地对潜藏在其中的东西加以分类。……也许没有其他任何人，会像我这样，顽固地试图观察他自己心灵的运作，并跟踪他自己内心的所有活动。"1832年9月13日的信，引自吕西安·若姆(Lucien Jaume)，《自由的贵族渊源》(*The Aristocratic Sources of Liberty*)，trans. Arthur Goldhammer, Princeton: Princeton University Press, 2013, 183–84。在蒙田的《蒙田随笔》(III.2.805–6［741］)和卢梭的《忏悔录》(序言，3［1］)中，可以找到类似的说法，即对于自我研究工作无人可以比拟的投入。在提到《蒙田随笔》时，我们给出了皮埃尔·维利(Pierre Villey)整理的法文版(Paris: Presses Universitaires de France,

191

1924）的卷数、章数和页数，随后在括号中给出了唐纳德·M.弗雷姆（Donald M. Frame）的《蒙田全集》（*Complete Works of Michel de Montaigne*, New York: Everyman's Library, 2003）译本中的页数。在提到卢梭时，我们给出了七星诗社版全集本（*Oeuvres complètes* ［*OC*］, ed. Bernard Gagnebin and Marcel Raymond, Paris: Gallimard, 1959）的卷数和页数，随后在括号内注明了相关英译本的页数。就《忏悔录》而言，我们将引用克里斯托弗·凯利（Christopher Kelly）的译本（Hanover, NH: Dartmouth College, 1995）。另见阿瑟·戈德哈默（Arthur Goldhammer），《托克维尔的文学风格》（"Tocqueville's Literary Style"），见托克维尔，《回忆录：1848年法国革命及其后果》（*Recollections: The French Revolution of 1848 and Its Aftermath*），ed. Olivier Zunz, trans. Arthur Goldhammer, Charlottesville: University of Virginia Press, 2016, xxix–xxxvi。我们在此处考察的各位作家之间的关联，特别是这一传统中的早期作家对其后继者的影响，已被广泛讨论过了。见沙尔－奥古斯丁·圣伯夫，《波尔－罗亚尔》（*Port-Royal*），Paris: La Conaissance, 1926, 3:5–13；莱昂·布伦施维克（Leon Brunschvicg），《笛卡尔和帕斯卡尔：蒙田的读者们》（*Descartes et Pascal: Lecteurs de Montaigne*），New York: Brentano's, 1944, 157–217；马克·富马洛里（Marc Fumaroli）为帕斯卡尔的《说服的艺术，在蒙田的商谈艺术之前》（*L'art de persuader, précédé de l'art de conférer de Montaigne*, Paris: Rivages poche, 2001）撰写的序言（29–48）；托马斯·M.希布斯（Thomas M. Hibbs），《在反讽的上帝身上下注》（*Wagering on an Ironic God*），Waco, TX: Baylor University

Press, 2017，第二章、第四章；格雷姆·亨特，《哲学家帕斯卡尔：导论》（*Pascal the Philosopher: An Introduction*），Toronto: University of Toronto Press, 2013，11–21；伊莎贝尔·奥利沃－波因德隆（Isabelle Olivo-Poindron），《从人类的自我到共同的自我；卢梭阅读帕斯卡尔》（"Du moi humain au moi commun; Rousseau lecteur de Pascal"），*Les études philosophiques* 95, no. 4（January 2010）: 557–95；丹尼尔·库伦（Daniel Cullen），《蒙田和卢梭：或者，孤独的人》（"Montaigne and Rousseau: Ou, les solitaires"），见《没有比我自己更伟大的奇迹怪物：米歇尔·德·蒙田的政治哲学》（*No Monster of Miracle Greater than Myself: The Political Philosophy of Michel de Montaigne*），ed. Charlotte C. S. Thomas, Macon, GA: Mercer University Press, 2014, 161–85；马克·胡里昂（Mark Hulliung），《卢梭、伏尔泰和帕斯卡尔的复仇》（"Rousseau, Voltaire, and the Revenge of Pascal"），见《剑桥卢梭指南》（*The Cambridge Companion to Rousseau*），ed. Patrick Riley, Cambridge: Cambridge University Press, 2001, 59–75；休·布罗根（Hugh Brogan），《亚历克西·德·托克维尔的生平》（*Alexis de Tocqueville: A Life*），New Haven: Yale University Press, 2006, 69；若姆，《自由的贵族渊源》，160–73；劳勒，《不安的心灵》，73–87；以及，马修·马奎尔（Matthew Maguire），《想象力的转换：从帕斯卡尔到卢梭再到托克维尔》（*The Conversion of the Imagination: From Pascal through Rousseau to Tocqueville*, Cambridge, MA: Harvard University Press, 2006）。在这些文献的基础上，我们着力进一步阐明这些道德家关于幸福、关于与典型的现代幸福观如影随形的不安感的持续争论。

3　这段话来自伯纳德·莱文（Bernard Levin），并被莎拉·巴克韦尔（Sarah Bakewell）在《如何生活，或蒙田的一生，在一个问题和二十个回答的尝试之中》（*How to Live, or, A Life of Montaigne, in One Question and Twenty Attempts at an Answer*），New York: Other Press, 2010, 6 中引用。在《社会动物》中，大卫·布鲁克斯（David Brooks）引用了历史学家约翰·惠钦加（Johan Huizinga）对当我们遇到过去的作家时可能经历的认知冲击的描述："与过去直接接触的感觉，是一种与最纯粹的艺术享受同样深刻的感觉；那是一种近乎狂喜的感受，我不再是我自己，而是溢出到周围的世界，触摸到事物的本质，通过历史体验到真理。"〔布鲁克斯，《社会动物：爱、性格和成就的隐秘来源》（*The Social Animal: The Hidden Sources of Love, Character, and Achievement*），New York: Random House, 2011, 234〕

192

我们关注蒙田和追随蒙田的法国传统，是为了让读者注意到一种特别有吸引力的，也相当独特的现代幸福观。因此，对于侧重于英国来源的现代幸福观而言，这种幸福观能够作为一种补充和替代。现代英国人将幸福视为一种可以用归纳甚至量化的术语来捕捉的思维方式，关于这一点已经有了很不错的研究。例如，可参见达壬·麦克马洪（Darrin McMahon）在《幸福史》（*Happiness: A History*, New York: Atlantic Monthly Press, 2006）中对"幸福岛"（blessed isle）的梳理；大卫·伍顿（David Wooton），《权力、快乐和利益：从马基雅维利到麦迪逊的贪得无厌的欲望》（*Power, Pleasure, and Profit: Insatiable Appetites from Machiavelli to Madison*, Cambridge, MA: Harvard University Press, 2018）；理查德·克劳特（Richard Kraut），《两种幸福概念》（"Two

Conceptions of Happiness"），*Philosophical Review* 88, no. 2（April 1979）: 167–97；以及，玛莎·努斯鲍姆（Martha Nussbaum），《亚里士多德和边沁之间的密尔》（"Mill between Aristotle and Bentham"），*Daedalus* 133, no. 2（Spring 2004）: 62。但是，在关于现代幸福观的学术研究中，强调英国来源可能会鼓励某种预设——伯纳德·雷金斯特（Bernard Reginster）指出，这种预设在当代哲学家中相当普遍——即对幸福的严肃探讨只属于古人〔雷金斯特，《幸福作为一种浮士德式的交易》（"Happiness as a Faustian Bargain"），*Daedalus* 133, no. 2［Spring 2004］: 53〕。虽然阿拉斯代尔·麦金泰尔（Alasdair MacIntyre）和朱莉娅·安娜斯（Julia Annas）等哲学家的工作，促成了前现代幸福观的颇有价值的复苏，但他们并没有阐明独特的现代幸福观如何作为一种真正引人入胜的选项替代了前者〔麦金泰尔，《现代性冲突中的伦理：论欲望、实践推论和叙事》（*Ethics in the Conflicts of Modernity: An Essay on Desire, Practical Reasoning, and Narrative*），Cambridge: Cambridge University Press, 2017, 197–98；安娜斯，《幸福的道德》（*The Morality of Happiness*），Oxford: Oxford University Press, 1993, 4–5, 10–11, 16–17；亚里士多德，《尼各马可伦理学》（*Nicomachean Ethics*），ed. Arthur Rackham, Cambridge, MA: Harvard University Press, 1934, 1098a16–20〕。关于东西方幸福概念的差异，见戴安娜·罗贝尔（Diana Lobel），《幸福的哲学：有关繁荣生活的比较性介绍》（*Philosophies of Happiness: A Comparative Introduction to the Flourishing Life*, New York: Columbia University Press, 2017）。通过聚焦蒙田及其追随者，我们旨在阐发和研究现代

西方幸福观的一种非归纳性的（因而别具吸引力）特征。

4　蒙田，《蒙田随笔》，III.13.1105–15［1034–44］。现代幸福观与自我(self)
概念的发展相辅相成。我们对现代幸福观的描述，与马克·埃德蒙森
(Mark Edmundson) 在《自我与灵魂：对理想的辩护》(*Self and Soul:
A Defense of Ideals*)，Cambridge, MA: Harvard University Press, 2015,
尤其第 12—14 页和第 200—201 页中对现代自我的性质和目标的描述
密切相关。埃德蒙森将在他看来的可悲而促狭的现代自我追求，与前
现代灵魂的崇高理想做了对比。而我们则试图厘清，为什么与现代自
我密切相关的幸福追寻的愿景，会对那么多人产生如此大的吸引力。
我们描述了蒙田将人类的欣欣向荣的图景视为一种多变的心理平衡，
这一描述来自弗吉尼亚·伍尔夫 (Virginia Woolf) 的观点，她说蒙田
通过"对构成人类灵魂的所有［那些］不听话的部分进行神奇的调整"，
从而"获得了幸福"［伍尔夫，《普通读者》(*The Common Reader*)，
New York: Harcourt Brace, 1932, 100］。我们的研究专注于蒙田关于美
好生活的实质性理念，与那些侧重于他的怀疑主义理念的论述迥然不
同。对于后一种观点，请参看斯瑟拉·波 (Sissela Bok) 的作品，她
遵从朱迪斯·史柯拉 (Judith Shklar) 的说法，激赏蒙田为一位思想
家，认为他"能够以对各种形式的多样性的慷慨宽容，来审视身边
关于幸福和智慧的追求的激增"［波，《探索幸福：从亚里士多德到
脑科学》(*Exploring Happiness: From Aristotle to Brain Science*)，New
Haven: Yale University Press, 2010, 29；史柯拉，《平常的恶》(*Ordinary
Vices*)，Cambridge, MA: Harvard University Press, 1984, 36］。

5　蒙田，《蒙田随笔》，I.28.183–95［164–76］。亚历山大·内哈马斯

193

（Alexander Nehamas）在《论友谊》（*On Friendship*）中对上文所说的现代友谊的"非中介性"特质做了说明，他认为"事实上，蒙田是第一个认识到对于爱与友谊绝对重要的这条真理的哲学家；所有通过称引对方的美德、成就或任何其他方面，来解释我们为什么会爱这个特定的人的努力都注定是徒劳"：如果友谊是真实的话，那么它必须是"非中介性"的。这样的友谊构成了朋友之为朋友的不可或缺的部分，因此也与幸福密不可分［内哈马斯，《论友谊》，New York: Basic Books, 2016, 117–20；又见，亚里士多德，《尼各马可伦理学》，1155b17–20, 以及雅克·德里达（Jacques Derrida），《友谊政治学》（*The Politics of Friendship*），trans. George Collins, New York: Verso, 2005 ］。

6　泰勒，《自我的来源》，23，177–84。当我们在关注蒙田式理想的坚定世俗目的时，我们追随泰勒和麦克马洪，他们认为现代幸福是在一个"内在性框架"中发生的［泰勒，《世俗时代》（*A Secular Age*），Cambridge, MA: Harvard University Press, 2007, 539；麦克马洪，《幸福史》，11–13 ］。泰勒和麦克马洪都认为，现代人"对普通生活的肯定"，来自新教教义的世俗化，即通过评估一个人的世俗成就，来评估他在上帝眼中的价值。因此，他们认为基督教理想给了现代人追求幸福的诸多力量，并认为我们必须将当代人对幸福的追求与其基督教根源重新联系起来，以理解和解决我们在这种追求上遭遇的挫败。对泰勒而言，承认现代自我的神学"来源"，将使我们对意义的当代追求更加恰当地得以整体化和获得说服力；对麦克马洪而言，掌握我们理想的神学历史，可以使得那些不再认为世俗幸福表明了上帝恩典的人，欲望得到缓和（泰勒，《自我的来源》，13, 23; 麦克马洪，《幸福史》,168-75, 265)。与这二人不同,我们提出了一幅现代幸福的图景,它被自觉地表述为对于在超越性的光芒之中生活的替代方案。

我们把蒙田的人文主义幸福观看作是对古典和基督教传统的背离,这是追随了托多罗夫(Tzvetan Todorov)和马南(Pierre Manent)的看法[托多罗夫,《不完美的花园:人文主义的遗产》(*Imperfect Garden: The Legacy of Humanism*)], trans. Carol Cosman, Princeton: Princeton University Press, 2002;马南,《蒙田:没有法律的生活》(*Montaigne: La vie sans loi*), Paris: Flammarion, 2014)。托多罗夫借鉴了蒙田和卢梭的语言,认为现代人文主义发展了一种既"不完美"或"脆弱",但又基本满足我们需求的幸福概念——我们在这里称之为内在满足的幸福概念(托多罗夫,《不完美的花园》,90, 236)。马南指出,蒙田与马基雅维利和加尔文等其他早期现代作家不同,他面向人类中的大多数发言。这些人"既不关心他们城市的获救,也不关心他们自身灵魂的获救"。他的听众只关心那种既是内在的又是私人性的幸福形式。

讨论蒙田对现代性的贡献的文献非常多。他在现代道德和政治哲学发展中起到的作用——通过阐述诸如人性、真实性、平等主义和道德个体主义等价值观,通过提升私人生活,以及为后来对宽容的论证奠定基础——已经被马南、史柯拉以及斯蒂芬·图尔敏(Stephen Toulmin)在《宇宙城邦:现代性的隐秘议程》(*Cosmopolis: The Hidden Agenda of Modernity*, Chicago: University of Chicago Press, 1990)、大卫·刘易斯·谢弗(David Lewis Schaefer)在《蒙田的政治哲学》(*The Political Philosophy of Montaigne*, Ithaca: Cornell

194

215

University Press, 1990）、大卫·昆特（David Quint）在《蒙田与仁慈的品质》（*Montaigne and the Quality of Mercy*, Princeton: Princeton University Press, 1998）、艾伦·莱文（Alan Levine）在《感性哲学》（*Sensual Philosophy*, Lanham, MD: Lexington Books, 2001）、比安卡玛利亚·丰塔纳（Biancamaria Fontana）在《蒙田的政治学:〈蒙田随笔〉中的权威与治理》（*Montaigne's Politics: Authority and Governance in the* Essais, Princeton: Princeton University Press, 2008）以及最近的道格拉斯·易·汤普森（Douglas I. Thompson）在《蒙田与政治的宽容》（*Montaigne and the Tolerance of Politics*, Oxford: Oxford University Press, 2018）等作品中详细论述过了。安·哈特尔（Ann Hartle）在《蒙田和现代哲学的起源》（*Montaigne and the Origins of Modern Philosophy*, Evanston, IL: Northwestern University Press, 2013）中和理查德·波普金（Richard Popkin）在《从伊拉斯谟到斯宾诺莎的怀疑论史》（*History of Skepticism from Erasmus to Spinoza*, Berkeley: University of California Press, 1979）中，则以不同方式描述了他在现代哲学史上的地位。乔治·古斯多夫（Georges Gusdorf）和卡尔·约阿希姆·温特劳布（Karl Joachim Weintraub）则阐述了蒙田在现代自我的历史中占据的地位，尤其是这一历史与自传体这一文学体裁的兴起之间的关系。参见古斯多夫，《自传的条件和局限性》（"Conditions and Limits of Autobiography"），见《自传：理论与批评性文章》（*Autobiography: Essays Theoretical and Critical*, trans. and ed. James Olney, Princeton: Princeton University Press, 1980）和温特劳布，《个体的价值：自传中的自我与境遇》（*The Value of the Individual: Self and Circumstance in*

Autobiography, Chicago: University of Chicago Press, 1978）。在这里，我们将这些学者诸多颇有价值的见解，都置于幸福的标题之下，然后考察这种蒙田式的幸福概念在后来的道德家传统中的历史。 195

7　乔治·胡佩特（George Huppert），《资产阶级绅士》（*Les Bourgeois Gentilshommes*），Chicago: University of Chicago Press, 1977, 4–5；南娜尔·基欧汉（Nannerl Keohane），《法国的哲学与国家：从文艺复兴到启蒙运动》（*Philosophy and the State in France: The Renaissance to the Enlightenment*），Princeton: Princeton University Press, 1980, 283–89。

8　帕斯卡尔，《思想录》，S149/L117, S192/L160。我们对帕斯卡尔的解读，借鉴了格雷姆·亨特（Graeme Hunter）的工作。他提出了令人信服的理由，以论证帕斯卡尔将哲学视为他的核心关切，并且正如我们在这里所做的那样，他让帕斯卡尔与其他哲学家（如蒙田、爱比克泰德、苏格拉底）进行对话（亨特，《哲学家帕斯卡尔》，9–37, 216–22）。我们和托马斯·希布斯（Thomas Hibbs）一样，将《思想录》解读为提出关于美好生活的问题，并与"人类对幸福的普遍渴望"（《在反讽的上帝身上下注》，10）做对话的努力。这种说法可以与勒泽科·科拉科斯基（Leszek Kolakowski）对他所谓的"帕斯卡尔的感伤宗教"的描述做有益的对比［科拉科斯基，《上帝不欠我们什么：简论帕斯卡尔的宗教和詹森主义精神》（*God Owes Us Nothing: A Brief Remark on Pascal's Religion and on the Spirit of Jansenism*），Chicago: University of Chicago Press, 1995, 113］。彼得·克里夫特（Peter Kreeft）称《思想录》是第一本旨在"向现代异教徒而非中世纪基督徒说话"的基督教护教学作品；在此我们认为，蒙田对帕斯卡尔及其预期中的读者的影响，决定性地塑造了他的方案的独特现代特征〔克里夫特，《面向现代异教徒的基督教》（*Christianity for Modern Pagans*），San Francisco: Ignatius Press, 1993, 12〕。米歇尔·勒·古恩（Michel Le Guern）指出，至少在法语世界中，帕斯卡尔似乎是第一个提出"什么是自我"（Qu'est-ce que le *moi*?）这一基本现代问题的作者，而这有助于界定帕斯卡尔在方法上的具体现代要素。我们认为，帕斯卡尔得以实现这一进展，应当部分归功于蒙田将自我（即法语中的 *moi*）提升为了哲学所能合法探究的对象。参见勒·古恩，《帕斯卡尔的生平与〈思想录〉研究》（*Études sur la vie et les* Pensées *de Pascal*），Paris: Honoré Champion, 2015, 73。同样，约翰·麦克戴德（John McDade）认为，帕斯卡尔的神学（被他形容为"刻意以粗糙的布料"编织而成）特别适合于由"后现代的自我分裂的描述"主导的时代〔麦克戴德，《帕斯卡尔的当代意义》（"The Contemporary Relevance of Pascal"），*New Blackfriars* 91, no. 1032〔February 2010〕: 185–96〕。我们将把帕斯卡尔视为对于现代自我追求内在的、蒙田式的幸福观的第一个（也许仍然是最伟大的一个）批评家，同时他也是对于困扰那些将自己的生活导向幸福的人的具体的现代形式的不安的第一个分析者——这种批评以相反的方式在卢梭和托克维尔的思想中得到回响。

9　科拉科斯基，《上帝不欠我们什么》，103；圣伯夫，《波尔-罗亚尔》，1:xiii。

10　卢梭，《爱弥儿》（*OC*, 4:249〔40〕）；括号中提供的文本出处指阿兰·布

鲁姆（Allan Bloom）的英译本（New York: Basic Books, 1969）。潘
卡伊·米什拉（Pankaj Mishra）继以赛亚·伯林（Isaiah Berlin）之
后，将卢梭的反资产阶级立场批判为"历史上最伟大的'激进低级趣
味'"作品。见米什拉，《愤怒的年代：当下的历史》（*Age of Anger:
A History of the Present*），New York: Farrar, Straus, and Giroux, 2017,
21；伯林，《浪漫主义时代的政治观念：它们的兴起及其对现代思想
的影响》（*Political Ideas in the Romantic Age: Their Rise and Influence
on Modern Thought*），ed. Henry Hardy, intro. Joshua L. Cherniss,
Princeton: Princeton University Press, 2008, 107。虽然对卢梭的这种描
述肯定是合理的，但我们在此旨在表明，尽管卢梭有种种怪癖，但他
对现代哲学人类学的极端可能性的实验，强有力地显示了人类学的局
限性。

11　卢梭，《孤独散步者的遐思》（*Rêveries du promeneur solitaire, OC,*
1:1047［69］）；括号内提供的文本出处指查尔斯·巴特沃斯（Charles
Butterworth）的英译本（Indianapolis: Hackett, 1992）；卡罗尔·布卢
姆（Carol Blum），《卢梭与美德共和国》（*Rousseau and the Republic
of Virtue*），Ithaca: Cornell University Press, 1986, 31；让·斯塔
罗宾斯基（Jean Starobinski），《透明与障碍》（*Transparency and
Obstruction*），trans. Arthur Goldhammer, Chicago: University of
Chicago Press, 1988。约翰·T. 斯考特和罗伯特·扎雷茨基（Robert
Zaretsky）指出，卢梭的影响并不局限于塑造公共舆论，而是首先"创
造"了这种力量，并通过《新爱洛依丝》和《爱弥儿》等以小说形式
呈现的哲学作品，达到了前所未有的受众规模［斯科特和扎雷茨基，《哲

196

学家们的争吵：卢梭、休谟和人类理解的局限性》(*The Philosophers'*
Quarrel: Rousseau, Hume, and the Limits of Human Understanding),
New Haven: Yale University Press, 2009, 181]。

关于其他探讨卢梭与帕斯卡尔及蒙田之间思想关联的著作，见本章
注释6。大卫·戈蒂尔（David Gauthier）在《卢梭：存在的感受》
(*Rousseau: The Sentiment of Existence*, Cambridge: Cambridge University
Press, 2006）中和皮埃尔·伯格林（Pierre Burgelin）在《让-雅
克·卢梭的存在哲学》(*La philosophie de l'existence de J.-J. Rousseau*,
Paris: Presses Universitaires de France, 1952）中将卢梭所谓"存在
的感受"（sentiment of existence）确认为其幸福观的核心。正如杰
弗里·史密斯（Jeffrey A. Smith）所认为的，存在的感受似乎常常
包括"与直接的身体经验有关的幸福感"；就像蒙田式内在满足一
样，它取决于我们能在能力和欲望之间保持平衡，而这一平衡的标
准，则由"人的原始本性"提供〔史密斯，《卢梭〈爱弥儿〉中的自
然幸福、感觉和婴儿期》("Natural Happiness, Sensation, and Infancy
in Rousseau's *Emile*"), *Polity* 35, no. 1〔Autumn 2002〕: 98〕。卢梭
给我们提供了几幅如此理解的幸福的自传式剪影：在《忏悔录》中，
他在夏尔梅特（Les Charmettes）简单的社交圈之中；以及最值得注
意的是，在《孤独散步者的遐思》中的圣彼得岛（St. Peter's Island）
上。这两幅剪影都是安·哈特尔所说的"平静的感性"，但这种平静
的感性取决于与流行的社会风俗彻底决裂，甚至在身体意义上与之隔
离。参见哈特尔，《卢梭〈忏悔录〉中的现代自我：回应奥古斯丁》
(*The Modern Self in Rousseau's* Confessions: *A Reply to St. Augustine*),

South Bend, IN: University of Notre Dame Press, 1983, 59；以 及 克
里斯托弗·凯利,《卢梭的榜样人生：作为政治哲学的〈忏悔录〉》
（*Rousseau's Exemplary Life: The* Confessions *as Political Philosophy*），
Ithaca: Cornell University Press, 1987, 156。同时，我们也借鉴了约瑟
夫·莱恩的《遐思与回归自然：卢梭的融合体验》（"Reverie and the
Return to Nature: Rousseau's Experience of Convergence"），*Review
of Politics* 68, no. 3（Summer 2006）: 474–99；以及约翰·T. 斯科特
（John T. Scott）的《卢梭在〈孤独散步者的遐思〉中不切实际的探索》
（"Rousseau's Quixotic Quest in the *Rêveries du promeneur solitaire*"），
见《卢梭〈遐思〉的性质：物理的、人性的、美学的》（*The Nature of
Rousseau's* Rêveries: *Physical, Human, Aesthetic*），ed. John C. O'Neal,
Oxford: Voltaire Foundation, 2008, 139–52。我们将卢梭全部的道德体
系视为，试图面对帕斯卡尔的批判，来为蒙田式的内在性和自然主义
辩护，并认为卢梭体系的悲剧性使得人们对内在满足的理想产生了严
重的怀疑。

12 J. S. 密尔,《德·托克维尔论美国的民主》（"De Tocqueville on
Democracy in America"），见《密尔文集》第 18 卷（*Collected Works
of J. S. Mill*, vol. 18），ed. J. M. Robson and Alexander Brady, Toronto:
University of Toronto Press, 1977, 167。正如帕斯卡尔·布鲁克纳
（Pascal Bruckner）所写的那样："一旦生活的目标不再是履行职责，
而是享受生活，最轻微的不适就会让我们感到受辱……持续的痛
苦……［变成了］一种绝对的淫秽。"［布鲁克纳,《永恒的欣悦：论
幸福的责任》（*Perpetual Euphoria: On the Duty to Be Happy*），trans.

197

Steven Rendall, Princeton: Princeton University Press, 2010, 35；又见麦克马洪,《幸福史》, xii]

13 《论美国的民主》, II.2.13.942–43；马克·里拉,《搁浅的心灵：论政治反动》(*The Shipwrecked Mind: On Political Reaction*), New York: New York Review of Books, 2016, xiv。

14 《论美国的民主》,导论,32。帕特里克·迪内恩(Patrick Deneen)在《为什么自由主义会失败》(*Why Liberalism Failed*, New Haven: Yale University Press, 2018)中和马克·里拉(Mark Lilla)在《静止的上帝：宗教、政治和现代西方》(*The Stillborn God: Religion, Politics, and the Modern West*, New York: Knopf, 2007)中引起了人们对现代哲学人类学问题的关注，而我们的工作也得益于这两位。迪内恩和里拉从基本相反的观点出发并接近了现代人的自我理解，而我们在此提供关于现代哲学人类学的论述，则是为了比迪内恩更具同情心，且同时比里拉更具批判性。我们旨在说明，为什么现代哲学人类学被证明对那么多人而言是如此有说服力的自我理解模式。我们同时也认为，我们生活在这种人类学的启迪之下的长期试验，在这一点上也揭示出其严重的局限性。

第一章　蒙田：平凡生活的艺术

1 杰拉尔德·纳卡姆（ Geralde Nakam ）,《蒙田与他的时代》(*Montaigne et son temps*), Paris: Gallimard, 1993, 213–15, 248–50。

2 《蒙田随笔》, III.12.1046 [974], II.12.527 [476]。正如菲利普·德桑所指出的，由于蒙田生前没有留下男性后代，所以他不仅是他家族中第一个以"蒙田"为名的人，而且也是最后一个。参见德桑，《蒙田：政治传记》（*Montaigne: A Political Biography*），Princeton: Princeton University Press, 2017, 253。

3　里拉，《静止的上帝》，7；莱文，《感性哲学》，195；史柯拉，《平常的恶》，7–8。

4　《蒙田随笔》，I.3.15［9–10］；莱文，《感性哲学》，151。

5　小尤金・F. 赖斯（Eugene F. Rice Jr.）和安东尼・格拉夫顿（Anthony Grafton），《早期现代欧洲的基础，1460—1559》（*The Foundation of Early Modern Europe, 1460—1559*），New York: W. W. Norton, 1994, 87–89；圣伯夫，《波尔 – 罗亚尔》，3:26。圣伯夫在另一处地方提到过，"在不到三十年前的时候，每当人们提起 16 世纪，就会把它说成是一个野蛮的时代，只有蒙田除外"［圣伯夫，《文学和哲学文集：法语、德语和意大利语》（*Literary and Philosophical Essays: French, German and Italian*），ed. Charles W. Eliot, New York: P. F. Collier and Sons, 1914, 108］。托多罗夫将蒙田式的人文主义与阿尔贝蒂和皮科的"自豪的人文主义"（proud humanism）区分了开来。虽然蒙田对人类的评价肯定比皮科低，但他还是肯定了人性维度和自然维度的自足性，即与任何恩典行为无关。见托多罗夫，《不完美的花园》，52–53。

6　马克・埃德蒙森把莎士比亚称作"世俗的终极诗人"（the ultimate poet of worldliness），并且将我们在此处归于蒙田的在抬升自我方面发挥的作用，归于莎士比亚（埃德蒙森，《自我与灵魂》，138–40）。布克哈特（Jacob Burkhardt）发现，在早期的意大利人文主义中，对世俗生活的细节也有类似的关注。［布克哈特，《意大利文艺复兴时期

198

的文化》(*The Civilization of the Renaissance in Italy*), trans. S. G. C. Middlemore, Vienna: Phaidon Press, 1950, 171–83〕

7 《蒙田随笔》, III.2.805〔740〕。

8 古斯多夫,《自传的条件和局限性》, 33;泰勒,《自我的来源》, 285–86。尼古拉斯·卡尔(Nicholas Carr)对书籍的技术发展如何帮助传播蒙田所代表的以书面文本为媒介的持续、孤独的反思经验,做过精彩的论述。〔卡尔,《肤浅:互联网对我们的大脑做了什么》(*The Shallows: What the Internet Is Doing to Our Brains*), New York: W. W. Norton, 2010, 67–72〕

9 汤普森,《蒙田与政治的宽容》, 21;德桑,《蒙田:政治传记》, xxi;富马洛里,《古今之争》(*La querelle des anciens et des modernes*), Paris: Gallimard, 2001, 9;巴克韦尔,《如何生活》, 215–20, 277, 327;拉尔夫·沃尔多·爱默生(Ralph Waldo Emerson),《蒙田或怀疑论者》("Montaigne, or, The Skeptic"), 见《拉尔夫·沃尔多·爱默生全集》(*Complete Writings of Ralph Waldo Emerson*), New York: Wm. H. Wise & Co., 1929, 1:375;伍尔夫,《普通读者》, 87–100。梅尔维尔在《水手比利·巴德》(*Billy Budd*)中的这段话,引自罗伯特·伊登(Robert Eden),《蒙田政治学导论》("The Introduction to Montaigne's Politics"), *Perspectives on Political Science* 20, no. 4(Fall 1991):211。基欧汉也指出,"17世纪和18世纪几乎所有受过教育的人都会阅读"蒙田的书(《法国的哲学与国家》, 98)。

10 基欧汉,《法国的哲学与国家》, 98–99;胡佩特,《资产阶级绅士》, 90, 4–5;德桑,《蒙田:政治传记》, 615。

11 《蒙田随笔》，III.2.805［740］，III.9.994［925］；爱默生，《蒙田或怀疑论者》，375；马南，《蒙田》，52；又见汤普森，《蒙田与政治的宽容》，3；以及皮埃尔·阿多（Pierre Hadot），《作为生活方式的哲学：从苏格拉底到福柯的精神锻炼》（*Philosophy as a Way of Life: Spiritual Exercises from Socrates to Foucault*），ed. Arnold I. Davidson, Malden, MA: Wiley-Blackwell, 1995。

12 《蒙田随笔》，III.10.1011［940］。

13 奥古斯丁，《忏悔录》，trans. R. S. Pine-Coffin, New York: Penguin, 1961, 21；柏拉图，《会饮》（*Symposium*），trans. Alexander Nehamas and Paul Woodruff, Indianapolis: Hackett, 1989, 207a。

14 《蒙田随笔》，II.11.435［385］，II.12.450–68［401–18］；史柯拉，《平常的恶》，13–14。

15 卢梭，《论人类不平等的起源与基础》（*OC*, 3:165–66［92］）。括号内引用的《论人类不平等的起源与基础》来自斯科特的英译，见《让－雅克·卢梭的主要政治著作》（*The Major Political Writings of Jean-Jacques Rousseau*），Chicago: University of Chicago Press, 2012；莱昂·卡斯，《饥饿的灵魂：饮食和我们天性的完美》（*The Hungry Soul: Eating and the Perfection of Our Nature*），New York: Free Press, 1994, 120。正如丰塔纳所指出的，蒙田看到，"在人努力把自己提升到高于其原始的近乎动物的状态时，他就必然会放大其本性中最扭曲的特质，如贪婪、欺骗、残忍和野心"（《蒙田的政治学》，150）；又见昆特，《蒙田与仁慈的品质》，61–65。

16 《蒙田随笔》，II.12.460［408］，III.12.1049［978］。斯戈里奇（M. A.

Screech）注意到，蒙田对柏拉图及其他人思想中的"狂喜"（ecstatic）和"灵性"（daemonic）有所怀疑，这反映了他对想象力这种不可信赖的能力的重视。[斯戈里奇，《蒙田与忧郁：〈蒙田随笔〉中的智慧》（*Montaigne & Melancholy: The Wisdom of the* Essays），Selinsgrove, PA: Susquehanna University Press, 1983, 160]

17 《路加福音》10:42。

18 柏拉图，《苏格拉底的申辩》（*Apology of Socrates*），trans. Thomas G. West and Grace Starry West, Ithaca: Cornell University Press, 1984, 38a；柏拉图，《高尔吉亚》（*Gorgias*），引自《柏拉图的〈高尔吉亚〉和亚里士多德的〈修辞学〉》（*Plato Gorgias and Aristotle Rhetoric*），trans. Joe Sacks, Indianapolis: Hackett, 2009, 512e；《蒙田随笔》，I.37.229–32 [205–8]；《马太福音》13:45–46。

19 《蒙田随笔》，III.2.805–9 [741–45]，II.6.379 [332]。

20 马南，《蒙田》，18。

21 《蒙田随笔》，III.13.1108 [1036]；《约伯记》5:7。正如史柯拉、昆特和波都指出的那样，肯定生活中的善好的平凡性，是蒙田对残酷的拒绝的另一面。（史柯拉，《平常的恶》，37；昆特，《蒙田与仁慈的品质》，57；波，《探索幸福》，29）

22 《蒙田随笔》，I.20.81 [67]，I.23.116–17 [101–2]，II.12.538, 544, 577 [488, 495, 529]，I.50.303 [268]。

23 《蒙田随笔》，II.16.622 [572]，III.13.1072 [1000]。温特劳布认为，我们的自我认知的这种转变，也即从关注人性一般问题，转向对特定个体的关注，使得《蒙田随笔》成为"对人类个体性逐渐增长的意识

中的关键文本"。(《个体的价值》，167）

24 《蒙田随笔》，《致读者》（"Au lecteur"），3［2］，II.6.378［331］；马克·富马洛里，《心灵的外交》（*La diplomatie de l'esprit*），Paris: Hermann, 2001, 395；关于帕斯卡尔对"自我"（le moi）一词的创造，见第二章注释30。查尔斯·泰勒这样来描述这种从一般到特殊的转变："我们寻求自我认知，但这不再意味着像柏拉图那样，仅仅是关于人性的去个人性的知识。我们每个人都必须发现他或她自己的形式。我们不是在寻找普遍的本质；我们每个人都在寻找我们自己的存在。"（《自我的来源》，181）

25 《蒙田随笔》，III.2.811［746］，III.13.1096，1101［1024，1030］，II.10.413［364–65］。正如温特劳布所说的，在蒙田那里，"思想并非为了其本身的美而被加以思考，思想是一种自我交流，自我通过这种交流来检验自己"（《个体的价值》，180）。古斯多夫指出，像蒙田这样的自传式写作是"对经验的第二次解读，比第一次解读更真实，因为它把经验本身的意识加入到了经验之中"，因此这种写作不仅仅是把自我记录了下来，而且也有助于自我的构成。（《自传的条件和局限性》，38）

200

26 《蒙田随笔》，III.12.1009［939］，II.18.665［612］；温特劳布抓住了这种给定与选择之间的和谐："自然与艺术在优雅中融合在一起，通过这种优雅，一个人掌控了生活中的各种情形。"（《个体的价值》，194）

27 《蒙田随笔》，III.2.813［748］。

28 莱昂内尔·特里林，《真诚和真实》（*Sincerity and Authenticity*），Cambridge, MA: Harvard University Press, 1971, 4–5；《蒙田随笔》，

III.2.805–6［741］，III.13.1097［1026］，III.1.792［728］，III.5.889［824］，
III.12.1061–62［990］。正如雅各布·泽特林（Jacob Zeitlin）所说的，
蒙田隐含的意思如下："看吧，我是多么理智和人道地降生在了我们
这个时代的各种麻烦之中！我是多么坚定和勇敢地，以农民般的淳朴
和苏格拉底般的英雄主义，学会了面对不幸和死亡！我如此成功地按
照大自然植入我体内的原则，整合了我的行动，以至于我的诚实和善
意在我的脸上闪闪发光，甚至连我的敌人们都羞于伤害我。"蒙田没
有说得这么"厚颜无耻"，但他显然是这么想的。泽特林，《蒙田的散
文》（*Essays of Montaigne*），New York: Knopf, 1934, 3:430。

29 《蒙田随笔》，I.26.172［155］，II.1.790［726］。汤普森指出，蒙田的
淡然与巴尔达萨雷·卡斯蒂廖内（Baldesar Castiglione）在《廷臣论》
中颂扬的"**云淡风轻**"（sprezzatura）很有关系。

30 《蒙田随笔》，I.20.89［74］。丰塔纳强调，能做到较大程度的淡然，
是一项成就："狂暴、厌恶、愤慨［和］愤怒的情绪"要被"小心翼
翼地掌控在轻松而近乎聊天般的文字的光滑表面之下"（《蒙田的政治
学》，14），这解释了蒙田是如何将他所闻名的疏离感与他巨大的精神
能量结合在一起的。正如托多罗夫所说，接受"花园永远无法完美"
是"让我们能生活在真理之中的原因"（《不完美的花园》，236–37）。

31 《蒙田随笔》，I.26.157［140–41］，II.12.450［399］；弗里德里希·尼采，
《快乐的科学》（*The Gay Science*），trans. Walter Kaufmann, New York:
Random House, 2010，第 277、223 节。

32 《蒙田随笔》，I.20.94［79］。

33 《蒙田随笔》，I.26.152［135］。正如托多罗夫所写的，"思想活动本身

必须从传统的控制之中解放出来，以便完全依靠自己的力量。这就是为什么蒙田倾向于教育'理解力和良知'，而不是'填补我们的记忆'的原因。……连一只鹦鹉都可以重复古人说过的话；人类必须自己下判断，并根据自己的判断来行动"。(《不完美的花园》，49—50)

34　《蒙田随笔》，I.37.229［205］，II.10.418—19［370］，II.32.725［665］；唐纳德·M. 弗雷姆（Donald M. Frame），《蒙田传》(*Montaigne: A Biography*)，San Francisco: North Point Press, 1984, 143。

35　《蒙田随笔》，I.1.8［4］，III.11.1029［958］。马南对这一转变的程度做了评论："现代人的道德……也即［蒙田］以身作则地为其辩护并加以宣扬的道德，改动了普遍的恶与超常的恶之间的分界线。总之，是把普通的恶挪到了善的那一边。或者说，是把'普通的恶'和'善'这两者都放入了令人安心的'人性'的巨大范围之内，并将极端的恶抛之脑后，因为做了极端恶行的人，就已经不再是人了。"(《蒙田》，165)

36　《蒙田随笔》，III.2.807［742］。

37　《蒙田随笔》，II.17.646［595］，I.31.210［189］；史柯拉，《平常的恶》，1, 7。昆特认为，蒙田所做的，是"从美德的残酷性中撤退"(《蒙田与仁慈的品质》，57)，这或许可以解释，为什么他决定不在描述自己的最佳特质时使用"美德"一词。

38　《蒙田随笔》，III.2.807—9［743—45］；亚里士多德，《尼各马可伦理学》，1129b32—1130a4。

39　马南，《蒙田》，215—16。

40　伍尔夫，《普通读者》，100。

201

41 《蒙田随笔》，III.13.1107［1036］；卢梭，《孤独散步者的遐思》（*OC*,
1:1047［69］）。

42 《蒙田随笔》，I.8.33［25］，I.39.241［215］。德桑质疑了蒙田对其退隐
后的孤独和沉思性格的描述的真实性，指出蒙田在他从波尔多高等法
院退休后的那段时间里，其在政治上获得的进展也并不小，包括蒙田
在 1571 年获得了圣米歇尔勋章，又在 1573 年被任命为国王会议厅的
普通官员——蒙田似乎一直在努力争取这些荣誉头衔（德桑，《蒙田：
政治传记》，193–237）。然而，这些进展与蒙田在这段时期的孤独乃
至抑郁并不矛盾，而他在《蒙田随笔》的这一篇中分析的正是这种经历。

43 《蒙田随笔》，I.39.241［214–15］。

44 巴克韦尔指出，如果我们能想起蒙田是在拉·波埃西、他的父亲和
他的一个兄弟都去世之后写作这些篇章的，蒙田的婚姻属于包办婚姻，
并且他和妻子弗朗索瓦丝（Françoise）失去了五个尚在襁褓之中的孩
子，那么就更容易理解蒙田对他自己的家庭这一话题保持的冷酷和沉
默了（巴克韦尔，《如何生活》，162–63）。

45 《蒙田随笔》，I.39.246［220］。

46 《蒙田随笔》，III.5.849–50［783］，III.13.1107［1036］；威廉·哈兹利
特（William Hazlitt），《蒙田作品版本的文献学小志》（"Bibliographical
Notice of the Editions of Montaigne"），见《米歇尔·德·蒙田著作
集》（*The Works of Michel de Montaigne*），ed. William Hazlitt, London:
Templeton, 1845, lxviii. 图尔敏认为，蒙田"对其性体验的宽松态度"
是 16 世纪人文主义的特征，并且他将此与笛卡尔和 17 世纪那些现代
科学的奠基者对"体面"（respectability）和身心分离的关注做了对比（图

尔敏，《宇宙城邦》，40–44）。我们认为，蒙田不仅对性，而且对善本身的宽松态度，与现代科学和技术之间有着更大的一致性。而帕斯卡尔所体现的 17 世纪式的对性的态度，则是由比体面更深层次的关切所驱动的。

47 《蒙田随笔》，III.13.1107［1036］。

48 散见于《蒙田随笔》，III.3 各处；哈特尔，《蒙田和现代哲学的起源》，38。如丰塔纳所说，蒙田"写作的目的不是为了接触观众，而是为了创造观众，就好像他通过他的书来塑造他自己一样"。（《蒙田的政治学》，25）

49 约翰·洛克，《人类理解论》（*Essay Concerning Human Understanding*），ed. Peter H. Nidditch, Oxford: Oxford University Press, 1975, 269。在评论蒙田的政治美德时，汤普森指出，蒙田对与不同的人打交道时"产生的快乐和享受做了充分的肯定"；这种对多样性的欣然接受，将其视为一种积极的好事的态度，反映了蒙田对美好生活的多样而独特的看法。（《蒙田与政治的宽容》，46）

50 《蒙田随笔》，I.28.184，188［165，169］；内哈马斯，《论友谊》，119。

51 《蒙田随笔》，I.28.183–95［164–76］。纳卡姆将《蒙田随笔》描述为拉·波埃西的一座"空墓"：蒙田告诉我们，他原本打算将《论自愿为奴》放在第一卷的中心位置，但后来出于政治原因而没有这么做，只是把第 29 章空了出来（纳卡姆，《蒙田与他的时代》，230）。

52 内哈马斯，《论友谊》，114–21；比较柏拉图，《会饮》，210a–212b。虽然亚里士多德的友谊观比柏拉图的友谊观更接地气，但他仍然保留了如下观点：友谊必须以某种第三样东西作为中介，无论这第三样东西是快乐、效用还是美德（亚里士多德，《尼各马可伦理学》，1155b17–20）。

53 埃里希·奥尔巴赫（Erich Auerbach），《摹仿论：西方文学中所描绘的现实》（*Mimesis: The Representation of Reality in Western Literature*），Princeton: Princeton University Press, 1953, 38。

54 例如《诗篇》第 139 篇。

55 《蒙田随笔》，I.23.119［104］，I.54.313［275］。

56 《蒙田随笔》，I.56.318［278］；哈特尔，《蒙田和现代哲学的起源》，31；德桑，《蒙田：政治传记》，16，603–9；《旅行日记》（*Journal de Voyage*），来自《全集》，1206–7，1248。

57 帕斯卡尔，《思想录》，S559／L680；《波尔－罗亚尔的逻辑学》（*Logique de Port-Royal*），引自维利版本的《蒙田随笔》，06；《蒙田随笔》，III.2.816［752］，I.31.212［192］，II.12.521–22［471］，532［482］，II.27.701［643］，I.56.318–20［279–81］。玛丽·德·古尔内（Marie de Gournay）在 1595 年的"长篇序言"（Long Preface）中为《蒙田随笔》辩护，以免该书被指控为异端。［古尔内，《米歇尔·德·蒙田〈蒙田随笔〉序言，由蒙田养女玛丽·勒·贾尔斯·德·古尔内所做》（*Preface to the* Essays *of Michel de Montaigne by His Adoptive Daughter, Marie le Jars de Gournay*），trans. Richard Hillman and Colette Quesnel, from the edition prepared by François Rigolot, Medieval & Renaissance Text & Studies 193, Tempe, AZ: Medieval & Renaissance Texts & Studies, 1998, 55–57］《蒙田随笔》从 1676 年开始就被列入《禁书目录》；巴克韦尔认为之所以会被列入，主要应归功于安托万·阿尔诺德（Antoine

Arnauld）和皮埃尔·尼科尔（Pierre Nicole），他们是帕斯卡尔的两位詹森派合作者（巴克韦尔，《如何生活》，151–52）。又见谢弗，《蒙田的政治哲学》，269；亨利·布松（Henri Busson），《文学与神学》（*Literature et théologie*），Paris: Presses Universitaires de France, 1962, 72–73。

58 爱默生，《蒙田或怀疑论者》，377；《蒙田随笔》，II.12.445［394］，527［477］。

59 安·哈特尔，《米歇尔·德·蒙田：偶然的哲学家》（*Michel de Montaigne: Accidental Philosopher*），Cambridge: Cambridge University Press, 2003, 4；《蒙田随笔》，III.10.1010［939］，II.12.553［503］，575［526］，III.12.1059［988］，III.13.1073［1001］；米歇尔·亚当（Michel Adam），《关于皮埃尔·沙隆的研究》（*Études sur Pierre Charron*），Bordeaux: Presses Universitaires de Bordeaux, 1991, 21。

60 《蒙田随笔》，II.12.491［440］，III.2.812–13［748–49］；《马太福音》4:19；马克·里拉，《蒙田的隐藏教诲》（"The Hidden Lesson of Montaigne"），*New York Review of Books*, March 24, 2011, https:// www.nybooks.com/articles/2011/03/24/hidden-lesson-montaigne/；弗里德里希·尼采，《瞧，这个人》（*Ecce Homo*），来自《〈论道德的谱系〉与〈瞧，这个人〉》（*On the Genealogy of Morals and Ecce Homo*），trans. Walter Kaufmann, New York: Vintage, 1989, 215。正如温特劳布所写的那样，对蒙田来说，"人生的诸种规则应该使我们能够玩好这场人生的游戏；这就是我们能够对它们抱有的全部期望，也是我们应该对它们抱有的全部期望。……教会、国家、所居之地的习俗，都是既定的秩序，就

203

像自然界的秩序一样，使得个体能够生存"。(《个体的价值》，191)

61 埃德蒙·柏克（Edmund Burke），《反思法国大革命》（*Reflections on the Revolution in France*），ed. J. G. A. Pocock, Indianapolis: Hackett, 1987, 76；尤瓦尔·莱文，《大辩论：埃德蒙·柏克、托马斯·潘恩和左右翼的诞生》（*The Great Debate: Edmund Burke, Thomas Paine, and the Birth of Right and Left*），New York: Basic Books, 2014, 136–37；《蒙田随笔》，I.23.116–117 [101]。

62 《蒙田随笔》，I.23.115 [100]，III.13.1072 [1000]，III.9.957 [888]。在《我们的感情超越了我们》（"Our Feelings Reach Out beyond Us"）一文中，蒙田确实提到民主是"最自然和最公平的"政府形式，但这只是为了指出，民主制下的人民容易产生的迷信几乎让他对这种制度产生"不共戴天之仇"。(《蒙田随笔》，I.3.20 [14])

63 尼科洛·马基雅维利，《君主论》（*The Prince*），trans. Harvey C. Mansfield, Chicago: University of Chicago Press, 1988, 98；亚历山大·汉密尔顿、詹姆斯·麦迪逊（James Madison）、约翰·杰伊（John Jay），《联邦党人文集》，ed. Jacob E. Cooke, Hanover, NH: Wesleyan University Press, 1961, 3；《蒙田随笔》，III.9.956–59 [887–89]。

64 马克·富马洛里，《加斯科尼的第一绅士：蒙田的自由主义对民主狂妄的解毒剂》（"First Gentleman of Gascony: Montaigne's Liberal Antidotes to the Hubris of Democracy"），《泰晤士报文学副刊》（*Times Literary Supplement*），1999 年 10 月 15 日，8。弗朗索瓦·里戈洛特（François Rigolot）将蒙田的雄辩与和他同时代的诗人龙沙（Ronsard）的雄辩做了很不错的对比：龙沙运用他的诗歌的能量，使得他的法国读者们更紧密地认同他们的国王，并更充分地投入到国王的事业中去；而蒙田则运用他的雄辩，让他的读者远离政治，以便转而关注自我的社会生活和内心生活。见里戈洛特，《蒙田的变形记》（*Les métamorphoses de Montaigne*），Paris: Presses Universitaires de France, 1988, 57。

65 《蒙田随笔》，III.10.1012［941］，I.42.266［236］。根据德桑的说法，蒙田的保护人特朗斯侯爵（Marquis de Trans）认为他是"一个理想的中间人，因为他显然是一个天主教徒，但也是一个能与之对话的人"，尽管德桑认为蒙田并不算是一个成功的谈判者（《蒙田：政治传记》，232）。巴克韦尔对蒙田政治活动的描述，则认为他在所谓的"三亨利之战"（War of the Three Henrys）中扮演了更为重要的中间人角色（《如何生活》，258–73）。丰塔纳指出："在［蒙田］去世的时候，那些认识他的人一致对他以自信和经验处理'世事'（les affaires du monde）的能力表示赞赏"（《蒙田的政治学》，7）。汤普森最近在他的《蒙田与政治的宽容》一书中（尤其是第一章和第五章），对蒙田作为谈判者的能力做了系统的论述。［译按：三亨利之战（1587 年至 1589 年）是 16 世纪晚期法国的最后一次宗教战争，参战方包括亨利三世、亨利一世·德·洛林和亨利·德·波旁。亨利一世·德·洛林和亨利三世分别于 1588 年和 1589 年遇刺，亨利·德·波旁最终获胜，成为亨利四世，开启了波旁王朝的统治。］

204

66 邦雅曼·贡斯当，《古代人的自由与现代人的自由》（"The Liberty of the Ancients Compared with That of the Moderns"），见《政治著作》（*Political Writings*），trans. Biancamaria Fontana, Cambridge: Cambridge

University Press, 1988, 308–28；亚当·戈普尼克（Adam Gopnik），《蒙田的审判》（"Montaigne on Trial"），*New Yorker*, January 16, 2017。艾伦·莱文很好地总结了蒙田与自由主义之间的关系："蒙田对特定政治制度的冷漠，使他没有资格被称为自由主义者。但他希望在不损害作为自由之基础的政治稳定的前提下，尽可能地提倡自由，这显然使得他可以被认为是一位原生自由主义者（protoliberal）。"（《感性哲学》，168）

第二章　帕斯卡尔：内在的非人性

1　圣伯夫，《波尔-罗亚尔》，3:29；T. S. 艾略特同样写道，蒙田为"**每个人都会有的怀疑论**"发声。[艾略特，《帕斯卡尔的〈思想录〉》（"The *Pensées of* Pascal"），见《文选》（*Selected Essays*），New York: Harcourt, Brace, & World, 1932, 363]

2　基欧汉，《法国的哲学与国家》，283–89。

3　亨利·A. 格鲁布斯（Henry A. Grubbs），《达米安·米顿（1618—1690）：资产阶级正人君子》[*Damien Mitton（1618—1690）: Bourgeois Honnête Homme*]，Princeton: Princeton University Press, 1932, 57；让·麦斯纳德，《帕斯卡尔》（*Pascal*），Paris: Hatier, 1962, 51；科拉科斯基，《上帝不欠我们什么》，159。

4　帕斯卡尔，《思想录》，S164/L131。关于作为物理学家的帕斯卡尔，参见丹尼尔·C. 福克（Daniel C. Fouke），《帕斯卡尔的物理学》（"Pascal's Physics"），见《剑桥帕斯卡尔指南》（*The Cambridge Companion to Pascal*），ed. Nicholas Hammond, Cambridge: Cambridge University

Press, 2003, 75–101；关于帕斯卡尔的政治分析中所能听见的霍布斯的回声，见埃里希·奥尔巴赫，《欧洲文学戏剧中的场景：六篇论文》（*Scenes from the Drama of European Literature: Six Essays*），New York: Meridian Books, 1959, 125–27。

5　弗朗索瓦·德·夏多布里昂，《基督教的天才》（*Génie du Christianisme*），Paris: Garnier-Flammarion, 1966, 1:425；夏多布里昂对帕斯卡尔的解读，强调了其思想的"**浩瀚无垠**"（immensity）。

6　吉尔伯特·佩里耶，《帕斯卡尔先生的生平》（*Vie de monsieur Pascal*），见《全集》（*Oeuvres complètes*），ed. Henri Gouhier and Louis Lafuma, Paris: Editions du Seuil, 1963, 18–19。本·罗杰斯（Ben Rogers）对帕斯卡尔的生平做了很不错的简短概述，见《帕斯卡尔的生平与时代》（"Pascal's Life and Times"），收录于《剑桥帕斯卡尔指南》，ed. Nicholas Hammond, Cambridge: Cambridge University Press, 2003, 4–19；马文·奥康奈尔（Marvin O'Connell）的《布莱兹·帕斯卡尔：心之理》（*Blaise Pascal: Reasons of the Heart*, Grand Rapids, MI: Eerdmans, 1997）和麦斯纳德的《帕斯卡尔》对其生平有更全面的介绍。

7　正如汉斯·约纳斯（Hans Jonas）所说："在决定［现代人的精神状况］的各种特征中，其中有一种特征，帕斯卡尔在面对其可怕影响力时，首先以他的全部雄辩力量对其做了阐述：在现代宇宙学的物理宇宙中，人所具有的孤独感。"［约纳斯，《灵知派宗教：陌生上帝的讯息与基督教的开端》（*The Gnostic Religion: The Message of the Alien God and the Beginnings of Christianity*），Boston: Beacon Hill Press, 2001,

205

322]虽然帕斯卡尔的思想常被视为与笛卡尔的思想截然相反,罗杰·阿里欧注意到,他们二人关于科学和因果关系的理解,有着很大的重叠之处。在帕斯卡尔的《论机械》("Discourse on the Machine")中,这一点尤为明显。[阿里欧,《笛卡尔和帕斯卡尔》("Descartes and Pascal"),*Perspectives on Science* 15, no. 4[2007]:397—409]

8 《思想录》,S57/L23。詹森派确实相当朴素;圣伯夫描述了其中一位所谓的"独居者",即蓬查多先生(M. de Pontchateau),他由于禁食过度而丧命。(《波尔–罗亚尔》,1:xxiv–xxv)约翰·麦克戴德指出,用"詹森派"这个名字来描述詹森的追随者们,本就是由他们的敌人首创的;詹森自己只是简单地把他的追随者们称为奥古斯丁主义者(Augustinian)。为了便于理解,我们保留了传统的派别命名。但麦克戴德的说法似乎颇为可靠,特别是考虑到科拉科斯基提到的案例,即教会在谴责詹森派的教义时,也谴责了圣奥古斯丁本人的教义。见麦克戴德,《帕斯卡尔的当代意义》及本章注释11。

9 麦斯纳德,《帕斯卡尔》,27–28;奥康奈尔《布莱兹·帕斯卡尔》,53–65,138–39;雅克·阿塔利(Jacques Attali),《布莱兹·帕斯卡尔或法国的天才》(*Blaise Pascal, ou, Le génie français*),Paris: Fayard,2000,224。

10 科拉科斯基,《上帝不欠我们什么》,59。

11 圣伯夫,《波尔–罗亚尔》,3:43–44;麦斯纳德,《帕斯卡尔》,74;亨特,《哲学家帕斯卡尔》,7。

这五个命题如下:

　　　　对于正义之人来说,哪怕倾尽他们实际拥有的力量,哪怕他们愿意并努力［履行］，上帝的一些诫命仍是不可能达成的；他们缺乏达成这些诫命所需要的恩典。

在堕落的自然状态下，人们从不抗拒内在恩典。

在堕落的自然状态下，为了获得或失去功绩，人不需要摆脱必然性；只要能摆脱强迫，就足够了。

半佩拉纠派承认，对所有特定的行为，包括信仰的开端，都必须先行有内在的恩典；他们是异端，因为他们希望这种恩典是人类意志所能抵抗或服从的。

认为基督为所有人而死去或流血，是半佩拉纠派的说法。

我们在此使用了科拉科斯基对英诺森十世（Innocent X）1653 年的敕令 *Cum Occasione* 中五个命题的翻译，该敕令将这些命题谴责为异端。正如科拉科斯基所指出的，从某种意义上说，争论的双方都是正确的：耶稣会士是正确的，因为这五个命题确实出现在詹森的著作中，虽然帕斯卡尔和詹森派否认了这一点；帕斯卡尔和詹森派也是正确的，因为这五个命题也可以在圣奥古斯丁的著作中找到。在支持耶稣会时，"教会实际上是在谴责——当然，并没有明确这么指出——奥古斯丁本人，而奥古斯丁正是教会自己最大的神学权威"。科拉科斯基把这场复杂的争论中的利害关系总结如下："归根到底，全部问题要归结于，在调和基督教的以下两个信条时，存在着令人困惑的困难：上帝是全能的，无法想象人能够挫败上帝的意志；人要对自己获得救赎或被罚入地狱负责。"（《上帝不欠我们什么》，5–24）

12 查尔斯·M. 纳托利（Charles M. Natoli），《黑暗中的火焰：关于帕斯卡尔〈思想录〉和〈致外省人信札〉的论文集》（*Fire in the Dark:*

206

Essays on Pascal's Pensées and Provinciales ），Rochester: University of Rochester Press, 2005, 57。

13 帕斯卡尔，《致外省人信札》，见《全集》，399，408，392–93，388，420；引用了托马斯·姆克里（Thomas M' Crie）的英译（New York: Modern Library, 1941），375，434，390，410，472（此后在括号中，会注明在这版英译中的出处）。正如麦斯纳德（Mesnard）所指出的，帕斯卡尔在写作《致外省人信札》时，很大程度上借重于阿尔诺德和尼科尔的研究，并曾将文稿交给他们来审阅。（麦斯纳德，《帕斯卡尔》，74）

14 理查德·帕里什（Richard Parish），《帕斯卡尔的〈致外省人信札〉：从轻率的行动到根基的法则》（ "Pascal's Lettres provinciales: From Flippancy to Fundamentals" ），见《剑桥帕斯卡尔指南》，ed. Nicholas Hammond, Cambridge: Cambridge University Press, 2003, 182–83。

15 阿塔利，《帕斯卡尔》，266–69。

16 阿塔利，《帕斯卡尔》，259–61，285；奥康奈尔，《布莱兹·帕斯卡尔》，133–34。

17 《致外省人信札》，387［374］，418［463］；科拉科斯基，《上帝不欠我们什么》，58–59。

18 《致外省人信札》，423［480–81］。

19 哈罗德·尼克尔森（Harold Nicholson），《圣伯夫》，Garden City, NY: Doubleday, 1956, 140–45。

20 雅克·谢瓦利埃（Jacques Chevalier），《帕斯卡尔》，引自阿塔利，《帕斯卡尔》，298；关于伏尔泰在塑造对帕斯卡尔的接受方面所起的作用，见阿塔利，《帕斯卡尔》，433—35 及圣伯夫，《波尔－罗亚尔》，3:394—413。

21 克里夫特，《面向现代异教徒的基督教》。

22 艾蒂安·佩里耶，《[波尔－罗亚尔版]序言》（"Preface[de l'édition de Port-Royal]"），见布莱兹·帕斯卡尔，《思想录》，ed. Michel Le Guern（Paris: Gallimard, 2004），41—43；麦斯纳德，《帕斯卡尔》，127。

23 佩里耶，《序言》，44；《思想录》，S163/L130。帕斯卡尔在创作《为基督宗教辩护》时心中就怀有这样的修辞目的，这一点已被充分证实了。皮埃尔·尼科尔写道："已故的帕斯卡尔先生对真正的修辞学的了解，不逊于任何人。"正如他的姐姐吉尔伯特所说，帕斯卡尔"把雄辩视为一种手段，来形成一种论述方式，让所有听众都能够毫无困难且颇觉欣然地理解他在说些什么"。他把雄辩视为一种艺术，关键在于知道"听众的内心和心灵之间有何特定的关联，而演讲者又该运用什么样的思想和表达"。帕斯卡尔知道，他的听众以"精巧精神"（esprit de finesse）为荣。确实，在一次著名的乡间旅行途中，在友人阿图斯·德·罗昂内的马车上，他不得不忍受在这个问题上受到米顿和梅雷的蔑视。据梅雷所述，这三位老于世故的精明人向年轻、笨拙、喜爱数学的帕斯卡尔介绍了人类生活的真理。似乎有可能是米顿和梅雷首先刺激了帕斯卡尔去直接了解蒙田。佩里耶，《帕斯卡尔先生的生平》，23；皮埃尔·维吉耶（Pierre Viguié），《17世纪的正人君子：梅雷骑士（1607—1684）》[L'honnête homme au XVIIe siècle: Le Chevalier de Méré（1607—1684）]，Paris: Editions Sansot, 1922, 46；富马洛里，《序言》，31—36。

207

24 蒙田，《蒙田随笔》，III.4.830–31［764–65］；帕斯卡尔，《思想录》，
S33/L414。

25 《思想录》，S168/L136。

26 《思想录》，S168/L136。皮埃尔·尼科尔在他为记录帕斯卡尔给
这位年轻王子夏尔·奥诺雷·德·谢弗鲁斯（Charles-Honoré de
Chevreuse，后来成为圭亚那总督）讲课的节录本所写的导言中，描
述了帕斯卡尔与这位王子的交往。该节录本名为《关于大人物处境的
三篇论文》（*Trois discours sur la condition des grands* ）。［帕斯卡尔，《著
作 集 》（*Oeuvres* ），ed. Gérard Ferreyrolles and Philippe Sellier, Paris:
Classiques Garnier, 2004, 746–47］据尼科尔所说，帕斯卡尔认为没有
什么比这个项目更重要的了，他"愿意为之牺牲自己的生命"。在《论文》
中，帕斯卡尔建议他的学生不要"用武力支配［他的臣民］，也不要
苛刻地对待他们"，而是要"满足他们的正当愿望，用必需品来安慰
他们"，并且"在行善中找到［他的］乐趣"。然而，这么做并不能确
保获得救赎，而只能让人"作为一个正直之人而受谴责"。尼科尔说，
所有人都惊讶地发现，在帕斯卡尔死后，在他的手稿中没有找到帕斯
卡尔相关论述的书面文本；他重构这些话时主要根据记忆，也许也部
分参考了《思想录》。

27 《思想录》，S168/L136，S20/L401；蒙田，《蒙田随笔》，I.20.81［67］，
III.13.1073［1001］。

28 《思想录》，S242/L210，S646/L792。

29 《思想录》，S743/L978。

30 《思想录》，S567/L688；勒·古恩，《研究》，73。

31 蒙田，《蒙田随笔》，I.28.188–89［169］。

32 《思想录》，S15/L396。

33 《思想录》，S494/L597。

34 基欧汉，《法国的哲学与国家》，99。

35 《思想录》，S94/L60；A.J. 贝茨格尔（A. J. Beitzinger），《帕斯卡尔
论正义、力量和法律》（"Pascal on Justice, Force, and Law"），*Review
of Politics* 46, no. 2（April 1984）：212–13；蒙田，《蒙田随笔》，
II.12.439［388］。

36 《思想录》，S135/L103；克里夫特，《面向现代异教徒的基督教》，92。
奥尔巴赫（《欧洲文学戏剧中的场景》，103–28）的书中对这一论点做
了引人入胜的分析，但也将帕斯卡尔的观点做了激进化处理，以至于
他认为，对帕斯卡尔而言，强权是"纯粹的恶，人们必须不带疑问地
服从它"（第 129 页）。然而，若抱持这样一种观点，我们就很难理解
帕斯卡尔的生平作为和思想。有必要的时候，他无疑愿意挺身对抗不
公正的权力；而在冒着巨大的个人风险写作《致外省人信札》时，他
也正是这么做的。

37 《思想录》，S457/L533。

38 《思想录》，S454/L525。

39 《思想录》，S94/L60；又见奥古斯丁，《上帝之城》，trans. R. W.
Dyson, Cambridge: Cambridge University Press, 1998, IV.27.176。皮埃
尔·马南在这一点上批评了列奥·施特劳斯（Leo Strauss）："我从来
没有能够理解施特劳斯所勾勒的哲学家形象：他通过完全放弃对人类
事务的所有兴趣，来实现自我的存在；他把所有的人类利益都抛诸脑

208

后。我在宗教和宗教人士身上，发现了更多的人性——而非是在我所设想的哲学家身上，或者说我所无法设想的哲学家身上，一个凌驾于所有人类事物之上的哲学家身上。对于这样的哲学家而言，正义变成了次要的考虑因素，他对人类之间的联结没有真正的兴趣。"［马南，《从政治的角度看问题：与本尼迪克特·德洛姆·蒙蒂尼对谈》(*Seeing Things Politically: Interviews with Benedict Delorme-Montini*), trans. Ralph C. Hancock, South Bend, IN: St. Augustine's Press, 2015, 48–49 ］

40 《蒙田随笔》，I.54.312–313［275–76 ］;《思想录》，S94/L60;马南，《蒙田》，284。

41 《蒙田随笔》，II.17.645［594 ］。

42 正如夏多布里昂所指出的，现代思想往往只强调帕斯卡尔人性悖论中较为低下的一面："我们借由哲学而对人性所施加的侮辱，或多或少都来自帕斯卡尔。但是，当我们从这位罕见的天才那里窃取人类的**苦难**时，我们却不知道如何像他那样，觉察到人类的**伟大**。"(《基督教的天才》，第一卷，428)

43 《思想录》，S146–49/L114–17；弗里德里希·尼采，《查拉图斯特拉如是说》(*Thus Spoke Zarathustra*), trans. Walter Kaufmann, New York: Penguin, 1978, 88。

44 《思想录》，S147/L115，S150/L118。

45 《思想录》，S145/L113，S231/L200。

46 《思想录》，S230/L199，S339/L308;又见 C.S. 刘易斯（C. S. Lewis),《奇迹：初步研究》(*Miracles: A Preliminary Study*), New York: Collier, 1947, 12–24。

47　《思想录》，S145/L113，S230/L199。

48　《思想录》，S164/L131。

49　《思想录》，S192/L160。

50　《思想录》，S1，S172–79/L140–46。

51　圣伯夫，《波尔－罗亚尔》，3:5；奥康奈尔，《布莱兹·帕斯卡尔》，106–18。

52　在学者们看来，方丹对《与德·萨西先生的谈话》（ *Entretien avec M. de Saci* ）的编辑足够忠实于帕斯卡尔自己的作品中所呈现的帕斯卡尔——特别是《思想录》S164/L131 和 S172–79/L140–46——因此这篇作品通常会被列入帕斯卡尔的作品中。我们此处所引用的文本，来自《全集》，291–97。

53　《与德·萨西先生的谈话》，292。

54　《与德·萨西先生的谈话》，296；亨特，《哲学家帕斯卡尔》，13。

55　《与德·萨西先生的谈话》，292–293。

56　《与德·萨西先生的谈话》，294–296。

57　《与德·萨西先生的谈话》，296；《思想录》，S164/L131。帕斯卡尔提及了邪恶的魔鬼，这表明在与萨西的对话中，他可能像考虑到蒙田和爱比克泰德一样，也考虑到了他同时代的对手笛卡尔。见亨特，《哲学家帕斯卡尔》，16–19。又见汉斯·约纳斯对诺斯替主义谱系学的描述，他在斯多葛主义处发现了一个不稳定的中间点。在中间点的一端，是有意义地参与到一个"神圣有序的整体"之中，他将其与古代城邦（polis）联系在一起；在中间点的另一端，是诺斯替运动所特有的、彻底的疏离感，约纳斯在帕斯卡尔那里听到了它的回声。（约纳斯，

209

《灵知派宗教》，248–49，330）

58 《与德·萨西先生的谈话》，296；希布斯，《在反讽的上帝身上下注》，172。

59 正如亨特所指出的，对帕斯卡尔而言，超越理性主义并不意味着将理性抛诸脑后。他的护教学试图"让非基督徒认为基督教为他们的生活提供了最合理和最有吸引力的解释，从而赢得他们对基督教的支持"。（《哲学家帕斯卡尔》，25–26）

60 佩里耶，《序言》，44–45；《思想录》，S235–53/L203–20。

61 《思想录》，S252/L219，S86/L53，S375/L343；G.K. 切斯特顿（G. K. Chesterton），《永恒的人》（*The Everlasting Man*），Nashville: Sam Torode Book Arts, 2014, 126。

62 《思想录》，S694/L454，S692/L452，S276/L244，S493/L593。

63 《思想录》，S693/L453。

64 《思想录》，S738/L502，S288/L256。

65 《早期的基督徒与如今的基督徒之比较》（*Comparaison des Chrétiens des premiers temps avec ceux d'aujourd'hui*），来自《全集》，360–62；《思想录》，S680/L418；奥康奈尔，《布莱兹·帕斯卡尔》，88–89。

66 《思想录》，S186/L153，S39/L5；托克维尔，《论美国的民主》，II.ii.9.928 note d；托克维尔此处指的篇目是 S6/L387，该篇常被认为是对"赌注"的总结。关于学者们对"赌注"的反对意见的富有启发的讨论，以及对这些反对意见的一些颇有见地的回应，见亨特，《哲学家帕斯卡尔》，104–8, 125–29。

67 《思想录》，S680/L418。阿里欧译为"这会让你自然而机械地信仰"

（this will make you believe naturally and mechanically）的句子，法语原文是"Naturellement même cela vous fera croire et vous abêtira"；这里最后一个单词来源于 *bête*（野兽）。稍微解读得宽泛一点，我们可以这样来理解这句话："通过自然本身的方式，这会让你信仰，并消减你不安的理性，让它陷入一种兽性的，但又相当适宜的沉默之中。"丹尼尔·加伯（Daniel Garber）对此提出了三条反对意见：第一，这是一种自我欺骗；第二，这是"非认知的"，靠激情而非理性来说服人；第三，这种方法用于许多其他不同的信仰也能起作用。［加伯，《帕斯卡尔的赌注之后会发生什么：活生生的信仰与理性的信念》（*What Happens after Pascal's Wager: Living Faith and Rational Belief*），Milwaukee: Marquette University Press, 2009, 32–33］帕斯卡尔对第一条和第二条反对意见的回答，体现在我们正文的接下来几段中。第三条反对意见则被认为有道理的，因为"赌注"并非专门为基督教上帝观提供辩护，当然以下，基督教对永生的承诺仍是与众不同的；就此而言，我们必须要看到帕斯卡尔对人性、对基督教启示的特点以及对二者之间对应关系的更宏大的描述。

210

68 《思想录》，S680/L418；希布斯，《在反讽的上帝身上下注》，146–48，157–58。至于这种基督教道德转变过程在世俗层面的类似物，见马克·范·多伦（Mark Van Doren），《堂吉诃德的职业》（*Don Quixote's Profession*, New York: Columbia University Press, 1958）。在该书中，范·多伦认为，堂吉诃德是一个演员，通过表现得好像新的现实早已存在了似的，他令人惊讶的成功带来了新的现实。虽然世上有很多人都坚决拒绝配合堂吉诃德的胡思乱想，但那些愿意配合他的人，例如桑丘·潘沙，实际上从这笔买卖中获得了更好的生活。正如里拉所评论的，"愁容骑士虽然荒谬，但也高尚。他是一位滞留于当下的受苦的圣徒，他让与他相遇的人得到了改善，哪怕略带淤伤"。(《搁浅的心灵》，144）

69 《思想录》，S201/L170。

70 《思想录》，S46/L12，S680/L418。

71 《思想录》，S275/L242，S682/L429，S734/L487；1656 年 10 月致罗昂内的信，见《全集》，267；约纳斯，《灵知派宗教》，327。麦克戴德在《帕斯卡尔的当代意义》(第 192 页)中，描述了这四个阶段。通过这四个阶段，上帝既变得更加显露，也变得更加隐秘。帕斯卡尔所理解的上帝是隐秘的，这使得他加入了科内尔·韦斯特(Cornel West)所说的"一种特别的信仰传统"，即认为"怀疑被刻在这种信仰中"。[韦斯特，《马克思主义理论的必要性和不足》("The Indispensability yet Insufficiency of Marxist Theory")，见《科内尔·韦斯特读本》(*The Cornel West Reader*)，New York: Basic Books, 1999, 215–16。]

72 《思想录》，S182/L149；希布斯，《在反讽的上帝身上下注》，151；亨特，《哲学家帕斯卡尔》，25–27。

73 希布斯，《在反讽的上帝身上下注》，151；《思想录》，S742/L913；亚伯拉罕·约书亚·赫舍尔(Abraham Joshua Heschel)，《上帝寻找人》(*God's Search for Man*)，New York: Farrar, Straus, and Giroux, 1955, 136。

74 《思想录》，S36/L417；《与德·萨西先生的谈话》，296；托马斯·莫尔（Thomas More），《基督的悲哀》(*The Sadness of Christ*), trans. Clarence Miller, New York: Scepter, 1993, 13–16, 75；路易斯·W.卡林（Louis W. Karlin）和大卫·奥克利（David Oakley），《走进托马斯·莫尔的心灵：著作的见证》(*Inside the Mind of Thomas More: The Witness of His Writings*), New York: Scepter, 2018, 96；克里夫特，《面向现代异教徒的基督教》，47。

75　蒙田，《蒙田随笔》，III.13.1107［1035］；莱文，《感性哲学》，160；《思想录》，S252/L219。

76　《思想录》，S680/L423，S142/L110；麦斯纳德将内心定义为一种"追求真理的本能"（《帕斯卡尔》，141），这或许是与亚里士多德所说的努斯（*nous*）（《尼各马可伦理学》，1139b15ff.）相对应。

77　《思想录》，S329/L298。

78　《思想录》，S339/L308，S142/L110，S124/L90。

79　《思想录》，S405/L373，S408/L376，S392/L360。

80　《思想录》，S742/L913，S471/L564。

81　《思想录》，S55/L21，S457/L534；希布斯，《在反讽的上帝身上下注》，33。

211

82　《思想录》，S389/L357。

83　蒙田，《蒙田随笔》，III.4.834［767］；《思想录》，S680/L418；希布斯，《在反讽的上帝身上下注》，171。

84　佩里耶，《帕斯卡尔先生的生平》，30。

85　《思想录》，S759/L931。

86　奥康奈尔，《布莱兹·帕斯卡尔》，174–75。尽管在关于五个命题的争论中，詹森派持有如此立场（详见本章注释11），麦克戴德指出，帕斯卡尔仍建议我们每个人都相信自己是天选之人，并相信世上的每个人都是如此，因为救赎的神秘性使得我们无法知道拣选的秘密，我们最好就希望自己是天选之人，也希望别人是天选之人。（麦克戴德，《帕斯卡尔的当代意义》，192）

87 《思想录》，S742/L913；托克维尔，《论美国的民主》，II.1.10.782，II.1.17.840；劳勒，《不安的心灵》，69。

88 科拉科斯基，《上帝不欠我们什么》，197；克里夫特，《面向现代异教徒的基督教》，47；麦克马洪，《幸福史》，11。

89 圣伯夫，《波尔－罗亚尔》，3:xiii。关于蒙田在启蒙哲人（*philosophes*）中的接受程度，见杜德利·M. 马奇（Dudley M. Marchi），《蒙田在现代人之中：对〈蒙田随笔〉的接受》（*Montaigne among the Moderns: Reception of the Essais*），Providence, RI: Berghahn Books, 1994；以及，伊莱恩·马丁·哈格（Eliane Martin Haag），《狄德罗和伏尔泰作为蒙田的读者：从搁置的判断到自由的理性》（"Diderot et Voltaire lecteurs de Montaigne: Du jugement suspendu à la raison libre"），*Revue de métaphysique et de morale*, no. 3（1997）：365–83。

第三章　卢梭：大自然救赎者的悲剧

1 哪怕是在帕斯卡尔自认为所属的天主教思想界，托马斯主义传统中的许多思想家也会认为帕斯卡尔对堕落的论述太过严厉，而且教会也将他的著作列入了《禁书目录》。参见科拉科斯基，《上帝不欠我们什么》，154。

2 伏尔泰，《哲学书简》(*Lettres philosophiques*)，第 25 封信，《论帕斯卡尔先生的〈思想录〉》("sur les *Pensées* de M. Pascal")；以及，《俗世之人》。这两篇作品来自《杂集》(*Mélanges*)，ed. Jacques Van Den Heuvel (Paris: Gallimard, 1961)，104–34, 207–10。胡里昂，《卢梭、伏尔泰和帕斯卡尔的复仇》，57。

3 具体而言，在日内瓦出版的一本名为《公民的情感》(*Sentiments des citoyens*) 的匿名小册子中，伏尔泰将卢梭的非正统宗教信仰以及他五个孩子的命运广而告之，这五个孩子被卢梭及其伴侣（同时也是他后来的妻子）特蕾莎·勒瓦瑟遗弃在了弃婴院的门口。他还毫无根据地指责卢梭谋杀了他的岳母，而当时卢梭的岳母还活着。伏尔泰的指控促使人们用石头砸了卢梭在离日内瓦不远的莫蒂埃 (Môtiers) 的房子。为此，卢梭直截了当地写信给伏尔泰说："我恨你。"参见斯科特和扎雷茨基，《哲学家们的争吵》，57，67–70，91。

4 《忏悔录》，214 [179] 以及第七卷，《让 - 雅克·卢梭〈忏悔录〉纳沙泰尔序言》("Neufchatel Preface to the *Confessions* of J.-J. Rousseau")，1150–51 [586–87]。

5 《忏悔录》，351 [294]；查尔斯·格瑞斯沃德，《卢梭〈论人类不平等的起源与基础〉中的谱系学叙事和自我认知》("Genealogical Narrative and Self-Knowledge in Rousseau's *Discourse on the Origin and the Foundations of Inequality among Men*")，*History of European Ideas* 42, no. 2 (2016): 292；亚瑟·梅尔泽 (Arthur Melzer)，《卢梭与现代人对真诚的崇拜》("Rousseau and the Modern Cult of Sincerity")，见《卢梭的遗产》(*The Legacy of Rousseau*)，ed.

212

Clifford Orwin and Nathan Tarcov, Chicago: University of Chicago Press, 1996, 282。

6 《忏悔录》，351［294］，361–64［303–4］，389–90［327］，401［337］。卢梭在1772年不情愿地回到巴黎，但他从未放弃对住在其他地方的偏爱，并试图在首都的中心地带模拟一种乡村生活。参见《孤独散步者的遐思》，1003［13］。

7 《忏悔录》，401［337］，362［304］；凯利，《卢梭的榜样人生》，195。奥里达·莫斯特法伊（Ourida Mostefai）指出，"作者的姿态"——他拒绝皇室的年金，决定以乐谱抄写员的差事谋生，坚持要在自己的作品上署名，以及他的穿着方式——与卢梭作品中的内容一样，在卢梭所处的那个时代是有关他的争议的核心［莫斯特法伊，《一位自相矛盾的作家：卢梭生涯的怪异性和典范性》（"Un auteur paradoxal: Singularité et exemplarité de la carrière de Rousseau"），*Romanic Review* 103, nos. 3–4［2013］: 427–37］。潘卡伊·米什拉指出，在卢梭与启蒙哲人之间争吵中，巴黎占据着具有标志性意义的中心地位，而这一点在我们这个时代的民粹主义对世界主义的反抗中，仍然能听到其回响。参见米什拉，《愤怒的年代》，90–93。

8 劳伦斯·D.库珀，《我的真我离你更近：卢梭的新灵性——和我们的新灵性》（"Nearer My True Self to Thee: Rousseau's New Spirituality-and Ours"），*Review of Politics* 74, no. 3（2012）: 465–88。

9 关于卢梭对实验的兴趣，参见《论人类不平等的起源与基础》，123–24［52–53］；在《孤独散步者的遐思》（*Reveries of the Solitary Walker*）中，他把自己的自传写作描述为"将晴雨表应用在［他的］

灵魂上"（1000–1001［7］）。

10　J.L. 塔尔蒙（J. L. Talmon），《极权主义民主的起源》（*The Origins of Totalitarian Democracy*, New York: Praeger, 1960, 43）；弗朗索瓦·孚雷（François Furet），《卢梭与法国大革命》（"Rousseau and the French Revolution"），见《卢梭的遗产》，ed. Clifford Orwin and Nathan Tarcov, Chicago: University of Chicago Press, 1997, 179。正如列奥·施特劳斯所说的，"问题并不在于……［卢梭］如何解决个体和社会之间的冲突，而在于他如何构想这种无解的冲突"［施特劳斯，《自然正当与历史》（*Natural Right and History*），Chicago: University of Chicago Press, 1950, 255］。［译按：列奥·施特劳斯的 *Natural Right and History* 一书的标题，国内通行的译本译为了《自然权利与历史》（施特劳斯，《自然权利与历史》，彭刚译，生活·读书·新知三联书店，2003）。这一译法并不准确，因为施特劳斯在标题中所指，并非现代政治哲学家所谈论的"自然权利"（natural rights），而是古典政治哲学家所谈论的"自然正当"（natural right）。此处译法上的差别，请读者留意。］

11　虽然卢梭的政治哲学常被拿来与约翰·洛克和托马斯·霍布斯等思想家作对比，后两者更明显地塑造了美国的政治秩序和文化，但卢梭声称，他只不过是将这些思想家的原则加以延伸，得出了其逻辑上的推论罢了。在《论人类不平等的起源与基础》的开头，卢梭说道："那些考察社会基础的哲学家，都觉得有必要回到自然状态，但其实他们都没能达到自然状态。"而达到"纯粹"自然状态当然是该书的目的（《论人类不平等的起源与基础》，132［62］）。学者们已广泛探讨了卢梭思

213

想中的激进主义［例如：孚雷，《卢梭与法国大革命》，179；布卢姆，《卢梭与美德共和国》，13-19；朱迪斯·史柯拉，《人和公民：卢梭的社会理论研究》（*Men and Citizens: A Study of Rousseau's Social Theory*），Cambridge: Cambridge University Press, 1985, 13；以及，乔纳森·马克斯（Jonathan Marks），《让-雅克·卢梭思想中的完美与不和谐》（*Perfection and Disharmony in the Thought of Jean-Jacques Rousseau*），Cambridge: Cambridge University Press, 2005, 11］。在此处，我们对这一讨论做了补充，指出卢梭思想中的激进主义可以理解为，他为了回应帕斯卡尔的奥古斯丁式批判，而试图恢复蒙田式内在自然主义原则的结果。

12 《爱弥儿》，322［92］；《论人类不平等的起源与基础》，202［127］。

13 戈蒂尔，《卢梭》，第一章；格瑞斯沃德，《卢梭〈论人类不平等的起源与基础〉中的谱系学叙事和自我认知》，278；克里斯托弗·凯利，《作为作者的卢梭：将生命献给真理》（*Rousseau as Author: Consecrating One's Life to Truth*），Chicago: University of Chicago Press, 2003, 2。在一封写给负责谴责《爱弥儿》和《社会契约论》的巴黎大主教克里斯托夫·德·博蒙（Christophe de Beaumont）的信中，卢梭明确表示，他打算阐释圣经和教会视为神秘事物而加以援引的那些东西（939［173］）。

14 《论人类不平等的起源与基础》，143-44［73-74］。在《让-雅克·卢梭思想中的完美与不和谐》中，乔纳森·马克斯认为，如果卢梭描述的孤独生活像卢梭所说的那样令人满意，那么历史就根本不会开始（5-7）。但在我们看来，这种观点与卢梭所说的期待，即他的读者会

将自然人的满足感作为标准，是可以兼容的。(《论人类不平等的起源与基础》，135[63])

15 《论人类不平等的起源与基础》，134–42[65–73]。

16 《论人类不平等的起源与基础》，167–68，146–51[94，75–80]。

17 《论人类不平等的起源与基础》，165–66，170[92，96]。莱恩·帕特里克·汉利（Ryan Patrick Hanley）强调了比较能力作为人类发展动力的重要性[《卢梭的美德认识论》（"Rousseau's Virtue Epistemology"），*Journal of the History of Philosophy* 50, no. 2（April 2012）: 239–63]。

18 《论人类不平等的起源与基础》，171–77[97–103]。

19 《论人类不平等的起源与基础》，171，174–75，219[97，100–101，147]。正如布鲁克纳所说："快乐不再是一个许诺，而是一个问题。"(《永恒的欣悦》，49)

20 《爱弥儿》，245[37]。

21 《论人类不平等的起源与基础》，193[116–17]。

22 《论人类不平等的起源与基础》，138，162–63[69，89–90]。

23 参见亚瑟·梅尔泽，《人的自然善好》（*The Natural Goodness of Man*），Chicago: University of Chicago Press, 1990, 91。梅尔泽在卢梭的思想中识别出了两种可能的推进方式，一种是孤独的，另一种是社会性的；我们在这里区分出了从社会性到孤独的连续体上的四种推进方式，并且这也不排除会有更进一步的细分。又见本杰明·斯托里，《卢梭与自我认识问题》（"Rousseau and the Problem of Self-Knowledge"），*Review of Politics* 71, no. 2（Spring 2009），251–274。

214　24　《卢梭评判让－雅克》（*Rousseau, Judge of Jean-Jacques*），935［213］；
关于该文本，括号内的引文指的是朱迪思·R. 布什（Judith R. Bush）、
克里斯托弗·凯利和罗杰·D. 马斯特（Roger D. Masters）的英译
（Hanover, NH: University Press of New England, 1990）。《论人类不平
等的起源与基础》，207［133］；《爱弥儿》，249–50［40］。

25　尽管卢梭作品的文体遍及论文、小说、歌剧，尽管他的思想多多少少
有点自相矛盾，但卢梭始终坚持其思想是一致和连贯的，称其为"可
悲而伟大的体系"和"真实但令人痛苦的体系"。《卢梭评判让－雅克》，
930［209］；《致博尔德的第二封信的序言》（*Preface of a Second Letter
to Bordes*），*OC*, 1:105–6［108–9］；括号内的引文指的是维克多·古
热维奇（Victor Gourevitch）在《"论文"及其他早期政治著作》（*The
Discourses and Other Early Political Writings*）中的英译（Cambridge:
Cambridge University Press, 1997）。

26　《忏悔录》，351［294–95］。

27　《忏悔录》，351［294–95］；《论科学与艺术》，14—15［19–20］；括号
中的引文指的是约翰·T. 斯考特在《让－雅克·卢梭的主要政治著
作》（*The Major Political Writings of Jean-Jacques Rousseau*）中的英
译（Chicago: University of Chicago Press, 2012）。卢梭很可能回忆起
了普鲁塔克在《皮洛斯传》（*Life of Pyrrhus*）第20—21节中讲述的法
布里修斯的故事。

28　《忏悔录》，9［8］。

29　正如克里斯托弗·凯利所指出的，卢梭在他的作品上署名的做法，是
经过了深思熟虑的。在人们常常匿名或以假名写作的时代，这种做法

相当与众不同，而且也相当有争议性。他在《论科学与艺术》上，只署了"日内瓦公民"的名字，但在此后所有他认为具有政治效用的作品上，他都既署了他的真名，也署了他的公民身份。（凯利，《作为作者的卢梭》，18，42—43）

30　《忏悔录》，351［295］，416［350］；凯利，《卢梭的榜样人生》，194；露丝·格兰特在《伪善与正直：马基雅维利、卢梭与政治的伦理》（*Hypocrisy and Integrity: Machiavelli, Rousseau, and the Ethics of Politics*, Chicago: University of Chicago Press, 1997）中强调了正直在卢梭的道德思想中的重要性。

31　《忏悔录》，404［340］；《论政治经济学》（*Discourse on Political Economy*），254–62［15–23］，见《基本政治著作》（*Basic Political Writings*），ed. Donald A. Cress, Indianapolis: Hackett, 2011；基欧汉，《法国的哲学与国家》，279–81。

32　《论政治经济学》，48［10］。

33　格兰特，《伪善与正直》，60；卢梭，《社会契约论》，364［176］，见斯科特，《主要政治著作》。

34　《关于波兰政体的思考》，966［179］，见《〈永久和平计划〉〈关于波兰政体的思考〉及其他历史及政治著作》（*The Plan for Perpetual Peace, On the Government of Poland, and Other Writings on History and Politics*），trans. Christopher Kelly and Judith Bush, edited Christopher Kelly, Hanover, NH: Dartmouth College Press, 2005。

35　《关于波兰政体的思考》，1019［222］；《忏悔录》，416［350］。

36　《爱弥儿》，249［40］。

37 《忏悔录》，395–96［332–33］；《爱弥儿》，251［41］。

38 《爱弥儿》，484［205］；《论人类不平等的起源与基础》，180［105］。在《让－雅克·卢梭思想中的完美与不和谐》中，乔纳森·马克斯认为，与学术界的共识相反，《爱弥儿》中提出的对自然的理解是目的论式的。这一说法影响了我们的论述。

39 《论人类不平等的起源与基础》，171［97］。

40 《论人类不平等的起源与基础》，157–59，167–68［85–88，94–95］。苏珊·米尔德·谢尔（Susan Meld Shell）指出，妇女在促成这场最初的家庭革命中发挥了决定性作用。参见谢尔，《〈爱弥儿〉：自然与苏菲的教育》（"*Émile*: Nature and the Education of Sophie"），见《剑桥卢梭指南》，280。

41 谢尔，《〈爱弥儿〉：自然与苏菲的教育》，281–83。

42 谢尔，《〈爱弥儿〉：自然与苏菲的教育》，282–84。

43 《卢梭评判让－雅克》，112。劳伦斯·D.库珀（Laurence D. Cooper）指出了卢梭所说的"扩展我们存在的欲望"（the desire to extend our being）在这里所描述的家庭发展中发挥的核心作用。[《在爱欲与权力意志之间：卢梭与'扩展我们存在的欲望'》（"Between Eros and Will to Power: Rousseau and 'the Desire to Extend Our Being'"），*American Political Science Review* 98, no. 1（2004）：105–6.]

44 《论人类不平等的起源与基础》，169–74［95–101］；《爱弥儿》，656［329］；司汤达［马里－亨利·贝尔］（Stendhal［Marie-Henri Beyle]），《论爱》（*On Love*），ed. C. K. Scott-Moncrieff, New York: Grosset and Dunlap, 1947, 5–34。

45 《爱弥儿》，487–88［207–8］。

46 《论政治经济学》，259［20］；《爱弥儿》，656［329］。

47 《爱弥儿》，692–693［357］；谢尔，《〈爱弥儿〉：自然与苏菲的教育》，
284。

48 《爱弥儿》，703–21［365–78］。

49 《爱弥儿》，809–13［439–41］。

50 《爱弥儿》，720［377］；谢尔，《〈爱弥儿〉：自然与苏菲的教育》，
291。

51 《爱弥儿》，503［221］，691［355］；茨维坦·托多罗夫，《脆弱的幸福：
关于卢梭的随笔》(*Frail Happiness: An Essay on Rousseau*)，trans.
John T. Scott and Robert D. Zaretsky, University Park: Pennsylvania State
University Press, 2001, 66。

52 与此同时，爱弥儿和苏菲的故事也招致了大量的批评，尤其是一些女
权主义者，他们认为卢梭对苏菲所受教育的描述背叛了他在《论人
类不平等的起源与基础》中大力宣扬的人类的自然个人主义（natural
individualism）的观点。例如，参见苏珊·莫勒·奥金（Susan
Moller Okin），《西方政治思想中的妇女》(*Women in Western Political
Thought*)，Princeton: Princeton University Press, 1979, 99–100。卢梭
关于两性差异的意带讽刺的俏皮话，以及他对女作家的刻薄嘲讽，所
有的这些在 18 世纪都被认为是冒犯性的，而在 21 世纪，则会让人觉
得读起来非常难受。他无疑过分强调了两性差异，低估了两性之间建
立友谊的可能性。然而，卢梭所谈及的下面这个问题，不但触及现代
思想，而且也触及所有以孤独和自足的个体作为其理论开端的思想：

对于那些认为自足不仅自然而且可取的人而言，如何才能使他们构成一个社会整体呢？

53 《爱弥儿和苏菲，或孤独之人》，见 *OC*, 4:881–924。

54 《爱弥儿和苏菲，或孤独之人》，4:881–924。

55 《爱弥儿和苏菲，或孤独之人》，4:884–85；帕斯卡尔，《思想录》，S15/L396；又见皮埃尔·伯格林为《爱弥儿和苏菲》撰写的引言，见 *OC*, 4:cliii–clxvii。

56 《忏悔录》，52，221–22［44，186］；《朱莉》，见 *OC*, 2:676［555］。括号中的页码参考的是如下版本：《朱莉，或新爱洛伊丝》（*Julie, or the New Heloise*），trans. Philip Stewart and Jean Vaché, ed. Jean Vaché, Hanover, NH: Dartmouth College Press, 1997。又见詹妮弗·艾因斯帕尔（Jennifer Einspahr），《从未出现的开端：卢梭政治思想中的中介与自由》（"The Beginning That Never Was: Mediation and Freedom in Rousseau's Political Thought"），*Review of Politics* 72（2010）：437–61；以及本杰明·斯托里（Benjamin Storey），《卢梭思想中的自我知识和社会性》（"Self-Knowledge and Sociability in the Thought of Rousseau"），*Perspectives on Political Science* 41, no. 3（August 2012）：150。我们在此处重述了最后一篇文章中的论述。

57 《忏悔录》，225［189］。

58 关于卢梭的人生而孤独的说法，罗杰·马斯特在《卢梭和人性的恢复》（*Rousseau and the Recovery of Human Nature*）一文中提出了反对意见。这种反对意见认为："近年来人种学、神经科学和行为生态学方面的科学研究，导致了针对卢梭的一种自相矛盾的批评：人类生来就是社会性动物，柏拉图和亚里士多德的古老传统比现代政治哲学更清晰地洞察了人类心理和政治。"（见《卢梭的遗产》，ed. Clifford Orwin and Nathan Tarcov, Chicago: University of Chicago Press, 1996, 111）

59 《忏悔录》，573–91［480–94］。正如特里林所说，"真实个体的理想，是卢梭思想的核心"（《真诚和真实》，93）。但一个真实的人未必就是一个和蔼亲切的人：正如斯考特和扎雷茨基所指出的，卢梭对朋友的要求极高，他同时也是世上最难缠的客人之一，这些都决定了他必须不断搬家。参见《哲学家们的争吵》，第九章。莫斯特法伊很好地总结了卢梭在同时代人心目中的饱含争议的地位："名流们把这位作者并不前后一致的形象并置在一起，而哪怕儿童们是按照《爱弥儿》中的原则被养大的，这位作者的著作仍被焚烧了。"（《一位自相矛盾的作家》，436）

60 《爱弥儿》，560，566–67［262，266–67］。

61 《爱弥儿》，564–65，609–10［266，297］。

62 《爱弥儿》，567–68［267–68］。当然，蒙田可能会辩护说，皮浪主义和实践生活是可以兼容的，参见《蒙田随笔》，II.12.505［454］。但作为回应，代理本堂神父指出，尽管蒙田自称是怀疑论者，但他对何为人类善好的问题给出了一个非常明确的答案，即我们在前文描述过的内在满足之标准。

63 《爱弥儿》，570，574［270，272］；帕斯卡尔，《思想录》，S142/L110。

64 《爱弥儿》，589［282］；科拉科斯基，《上帝不欠我们什么》，39。

65 《爱弥儿》，594［286］。

66 帕斯卡尔,《思想录》, S94/L60；蒙田,《蒙田随笔》, I.23.115［100］；《爱弥儿》, 569［269］, 598–599［289］。

217 67 《爱弥儿》, 618–619［302–303］。

68 《爱弥儿》, 589–90［282–83］。

69 《爱弥儿》, 589, 587, 564–65, 592［282, 281, 266, 284］。

70 《爱弥儿》, 554–55, 610, 625–29［257, 297, 307–9］。

71 《爱弥儿》, 558–61［260–63］。

72 《爱弥儿》, 614–17, 607［295, 300–301］。

73 参见帕斯卡尔,《思想录》, S690/L447。"信仰自白"可能是后来所谓"道德主义治疗学派自然神论"（Moralistic Therapeutic Deism）的原型。参见克里斯蒂安·史密斯（Christian Smith）和梅琳达·伦德奎斯特·丹顿（Melinda Lundquist Denton）,《灵魂寻觅：美国青少年的宗教和精神生活》（Soul Searching: The Religious and Spiritual Lives of American Teenagers）, Oxford: Oxford University Press, 2009, 第四章。

74 《忏悔录》, 455［382］。

75 《思想录》, S168/L136。

76 《忏悔录》, 427［359］。

77 《忏悔录》, 426–27［358］。

78 《忏悔录》, 421, 440［354, 370］。这段情节说明了卢梭式想象力的自我毁灭力量, 夏娃·格雷斯（Eve Grace）将其描述如下："想象力是由我们'存在的渴望'的广泛性所推动的：我们不仅寻求更强的手段来自我保存；我们还试图加强和扩大'我们自身存在的感受'……手段则是塑造出新的目的, 让我们的精力能够得以发挥。"想象力因此获得了一种恶魔般的力量。通过这种力量，想象力将人从需求有限的动物，转变为一个拥有无限幸福梦想的人，一个追求像他创造的形象那般生活的人。［格雷斯，《"存在"的不安：卢梭多变的存在的感受》（"The Restlessness of 'Being': Rousseau's Protean Sentiment of Existence"），*History of European Ideas* 27［2001］：148.］

79 《孤独散步者的遐思》，1040–49［62–71］。

80 《孤独散步者的遐思》，1047［69］。尽管在独处时，对于存在感受的体验是最为自足的，但这种体验未必就是一种孤独的体验；事实上，卢梭的所有社会理想都依赖于将个体的存在扩展到更大的整体，以及随之而来的满足感和危险。

81 《孤独散步者的遐思》，1048［70］。

82 《孤独散步者的遐思》，1065，1044［95，66］。

83 《孤独散步者的遐思》，1041–42［64］。

84 《孤独散步者的遐思》，1069–71［99–101］；约瑟夫·莱恩（Joseph Lane）指出，这段话体现出卢梭认识到了人类任何回归自然的努力都有其局限性（《遐思与回归自然》，493）。

85 查尔斯·巴特沃斯，《孤独散步者的遐思》前言，vii；《孤独散步者的遐思》，1001，1042［7，64］；斯科特，《卢梭在〈孤独散步者的遐思〉中不切实际的探索》，139–52。

86 《忏悔录》，362［304］；《孤独散步者的遐思》，995［1］。卢梭错误地认为，他"从来就不太倾向于自恋"（《孤独散步者的遐思》，1079［115］）。正如斯考特和扎雷茨基所指出的那样，卢梭偏爱直接用手势来表达对别人的喜爱，他对手势的信任远远超过语言，因为他认为语

218

言从一开始就充满了模糊性。他希望别人以同样的方式回复他，而当别人不能或不愿满足他的情感要求时，他就会大发雷霆（《哲学家们的争吵》，157；又见斯塔罗宾斯基，《透明与障碍》，137–40）。

87 参见格雷斯，《"存在"的不安》，150。

88 见本章注释 25。

第四章　托克维尔：民主与赤裸的灵魂

1 希罗多德，《历史》（*The History*），trans. David Grene, Chicago: University of Chicago Press, 1987, I.32；亚里士多德，《尼各马可伦理学》，1100a10；麦克马洪，《幸福史》，4–9。

2 蒙田，《蒙田随笔》，I.3.17［11］。

3 密尔，《德·托克维尔论美国的民主》，167；《论美国的民主》，II.ii.13.943, I.i.4.97。帕斯卡尔·布鲁克纳简明扼要地概括了满足感从例外到常态的转变："我们的社会把其他文化传统认为是常态的东西（即痛苦的大量存在）视为病态的，而把其他文化传统认为是例外的东西（即幸福感）视为正常乃至必要的。"（《永恒的欣悦》，65）

4 《论美国的民主》，导论，16；亚里士多德，《政治学》（*Politics*），trans. Carnes Lord, Chicago: University of Chicago Press, 2013, 1328b1–2。凯瑟琳·扎科特（Catherine Zuckert）颇有助益地罗列了托克维尔的新政治科学的三个部分：第一，七个世纪以来欧洲身份平等的演进史；第二，描述了一个民族的"物质和精神状态"，也即托克维尔所谓的"社会状况"；第三，"试图梳理并解释，这种新的社会状况所产生的政治后果，究竟是自由还是专制的各种因素所导致的，事情是怎么发展的"。扎科特认为，"三个最重要的因素……是地理、法律和民情"。我们沿袭了她的观点，认为"民情［是］最具决定性的"，并集中分析了托克维尔思想中的这一要素。［扎科特，《托克维尔的"新的政治科学"》（Tocqueville's "New Political Science"），见《托克维尔的旅行：他的理想的演变和超越他的时代的旅程》（*Tocqueville's Voyages: The Evolution of His Ideals and Their Journey beyond His Time*），ed. Christine Dunn Henderson, Indianapolis: Liberty Fund, 2014, 142–76。］

5　波厄歇，《亚历克西·德·托克维尔怪异的自由主义》，159。

6　大卫·刘易斯·谢弗也探讨了蒙田和托克维尔在怀疑论方面的这种联系；参见谢弗，《蒙田、托克维尔和怀疑主义的政治学》（"Montaigne, Tocqueville, and the Politics of Skepticism"），*Perspectives on Political Science* 31, no. 2（2002）: 204–12。

7　1856 年 12 月 12 日致 E.V. 奇尔德（E. V. Childe）的信，收录于《1840 年后托克维尔对美国的评论：信件及其他著作》（*Tocqueville on America after 1840: Letters and Other Writings*），ed. Aurelian Craiutu and Jeremy Jennings, Cambridge: Cambridge University Press, 2009, 190；布罗根，《亚历克西·德·托克维尔》，454。

8　"让民主照照镜子"（teach democracy to know itself）直译应为"教导民主认识自己"，在此采取意译。这句话来自托克维尔 1840 年 10 月写给西尔维斯特·德·萨西（Silvestre de Sacy）的一封信，不过他可能从未寄出这封信。引自安德烈·贾丁（André Jardin），《托克维尔传》（*Tocqueville: A Biography*），trans. Lydia Davis and Robert Hemenway,

219

New York: Farrar, Straus, and Giroux, 1988, 272–73。正如阿兰·S. 卡汉（Alan S. Kahan）所说，"作为一位道德家，托克维尔不仅希望成为民主制度的政治领袖，而且希望成为民主制度的精神导师"［卡汉，《托克维尔、民主和宗教：民主灵魂的制衡》（*Tocqueville, Democracy, and Religion: Checks and Balances for Democratic Souls*），Oxford: Oxford University Press, 2015, 3 ］。如前所述，我们沿袭了波厄歇和劳勒的观点，将"不安"视为托克维尔的核心主题。不过，我们如此处理，是为了通过考察不安与我们追溯到蒙田时代的现代人独特的追求幸福方式之间的关系，来加深我们对不安的理解。参见劳勒，《不安的心灵》，4–6，73–87；波厄歇，《亚历克西·德·托克维尔怪异的自由主义》，27–41。

9 皮埃尔·马南，《政治哲学通俗课程》（*Cours familier de philosophie politique*），Paris: Fayard, 2001, 9。

10 卢梭，《论人类不平等的起源与基础》，144［74］。西摩·德雷舍（Seymour Drescher）很好地阐述了这一点，他写道，一个人"如果想要了解一件事物的内部，就必须从外部来观察"［德雷舍，《托克维尔的比较视角》（"Tocqueville's Comparative Perspectives"），见《剑桥托克维尔指南》（*The Cambridge Companion to Tocqueville*），ed. Cheryl B. Welch, Cambridge: Cambridge University Press, 2006, 21–48 ］。

11 布罗根，《亚历克西·德·托克维尔》，25；爱德华多·诺拉（Eduardo Nolla），自由基金版《论美国的民主》编者导论，li；托克维尔，《回忆录》（*Souvenirs*），来自 *OC*, vol. 3, ed. François Furet and Françoise Mélonio, Paris: Gallimard, 2004。英译本 ed. J. P. Mayer and A. P. Kerr,

New Brunswick, NJ: Transaction Publishers, 2009, 912, 1249,［217n4］。括号内的页码指的是英译本页码。正如波厄歇所指出的，托克维尔的贵族腔调有时会让人沮丧，且相当荒唐："想象一下，这个人有时会自称是民主人士，但有一次，当他想离开一个聚会时，却被迫留了下来，因为他找不到门卫为他开门！"（《亚历克西·德·托克维尔怪异的自由主义》，169）虽然托克维尔举手投足间都是贵族腔调，但他并不认为自己与普通人有什么区别。我们在他 1837 年 12 月 26 日写给妻子玛丽·莫特利（Mary Mottley）的信中，可以看到这一点："谁能理解，我的灵魂中充斥着许多琐事，但广袤无垠的品位又将其引向伟大？我曾无数次希望上帝不要让我看清我们的本性有多么悲惨，多么有限，或者是他只远远地向我展示这一点。但我没办法做到，我属于人类，属于最普通又最粗鄙的人类，而我却瞥见了比人性更高更远的东西。"（引自若姆，《自由的贵族渊源》，182）

12　查尔斯·罗伊索（Charles Loyseau），《秩序论》（*A Treatise on Orders*），见《旧制度与大革命》（*The Old Regime and the Revolution*），芝加哥大学西方文明读本第 7 卷（University of Chicago Readings in Western Civilization, vol. 7），ed. Keith Michael Baker, Chicago: University of Chicago Press, 1987, 13–31；布罗根，《亚历克西·德·托克维尔》，4。

13　密尔，《德·托克维尔论美国的民主》，167；托克维尔致路易斯·德·科戈莱（Louis de Kergolay）的信，1831 年 6 月 29 日，见《政治与社会书信选集》（*Selected Letters on Politics and Society*），ed. Roger Boesche, trans. James Toupin and Roger Boesche, Berkeley: University of California Press, 1985, 39, 51；大卫·福斯特·华莱士（David Foster

220

Wallace),《这是水》("This Is Water"),http://bulletin-archive.kenyon.edu/x4280.html。

14 有人认为托克维尔的观察对于当时的美国而言不够中肯,参见加里·威尔斯(Gary Wills),《托克维尔是否"明白"美国?》("Did Tocqueville 'Get' America?"),*New York Review* of Books, April 29, 2004, 52–56。也有人认为托克维尔的观察对于现在的美国而言已不够中肯,参见海伦·安德鲁斯(Helen Andrews),《阴沟里的托克维尔》("Tocqueville in the Gutter"),*First Things*, January 2017, 64;以及丹尼尔·崔(Daniel Choi),《预言失败的托克维尔:〈论美国的民主〉对现代世界的理解是如何完全弄错了的》("Unprophetic Tocqueville: How *Democracy in America* Got the Modern World Completely Wrong"),*Independent Review* 12, no. 2(Fall 2007):165–78。

15 卢梭,《社会契约论》,361–62n[173]。托克维尔认为奴隶制是"最可怕的社会罪恶"[1857年4月13日西奥多·西季威克(Theodore Sedgwick)的信,见《1840年后托克维尔对美国的评论》,226]。戴安娜·肖布(Diana Schaub)描述了托克维尔与他的好友兼合著者古斯塔夫·德·博蒙对种族和奴隶制问题所持观点的洞见和局限性。托克维尔和博蒙基于他们对公共舆论问题所做的深入分析,都预测到了种族偏见将比奴隶制本身延续更长时间;他们都不认为,美国的种族问题能找到任何可能的解决方案。肖布认为,他们在这一点上的悲观情绪在19世纪30年代的语境下是可以理解的,但也代表着道德想象力的真实失败[肖布,《论奴隶制:博蒙的〈玛丽〉与托克维尔的〈论美国的民主〉》("On Slavery: Beaumont's *Marie* and Tocqueville's

Democracy in America"），*Legal Studies Forum* 22, no. 4［1998］:
607–26］。正如克雷乌图（Craiutu）和詹宁斯（Jennings）所指出的，
当托克维尔观察到美国在 19 世纪 50 年代在奴隶制问题上的失败时，
他的悲观情绪只增不减［克雷乌图和詹宁斯，《第三部〈论美国的
民主〉：1840 年后托克维尔对美国的看法》（"The Third *Democracy*:
Tocqueville's Views of America after 1840"），见《1840 年后托克维尔
对美国的评论》，28–33］。托克维尔对殖民主义的看法同样复杂而充
满争议。谢里尔·B. 韦尔奇（Cheryl B. Welch）认为，托克维尔对欧
洲各国帝国主义的看法，尤其是他对法国在阿尔及利亚的政策的看法，
违背了他自己关于欧洲语境下专制主义之危险的论述。而托克维尔之
所以会自相矛盾，是因为他忽视了在关于殖民地的讨论中"充分应用"
他对欧洲的分析［韦尔奇，《托克维尔论博爱与自相残杀》（"Tocqueville
on Fraternity and Fratricide"），见《剑桥托克维尔指南》，ed. Cheryl B.
Welch, Cambridge: Cambridge University Press, 2006, 303–36］。埃娃·阿
塔纳索夫（Ewa Atanassow）也注意到了这些矛盾，但她认为这些矛
盾与其说是托克维尔在思想上的失误，不如说是平等主义现代性本身
所固有的矛盾。如她所说，平等主义现代性中存在着一个"黑暗面"：
无论在西方世界内部，还是在西方世界以外，都存在着与非民主形
式的社会和政治组织发生暴力冲突的趋势［阿塔纳索夫，《殖民与民
主：重新思考托克维尔》（"Colonization and Democracy: Tocqueville
Reconsidered"），*American Political Science Review* 111, no. 1［2017］:
83–96］。

16 《论美国的民主》，II.iii.1.991–92。然而，正如埃娃·阿塔纳索夫和

理查德·博伊德（Richard Boyd）所指出的，现代化会在民主的边缘地带制造"新的不平等和排斥"。这些不平等和排斥可能十分严酷，因为将人们排除在一个被认为是普遍的权利体系之外，就意味着将他们非人化。[阿塔纳索夫和博伊德，《托克维尔与民主的边界》（*Tocqueville and the Frontiers of Democracy*），Cambridge: Cambridge University Press, 2013, 4]

17　《论美国的民主》，II.iii.5.1014；马南，《政治哲学通俗课程》，63；托多罗夫，《不完美的花园》，30。

18　卢梭，《论人类不平等的起源与基础》，166[92]。

19　马南，《政治哲学通俗课程》，65；托克维尔，《论美国的民主》，导论，14。

20　致路易斯·德·科戈莱的信，1831年6月29日，见《书信选集》，55；《论美国的民主》，导论，10；II.iv.6.1282。

21　谢尔顿·沃林，《两个世界之间的托克维尔：政治与理论生活的形成》（*Tocqueville between Two Worlds: The Making of a Political and Theoretical Life*），Princeton: Princeton University Press, 2001；《论美国的民主》，导论，28。

22　《论美国的民主》，II.i.1.701，II.1.5.750，II.iii.8.1036。

23　蒙田，《蒙田随笔》，I.20.96[81]，III.13.1085[1013]，III.9.988[919]；马南，《蒙田》，302–3。

24　帕斯卡尔，《思想录》，S78/L44；斯科特和扎雷茨基，《哲学家们的争吵》，3。正如让·斯塔罗宾斯基所说，"没有什么比卢梭的某些极端行为更能说明问题的了。"（《透明与障碍》，170）

221

25 阿德里安·维穆勒（Adrian Vermeule），《自由主义的仪式》（"Liturgy of Liberalism"），*First Things*, January 2017, 57–60。

26 《论美国的民主》，导论，28。

27 埃德蒙森，《自我与灵魂》，12。

28 托多罗夫，《不完美的花园》，30；《论美国的民主》，II.i.1.699，701。

29 《论美国的民主》，II.i.1.701。正如让·M.亚伯勒（Jean M. Yarbrough）所说，"普遍存在的怀疑个人理性无法证实的事物的倾向，迂回地导致了物质主义"〔亚伯勒，《托克维尔论灵魂的需求》（"Tocqueville on the Needs of the Soul"），*Perspectives on Political Science*〔Spring 2018〕：6〕。

30 《论美国的民主》，II.i.2.717；致路易斯·德·科戈莱的信，1831年6月29日，《书信选集》，49。

31 《论美国的民主》，II.i.1.699；密尔，《德·托克维尔论美国的民主》（II），196。埃德蒙森指出，"自我很难想象可能有其他的生活方式"（《自我与灵魂》，19）。正如拉尔夫·C.汉考克（Ralph C. Hancock）所评论的那样，"思维上的束缚"至少在某种程度上是"人类的自然的和不可避免的状况"；民主的作用是改变"这种束缚的性质"，而不是解脱精神束缚本身〔汉考克，《理性的责任：自由——民主时代的理论与实践》（*The Responsibility of Reason: Theory and Practice in a Liberal-Democratic Age*），Lanham, MD: Rowman and Littlefield, 2011, 257–58〕。

32 卢梭正是这样做的，他展示了智识上的学徒制是如何为智识上的独立做准备的。在谈到他与华伦夫人一起住在乡间的那些年时，他说在那段时间里，通过孤独的研究，他的思维得到了发展。他写道：

我从一些哲学方面的书开始看起，例如波尔－罗亚尔修道院编写的《逻辑学》、洛克的论著、马勒伯朗士、莱布尼茨、笛卡尔等等。我很快就注意到，所有这些作者之间几乎永远都是互相矛盾的，我异想天开地想要把他们调和起来，这让我疲惫不堪，也浪费了我许多时间。……最后，我放弃了这种方法，采用了一种好得多的方法，尽管我能力不足，但我还是取得了进步，而这些进步都要归功于这种方法；可以肯定的是，我做学问的天赋向来是很差的。在阅读每位作家的作品时，我都为自己制定了一条规矩，即采纳并遵循他的所有观点，不掺杂我自己或旁人的观点，也不与他争论。……然后，等到旅行和各种事务让我无法查阅书籍的时候，我就回顾和比较我读过的东西，在理性的天平上衡量每部作品，有时也对我的老师加以评判，聊以自娱。虽然我较晚才开始运用我的判断力，但我发现它并没有因此失去活力，而当我发表自己的想法时，也没有人指责我是在拾人牙慧。(《忏悔录》，237–38 [199])

33 民主教育利弊并存，扎科特对此分析如下："部分原因是由于从清教徒定居点传播到其他殖民地的观念，每个人都可以接受初等教育，但几乎不可能有人获得高等教育。……因此，在美国，许多人对'宗教、历史、科学、政治经济、立法和政府'有着基本相同的看法。"(《托克维尔的"新的政治科学"》，155–56)

34 布罗根，《亚历克西·德·托克维尔》，297 ;《论美国的民主》，II.iii.15.1084, II.i.10.779。又见马修·克劳福德，《头脑之外的世界：在分心的时代成为一个独立的个体》(The World beyond Your Head:

On Becoming an Individual in an Age of Distraction），New York: Farrar, Straus, and Giroux, 2016；艾伦·雅各布斯（Alan Jacobs），《分心时代的阅读乐趣》（*The Pleasures of Reading in an Age of Distraction*），Oxford: Oxford University Press, 2011；马克·鲍尔莱恩（Mark Bauerlein），《最愚蠢的一代：数字时代如何愚弄年轻人并威胁到我们的未来》（*The Dumbest Generation: How the Digital Age Stupefies the Young and Threatens Our Future*），New York: TarcherPerigee, 2009；以及，卡尔，《肤浅》，115–43。正如威尔弗雷德·麦克莱（Wilfred McClay）所说，数字革命"也许最好被理解为……托克维尔所描述的渐进但又无处不在的民主平权过程的延续"〔麦克莱，《托克维尔时刻……以及我们的时刻》（"The Tocquevillean Moment . . . and Ours"），*Wilson Quarterly* 36〔Summer 2012〕: 53〕。

35　《论美国的民主》，II.i.10.784，II.i.17.836–37。

36　马丁·海德格尔（Martin Heidegger），《有关技术的问题》（"The Question Concerning Technology"），见《基本著作》（*Basic Writings*），ed. David Farrell Krell, New York: Harper Collins, 1993, 322；亚历山大·S. 杜夫（Alexander S. Duff），《海德格尔与政治：激进不满的本体论》（*Heidegger and Politics: The Ontology of Radical Discontent*），Cambridge: Cambridge University Press, 2015, 91；又见本杰明·斯托里（Benjamin Storey），《托克维尔论技术》（"Tocqueville on Technology"），*New Atlantis* 40（Fall 2013）: 48–71。

37　致路易斯·德·科戈莱的信，1831 年 6 月 29 日，见《书信选集》，49；沃林，《两个世界之间的托克维尔》，85。

38 正如劳伦斯·库珀所说，"现代苏格拉底主义（Modern Socratism）正是造成我们非苏格拉底（unsocratic）性格的原因"〔库珀，《每个人都是苏格拉底？托克维尔和现代性的自负》（"Every Man a Socrates? Tocqueville and the Conceit of Modernity"），*American Political Thought* 1〔Fall 2012〕: 213〕。托克维尔将怀疑列为人类三大罪恶之一，仅次于死亡和疾病。这部分是因为，在十六岁时，他探索了父亲图书馆中一些相当大胆的书籍，让他失去了童年时的信仰。他描述自己"被最黑暗的忧郁所征服，被对未来的生活的极端厌恶所攫住，被摆在面前的道路所引发的苦恼和恐惧所击垮"。见布罗根，《亚历克西·德·托克维尔》，49–51。约书亚·米切尔（Joshua Mitchell）曾描述过他向乔治城大学的美国学生和卡塔尔的中东学生教授托克维尔思想的经历。他指出，他的中东学生认为，在美国人乐天派的实用主义和人道主义式的道德主义的外表下，能察觉到虚无主义。参见他的作品《托克维尔在阿拉伯国家：民主时代的困境》（*Tocqueville in Arabia: Dilemmas in a Democratic Age*），Chicago: University of Chicago Press, 2013, 52。

39 《论美国的民主》，II.2.15.956，II.2.13.942。

40 《论美国的民主》，II.ii.15.958；参考蒙田，《蒙田随笔》，II.12.450〔400〕；卡斯，《饥饿的灵魂》，35–44。正如亚伯勒所写："尽管……并非所有的哲学唯物主义流派都会导致或纵容庸俗的享乐主义，但在民主时代，这两种倾向往往会互相加强。"（《托克维尔论灵魂的需求》，4）

41 《论美国的民主》，II.i.20.858；李·M. 西尔弗（Lee M. Silver），《挑战自然：生物技术与灵性的冲突》（*Challenging Nature: The Clash*

between Biotechnology and Spirituality），New York: Harper Perennial, 2006, 62。

42 劳勒，《不安的心灵》，74。

43 《论美国的民主》，II.ii.13.944。

44 《论美国的民主》，II.ii.18.969。

45 《论美国的民主》，II.ii.2.884，I.i.3.86。通过反思他在美国的经历，托克维尔发现了一种新型的人，也即约书亚·米切尔所谓的"独处之人"（homo solus）。他的这一发现导致了一个悖论：托克维尔，首位伟大的社会学家，指出民主不仅倾向于改变社会，而且也倾向于毁灭社会，因为民主打破了将人类捆绑在一起的链条，而将链条上的每个环节都分开了（米切尔，《托克维尔在阿拉伯国家》，43）。

46 致郁柏·德·托克维尔（Hubert de Tocqueville）的信，1857 年 2 月 23 日，转引自贾丁，《托克维尔传》，48；《论美国的民主》，I.i.3.81–83，II.ii.2.883；米切尔，《托克维尔在阿拉伯国家》，46。

47 密尔，《德·托克维尔论美国的民主》（II），182。

48 托克维尔，《回忆录》，757［40］。正如波厄歇所指出的，在托克维尔的那一代人中，无论是左派还是右派，都有许多人对个人主义和物质主义表达了同样的担忧。然而，托克维尔与同时代人不同的地方在于，他认为"家庭——私人领域——是奴役之所，只有一个奴役的社会才会植根于敦促人们在私人领域中寻求大部分的满足感"（《亚历克西·德·托克维尔怪异的自由主义》，35–37，53）。正如扎科特所指出的，民主社会中个体的自我孤立特性必然会产生政治影响："因为孤立的个体（或家庭）是软弱的，就好像在自然界中一样，他们无法

224

在民主的社会状况下保护自己不受他人侵害，他们事实上需要帮助。如果他们没有从参与地方政府中学到结社的艺术，他们就将主要指望中央政府来为自己提供所需的援助。"（《托克维尔的"新的政治科学"》，170）

49 米切尔，《托克维尔在阿拉伯国家》，58。

50 《论美国的民主》，II.iv.3.1203 注释 d；若姆，《自由的贵族渊源》，179。正如扎科特所说，托克维尔追随孟德斯鸠的思路，强调"贸易软化风俗的作用"，但也指出，这种作用关涉到国家的外部关系，而非内部关系："然而，贸易对于某个特定国家中的公民没有同样的统一效应；贸易往往导致竞争，而非合作。"（《托克维尔的"新的政治科学"》，165）

51 若姆，《自由的贵族渊源》，162。

52 《论美国的民主》，II.ii.20.984。

53 泰勒，《世俗时代》，542。

54 马南，《政治哲学通俗课程》，23–37。

55 《论美国的民主》，I.ii.9.475，I.i.2.69。阿里斯蒂德·泰西托尔（Aristide Tessitore）认为，托克维尔所赞美的美国清教徒建国时实现的"宗教精神和自由精神的结合"，是"美国论"的"核心"所在，而《论美国的民主》就是围绕着这一要点展开的〔泰西托尔，《托克维尔的美国论题与新的政治科学》（"Tocqueville's American Thesis and the New Science of Politics"），*American Political Thought* 4〔Winter 2015〕：72–99〕。

56 迪内恩，《为什么自由主义会失败》，65。正如泰西托尔所说："危险在于，美国的哲学启蒙运动的遗产有可能完全压倒圣经遗产，从而对个体自由和政治自由都产生危险的后果。"但是，倘若取得了这样的主导地位，"除了严肃的宗教信仰外，没什么不能容忍的启蒙哲学"就会发现自己受到"各种'异常凶猛'或'怪异'的宗教教派"的反对。这些教派"并不立足于自然，对理性持有怀疑态度"。之所以如此，是因为宗教"从人类灵魂深处的自然'情感、本能和激情'中汲取力量"，它可以被扭曲，但无法被根除。当代自由主义追随罗尔斯的脚步，强调"公共理性"，而宗教被排除在了公共理性的范围之外。这鼓励了这种原教旨主义式的变异（泰西托尔，《托克维尔的美国论题》，96–97，82）。

57 《论美国的民主》，II.iv.6.1260；L. 约瑟夫·赫伯特（L. Joseph Hebert），《比国王还大，连普通人都不如》（*More than Kings and Less than Men*），Lanham, MD: Lexington Books, 2010。关于洛克式政治原则（如同意）的"自我颠覆"特性，参见 D.C. 辛德勒（D. C. Schindler），《脱离现实的自由》（*Freedom from Reality*），South Bend, IN: University of Notre Dame Press, 2017, 5–6。正如克雷乌图和詹宁斯所指出的，托克维尔在生命的最后十年里，越来越担心"哪怕是在全世界最先进的民主制度中，民主也会越界，颠覆自身的基础，而这可能正是民主的本性所在"（《第三部〈论美国的民主〉》，28）。

225

58 亚里士多德，《政治学》，1253a1–20，1280a7–25，1294a30–1294b40；乔纳森·劳驰（Jonathan Rauch），《美国政治是如何走向疯狂的》（"How American Politics Went Insane"），*Atlantic Monthly*, July/August 2016, https://www.theatlantic.com/magazine/archive/2016/07/how-american-

politics-went -insane/485570/。正如克雷乌图和詹宁斯所指出的，在19世纪50年代，托克维尔看到，美国"有可能会让成百上千万人对美好未来的希望落空，因为美国的景象相当令人不安。政权不稳定，领导人既不称职，也不诚实"，"不太节制，有时也不太正直，尤其没什么教养，像是一群单纯的政治冒险家，行事暴力粗鲁，缺乏原则"（《第三部〈论美国的民主〉》，31，38）。

59 见尤瓦尔·莱文，《建设的时代》（*A Time to Build*），New York: Basic Books, 2020。正如约书亚·米切尔所说："当思想不再能体现在可行的制度中时，思想劳动必然会导致思想之间的冲突升级，并进而导致暴力。"[米切尔，《自由的脆弱性：托克维尔论宗教、民主和美国的未来》（*The Fragility of Freedom: Tocqueville on Religion, Democracy and the American Future*），Chicago: University of Chicago Press, 1995, 12]

60 暴力和低俗的流行，也存在令人不安的先例。托克维尔在1857年写给一位美国记者的信中写道，来自美国的报道表明，"美国民众中保留了暴力风俗和粗野习性的那部分人，越来越为其他人也定下了基调"[托克维尔致弗朗西斯·利伯（Francis Lieber）的信，1857年10月9日，见《1840年后托克维尔对美国的评论》，261]。

61 出自埃德蒙·斯宾塞的《致敬美》（*A Hymn in Honour of Beauty*），转引自卡斯，《饥饿的灵魂》，17。在该书第一章中，卡斯采用了亚里士多德式的对形式的理解，认为形式是每个生命体积极的现实存在，以此来论证：第一，对形式的这种理解与现代生物学所揭示的真理相一致；第二，像新陈代谢这样的基本生物学现象，如果离开了形式的积极工作，实际上就无法理解了。又见亚里士多德，《论灵魂》（*De*

Anima），见《亚里士多德基本著作》（*The Basic Works of Aristotle*），
ed. Richard McKeon, New York: Modern Library, 2001, 412a1–415a14。

62 正如丹尼尔·J. 马霍尼（Daniel J. Mahoney）所说，"哲学现代性［无
法］最终维持一个民众政府。……人们必须转向更古老、更丰富的精
神资源，以便更新美国共和主义和更大范围的民主世界"［马霍尼，
The Idol of Our Age（New York: Encounter Books, 2018），40］。詹姆
斯·W. 希塞（James W. Ceaser）也提出了类似的观点，认为有必要
"持续调整或补充现代自然权利的哲学理论，要做到这一点，可以通
过创造性地阐释其来源，或通过引入其他根本性的原则，从而完善和
补足它"［希塞，《亚历克西·德·托克维尔与双重建国命题》（"Alexis
de Tocqueville and the Two-Founding Thesis"），见《托克维尔的旅行》
（*Tocqueville's Voyages*），ed. Henderson, 111–41］。

结论 博雅教育与选择的艺术

1 查尔斯·格瑞斯沃德（Charles Griswold）指出，幸福与满足不同，
"幸福与对于个人生活的反思性安排密不可分……因为要评估对于生
活所做的安排，就离不开要思考何种生活是值得过的"。由此，格瑞
斯沃德阐明了理性与幸福之间的联系。［格瑞斯沃德，《幸福、安宁
与哲学》（"Happiness, Tranquility, and Philosophy"），见《追求幸福》
（*In Pursuit of Happiness*），Boston University Studies in Philosophy and
Religion, vol. 16, ed. Leroy Rouner, South Bend, IN: University of Notre
Dame Press, 1995, 28］

2 正如德雷谢维奇所指出的，全美最精英的大学的毕业生中，有相当一

部分在咨询业找到了他们的第一份工作，而这份工作在许多方面都让年轻人得以保留他们的多变特质（德雷谢维奇，《优秀的绵羊》，17）。利亚·格林菲尔德（Liah Greenfeld）调查了一些案例，受访者的选择困难症尤为严重，甚至导致了精神疾病，即某种"'自主行动'功能失常"，具体表现为长期的抑郁症、双相情感障碍和精神分裂症。格林菲尔德认为，这些精神疾病只出现在了现代性之中，"正是现代文化——具体来说就是，社会所有成员都是平等的这一假设，世俗主义，以及民族意识中隐含的自我定位选择——使得个体认同的形成变得尤为困难"。她还引用数据表明："这些疾病首先最严重地影响了那些最不可能获得自我实现的阶层，以及那些选择机会最多的阶层。"[格林菲尔德，《心灵、现代性、疯狂：文化对人类经验的影响》(*Mind, Modernity, Madness: The Impact of Culture on Human Experience*)，Cambridge, MA: Harvard University Press, 2013, 26, 28–29]

3　奉献给理想的生活统一且有力，而追求我们所谓的内在满足的生活，则注意力分散且散漫。埃德蒙森有力地描绘了这两种生活之间的对比（埃德蒙森，《自我与灵魂》，4，19–21，62，97，100–101）。参见布鲁克纳对怀疑主义的"消费社会批判"如何导致顺从性消费主义（ conformist consumerism ）"如此迅速地取得了胜利"的平行分析（布鲁克纳，《永恒的欣悦》，47–48）。

4　威尔弗雷德·麦克莱在《无主之人：现代美国的自我与社会》(*The Masterless: Self and Society in Modern America*, Chapel Hill: University of North Carolina Press, 1994) 一书中，以美国人关于自我和社会的思想史为背景，对这一说法做了延伸思考。

227

5　参见马克·里拉，《我们自由主义时代的真相》（"The Truth about Our Libertarian Age"），*New Republic*, June 17, 2014, https://newrepublic. com/article/118043/our-libertarian-age-dogma-democracy-dogma- decline。大卫·伍顿指出了这种尤为现代的放纵形式的重要来源之一。他认为，从 15 世纪开始，道德哲学围绕着"利益"一词进行了系统性的调整，并将利益作为幸福的替代物，而这个概念正是现代人反对亚里士多德式的节制伦理的产物："利益问题的要害之处在于……利益没有自然性的限制；利益的根本性原则就是不节制。"因为永远无法彻底满足某种利益（伍顿，《权力、快乐和利益》，22–24）。虽然我们描述的作为现代人幸福追求的内在满足承诺了某种平衡，但内在满足并不包含超越内在性本身的限制原则，而这种原则本可以遏制伍顿所描述的不节制倾向。

6　以赛亚·伯林在《自由四论》（*Four Essays on Liberty*, New York: Oxford University Press, 1970）中的《两种自由概念》（*Two Concepts of Liberty*, 145–54）一文中，针对关于善的合理论证是对自由的威胁，提出过相当著名的说法。特蕾莎·M. 贝扬（Teresa M. Bejan）从罗杰·威廉姆斯（Roger Williams）那里重新捡起来的"单纯礼貌"（mere civility）的概念表明了，自由社会如何能够为关于善的严肃公共讨论留出空间。此种理解之下的礼貌，是一种最低限度的"宽容社会中的纽带"，可以"与一种毫无顾忌的福音式的宽容进路携手并进"。贝扬将这种进路与流行的"公共理性"进路做了对比，认为后者最终只会让我们必须在"皈依政治自由主义的基本原理或沉默"之间做出选择［贝扬，《单纯礼貌：分歧和宽容的限度》（*Mere Civility:*

Disagreement and the Limits of Toleration), Cambridge, MA: Harvard University Press, 2017, 14–15〕。同样地，威廉·加尔斯顿主张将自由主义理解为一种政府形式。这种政府形式尤其能够意识到自身的局限性，意识到自身的"不完整性"，并且并不要求人们的思想停留在这些局限之中。加尔斯顿认为，只有当自由主义对其哲学人类学层面的"不完整性"仍能有所意识，并因此能够更开放地接纳对于我们本性更为丰富的描述时，自由主义才"拥有自我纠正的力量"（加尔斯顿，《反多元主义》，126，1）。

7 《蒙田随笔》，II.12.516〔465〕。

8 艾略特，《帕斯卡尔的〈思想录〉》，362；《蒙田随笔》，II.12.594〔546〕。

9 这种将生命视为严肃且必要的探险的观点，可能有助于将我们从克里斯蒂·万波尔（Christy Wampole）所描述的"讽刺性生活"的萎靡中解放出来。因为，这种观点要求我们制定一条具体的路线，走出"用来抵御批评的讽刺性框架"〔万波尔，《如何在没有讽刺的情况下生活》（"How to Live without Irony"），见《77 个论点中的现代伦理》（*Modern Ethics in 77 Arguments* ），ed. Peter Catapano and Simon Critchley, New York: W. W. Norton, 2017, 79–84〕。

228 10 大卫·布鲁克斯在《第二座山：对于道德生活的追求》（*The Second Mountain: The Quest for a Moral Life*, New York: Random House, 2019, xii）一书中，介绍了那些"敢于让自己的部分旧我死去"的人的帕斯卡尔式的如彗星般的生活。

11 参见尤瓦尔·莱文，《走远路：灵魂的修炼是自由社会的基础》（"Taking the Long Way: Disciplines of the Soul Are the Basis of a Liberal

Society"）, *First Things*, October 2014, 25–31, https://www.firstthings.com/article/2014/10/taking-the-long-way。正如罗斯·杜萨特所写的那样，我们历史上疲惫而重复的时刻，有时只能靠着"其他的东西，额外的东西，真正只可能来自现有参照框架之外的东西"，才能得以恢复。（《颓废的社会》，237）

参 考 文 献

Adam, Michel.*Études sur Pierre Charron*. Bordeaux: Presses Universitaires de Bordeaux, 1991.

Andrews, Helen. "Tocqueville in the Gutter." *First Things*,January 2017, 63–65.

Annas, Julia.*The Morality of Happiness*. Oxford: Oxford University Press, 1993.

Ariew, Roger. "Descartes and Pascal." *Perspectives on Science*15, no. 4（2007）: 397–409.

Aristotle.*De Anima. In The Basic Works of Aristotle*, edited by Richard McKeon. New York: Modern Library, 2001.

——.*Nicomachean Ethics*. Edited by Arthur Rackham. Cambridge, MA: Harvard University Press, 1934.

——.*Politics*. Translated by Carnes Lord. Chicago: University of Chicago Press, 2013.

Atanassow, Ewa. "Colonization and Democracy: Tocqueville Reconsidered." *American Political Science Review* 111, no. 1（2017）:

83–96.

Atanassow, Ewa, and Richard Boyd, eds.*Tocqueville and the Frontiers of Democracy*.

Cambridge: Cambridge University Press, 2013.

Attali, Jacques.*Blaise Pascal, ou, le génie français*. Paris: Fayard, 2000.

Auerbach, Erich.*Mimesis: The Representation of Reality in Western Literature*. Princeton: Princeton University Press, 1953.

——.*Scenes from the Drama of European Literature: Six Essays*. New York: Meridian Books, 1959.

Augustine.*City of God*. Translated by R. W. Dyson. Cambridge: Cambridge University Press, 1998.

——.*Confessions*. Translated by R. S. Pine-Coffin. New York: Penguin, 1961.

Bakewell, Sarah.*How to Live, or, A Life of Montaigne, in One Question and Twenty Attempts at an Answer*. New York: Other Press, 2010.

Bauerlein, Mark.*The Dumbest Generation: How the Digital Age Stupefies the Young and Threatens Our Future*. New York: TarcherPerigee, 2009.

Beitzinger, A. J. "Pascal on Justice, Force, and Law." *Review of Politics* 46, no. 2（April 1984）: 212–43.

Bejan, Teresa M.*Mere Civility: Disagreement and the Limits of*

Toleration. Cambridge, MA: Harvard University Press, 2017.

Berlin, Isaiah.*Political Ideas in the Romantic Age: Their Rise and Influence on Modern Thought*. Edited by Henry Hardy, with an introduction by Joshua L. Cherniss. Princeton: Princeton University Press, 2008.

———. "Two Concepts of Liberty." In *Four Essays on Liberty*, 145–54. New York: Oxford University Press, 1970.

Blum, Carol.*Rousseau and the Republic of Virtue*. Ithaca: Cornell University Press, 1986.

Boesche, Roger.*The Strange Liberalism of Alexis de Tocqueville*. Ithaca: Cornell University Press, 1987.

Bok, Sissela.*Exploring Happiness: From Aristotle to Brain Science*. New Haven: Yale University Press, 2010.

Brogan, Hugh.*Alexis de Tocqueville: A Life*. New Haven: Yale University Press, 2006.

Brooks, David.*The Second Mountain: The Quest for a Moral Life*. New York: Random House, 2019.

———.*The Social Animal: The Hidden Sources of Love, Character, and Achievement*. New York: Random House, 2011.

Bruckner, Pascal.*Perpetual Euphoria: On the Duty to Be Happy*. Translated by Steven Rendall. Princeton: Princeton University Press, 2010.

Brunschvicg, Leon.*Descartes et Pascal: Lecteurs de Montaigne*.

New York: Brentano's, 1944.

Burgelin, Pierre.*La philosophie de l'existence de J.-J. Rousseau.* Paris: Presses Universitaires de France, 1952.

Burke, Edmund.*Reflections on the Revolution in France.* Edited by J. G. A. Pocock. Indianapolis: Hackett, 1987.

Burkhardt, Jacob.*The Civilization of the Renaissance in Italy.* Translated by S. G. C. Middlemore. Vienna: Phaidon Press, 1950.

Busson, Henri.*Literature et théologie.* Paris: Presses Universitaires de France, 1962.

Carr, Nicholas.*The Shallows: What the Internet Is Doing to Our Brains.* New York: W. W. Norton, 2010.

Case, Anne, and Angus Deaton.*Deaths of Despair and the Future of Capitalism.* Princeton: Princeton University Press, 2020.

Ceaser, James W. "Alexis de Tocqueville and the Two-Founding Thesis." *In Tocqueville's Voyages: The Evolution of His Ideals and Their Journey beyond His Time*, edited by Christine Dunn Henderson, 111–41. Indianapolis: Liberty Fund, 2014.

Chateaubriand, François de.*Génie du Christianisme.* Vols. 1–2. Paris: Garnier-Flammarion, 1966.

Chesterton, G. K.*The Everlasting Man.* Nashville: Sam Torode Book Arts, 2014.

Choi, Daniel. "Unprophetic Tocqueville: How *Democracy in America* Got the Modern World Completely Wrong." *Independent*

Review 12, no. 2（Fall 2007）: 165–78.

Constant, Benjamin. "The Liberty of the Ancients Compared with That of the Moderns." In *Political Writings*, translated by Biancamaria Fontana, 308–28. Cambridge: Cambridge University Press, 1988.

Cooper, Laurence D. "Between Eros and Will to Power: Rousseau and 'the Desire to Extend Our Being.'" *American Political Science Review* 98, no. 1（2004）: 105–19.

——. "Every Man a Socrates？ Tocqueville and the Conceit of Modernity." *American Political Thought* 1（Fall 2012）: 208–35.

——. "Nearer My True Self to Thee: Rousseau's New Spirituality—and Ours." *Review of Politics* 74, no. 3（2012）: 465–88.

Craiutu, Aurelian, and Jeremy Jennings, eds.*Tocqueville on America after 1840: Letters and Other Writings*. Cambridge: Cambridge University Press, 2009.

Crawford, Matthew.*The World beyond Your Head: On Becoming an Individual in an Age of Distraction*. New York: Farrar, Straus, and Giroux, 2016.

Cullen, Daniel. "Montaigne and Rousseau: Ou, les solitaires." In *No Monster of Miracle Greater than Myself: The Political Philosophy of Michel de Montaigne*, edited by Charlotte C. S. Thomas. Macon, GA: Mercer University Press, 2014.

Deneen, Patrick.*Why Liberalism Failed*. New Haven: Yale

University Press, 2018.

Deresiewicz, William.*Excellent Sheep: The Miseducation of the American Elite and the Way to a Meaningful Life*. New York: Free Press, 2014.

Derrida, Jacques.*The Politics of Friendship*. Translated by George Collins. New York: Verso, 2005.

Desan, Philippe.*Montaigne: A Political Biography*. Princeton: Princeton University Press, 2017.

Douthat, Ross.*The Decadent Society: How We Became the Victims of Our Own Success*. New York: Avid Reader Press, 2020.

Drescher, Seymour. "Tocqueville's Comparative Perspectives." In *The Cambridge Companion to Tocqueville*, edited by Cheryl B. Welch, 21–48. Cambridge: Cambridge University Press, 2006.

Duff, Alexander S.*Heidegger and Politics: The Ontology of Radical Discontent*. Cambridge: Cambridge University Press, 2015.

Eden, Robert. "The Introduction to Montaigne's Politics." *Perspectives on Political Science*20, no. 4 (Fall 1991) : 211–20.

Edmundson, Mark.*Self and Soul: A Defense of Ideals*. Cambridge, MA: Harvard University Press, 2015.

Einspahr, Jennifer. "The Beginning That Never Was: Mediation and Freedom in Rousseau's Political Thought." *Review of Politics* 72 (2010) : 437–61.

Eliot, T. S. "The *Pensées* of Pascal." In *Selected Essays*. New

York: Harcourt, Brace, & World, 1932.

Emerson, Ralph Waldo. "Montaigne, or, The Skeptic." In *Complete Writings of Ralph Waldo Emerson*, 1:371–82. New York: Wm. H. Wise & Co., 1929.

Fontana, Biancamaria. *Montaigne's Politics: Authority and Governance in the* Essais. Princeton: Princeton University Press, 2008.

Fouke, Daniel C. "Pascal's Physics." In *The Cambridge Companion to Pascal*, edited by Nicholas Hammond, 75–101. Cambridge: Cambridge University Press, 2003.

Frame, Donald M. *Montaigne: A Biography*. San Francisco: North Point Press, 1984.

Fumaroli, Marc. *La diplomatie de l'esprit*. Paris: Hermann, 2001.

——. "First Gentleman of Gascony: Montaigne's Liberal Antidotes to the Hubris of Democracy." *Times Literary Supplement*, October 15, 1999.

——. Preface to *L'art de persuader, précédé de l'art de conférer de Montaigne*, by Blaise Pascal, 7–48. Paris: Rivages poche, 2001.

——. *La querelle des anciens et des modernes*. Paris: Gallimard, 2001.

Furet, François. "Rousseau and the French Revolution." *In The Legacy of Rousseau*, edited by Clifford Orwin and Nathan Tarcov, 168–82. Chicago: University of Chicago Press, 1997.

Galston, William. *Anti-Pluralism: The Populist Threat to Liberal*

Democracy. New Haven: Yale University Press, 2018.

Garber, Daniel.*What Happens after Pascal's Wager: Living Faith and Rational Belief*. Milwaukee: Marquette University Press, 2009.

Gauthier, David.*Rousseau: The Sentiment of Existence*. Cambridge: Cambridge University Press, 2006.

Gopnik, Adam. "Montaigne on Trial." *New Yorker*, January 16, 2017.

Gournay, Marie de.*Preface to the* Essays *of Michel de Montaigne by His Adoptive Daughter, Marie le Jars de Gournay*. Translated by Richard Hillman and Colette Quesnel, from the edition prepared by François Rigolot. Medieval & Renaissance Texts & Studies 193. Tempe, AZ: Medieval & Renaissance Texts & Studies, 1998.

Grace, Eve. "The Restlessness of 'Being' : Rousseau's Protean Sentiment of Existence." *History of European Ideas* 27（2001）: 133–51.

Grant, Ruth.*Hypocrisy and Integrity: Machiavelli, Rousseau, and the Ethics of Politics*. Chicago: University of Chicago Press, 1997.

Greenfeld, Liah.*Mind, Modernity, Madness: The Impact of Culture on Human Experience*. Cambridge, MA: Harvard University Press, 2013.

Griswold, Charles L. "Genealogical Narrative and Self-Knowledge in Rousseau's *Discourse on the Origin and the Foundations of Inequality among Men*." *History of European Ideas*

42, no. 2（2016）: 276–301.

———. "Happiness, Tranquility, and Philosophy." In *In Pursuit of Happiness*, Boston University Studies in Philosophy and Religion, vol. 16, edited by Leroy Rouner, 13–32. South Bend, IN: University of Notre Dame Press, 1995.

Grubbs, Henry A. *Damien Mitton（1618–1690）: Bourgeois Honnête Homme*. Princeton: Princeton University Press, 1932.

Gusdorf, Georges. "Conditions and Limits of Autobiography." In *Autobiography: Essays Theoretical and Critical*, translated and edited by James Olney, 28–48. Princeton: Princeton University Press, 1980.

Hadot, Pierre. *Philosophy as a Way of Life: Spiritual Exercises from Socrates to Foucault*. Edited by Arnold I. Davidson. Malden, MA: Wiley-Blackwell, 1995.

Hamilton, Alexander, James Madison, and John Jay. *The Federalist*. Edited by Jacob E. Cooke. Hanover, NH: Wesleyan University Press, 1961.

Hancock, Ralph C. *The Responsibility of Reason: Theory and Practice in a Liberal-Democratic Age*. Lanham, MD: Rowman and Littlefield, 2011.

Hanley, Ryan Patrick. "Rousseau's Virtue Epistemology." *Journal of the History of Philosophy* 50, no. 2（April 2012）: 239–63.

Hartle, Ann. *Michel de Montaigne: Accidental Philosopher*. Cambridge: Cambridge University Press, 2003.

——.*The Modern Self in Rousseau's* Confessions: *A Reply to St. Augustine*. South Bend, IN: University of Notre Dame Press, 1983.

——.*Montaigne and the Origins of Modern Philosophy*. Evanston, IL: Northwestern University Press, 2013.

Hazlitt, William. "Bibliographical Notice of the Editions of Montaigne." In *The Works of Michel de Montaigne*, edited by William Hazlitt, lxvi–lxxxv. London: Templeton, 1845.

Hebert, L. Joseph.*More than Kings and Less than Men*. Lanham, MD: Lexington Books, 2010.

Heidegger, Martin. "The Question Concerning Technology." In *Basic Writings*, edited by David Farrell Krell, 307–43. New York: Harper Collins, 1993.

Herodotus.*The History*. Translated by David Grene. Chicago: University of Chicago Press, 1987.

Heschel, Abraham Joshua.*God's Search for Man*. New York: Farrar, Straus, and Giroux, 1955.

Hibbs, Thomas M.*Wagering on an Ironic God*. Waco, TX: Baylor University Press, 2017.

Hulliung, Mark. "Rousseau, Voltaire, and the Revenge of Pascal." In *The Cambridge Companion to Rousseau*, edited by Patrick Riley, 57–77. Cambridge: Cambridge University Press, 2001.

Hunter, Graeme.*Pascal the Philosopher: An Introduction*. Toronto: University of Toronto Press, 2013.

Huppert, George.*Les Bourgeois Gentilshommes*. Chicago: University of Chicago Press, 1977.

Jacobs, Alan.*The Pleasures of Reading in an Age of Distraction*. Oxford: Oxford University Press, 2011.

Jardin, André.*Tocqueville: A Biography*. Translated by Lydia Davis and Robert Hemenway. New York: Farrar, Straus, and Giroux, 1988.

Jaume, Lucien.*The Aristocratic Sources of Liberty*. Translated by Arthur Goldhammer. Princeton: Princeton University Press, 2013.

Jonas, Hans.*The Gnostic Religion: The Message of the Alien God and the Beginnings of Christianity*. Boston: Beacon Hill Press, 2001.

Kahan, Alan S.*Tocqueville, Democracy, and Religion: Checks and Balances for Democratic Souls*. Oxford: Oxford University Press, 2015.

Karlin, Louis W., and David R. Oakley.*Inside the Mind of Thomas More: The Witness of His Writings*. New York: Scepter, 2018.

Kass, Leon.*The Hungry Soul: Eating and the Perfection of Our Nature*. New York: Free Press, 1994.

Kelly, Christopher.*Rousseau as Author: Consecrating One's Life to Truth*. Chicago: University of Chicago Press, 2003.

——.*Rousseau's Exemplary Life: The* Confessions *as Political Philosophy*. Ithaca: Cornell University Press, 1987.

Keohane, Nannerl.*Philosophy and the State in France: The*

Renaissance to the Enlightenment. Princeton: Princeton University Press, 1980.

Kolakowski, Leszek.*God Owes Us Nothing: A Brief Remark on Pascal's Religion and on the Spirit of Jansenism*. Chicago: University of Chicago Press, 1995.

Kraut, Richard. "Two Conceptions of Happiness." *Philosophical Review* 88, no. 2（April 1979）: 167–97.

Kreeft, Peter.*Christianity for Modern Pagans*. San Francisco: Ignatius Press, 1993.

Lane, Joseph H. "Reverie and the Return to Nature: Rousseau's Experience of Convergence." *Review of Politics* 68, no. 3（Summer 2006）: 474–99.

Lawler, Peter Augustine.*The Restless Mind*. Lanham, MD: Rowman and Littlefield, 1993.

Le Guern, Michel. *Études sur la vie et les Pensées de Pascal*. Paris: Honoré Champion, 2015.

Le grand Robert de la langue française. Paris: Éditions le Robert, 2017.http://grand-robert.lerobert.com.

Levin, Yuval.*The Great Debate: Edmund Burke, Thomas Paine, and the Birth of Right and Left*. New York: Basic Books, 2014.

——. "Taking the Long Way: Disciplines of the Soul Are the Basis of a Liberal Society." *First Things*, October 2014, 25–31.https://www.firstthings.com/article/2014/10/taking-the-long-way.

——.*A Time to Build*. New York: Basic Books, 2020.

Levine, Alan.*Sensual Philosophy*. Lanham, MD: Lexington Books, 2001.

Lewis, C. S.*Miracles: A Preliminary Study*. New York: Collier, 1947.

Lilla, Mark. "The Hidden Lesson of Montaigne." *New York Review of Books*, March 24, 2011.https://www.nybooks.com/articles/2011/03/24/hidden-lesson-montaigne/.

——.*The Shipwrecked Mind: On Political Reaction*. New York: New York Review of Books, 2016.

——.*The Stillborn God: Religion, Politics, and the Modern West*. New York: Knopf, 2007.

——. "The Truth about Our Libertarian Age." *New Republic*, June 17. 2014.https://newrepublic.com/article/118043/our-libertarian-age-dogma-democracy-dogma-decline.

Lobel, Diana.*Philosophies of Happiness: A Comparative Introduction to the Flourishing Life*. New York: Columbia University Press, 2017.

Locke, John.*Essay Concerning Human Understanding*. Edited by Peter H. Nidditch. Oxford: Oxford University Press, 1975.

Loyseau, Charles.*A Treatise on Orders*. In *The Old Regime and the Revolution*, University of Chicago Readings in Western Civilization, vol. 7, edited by Keith Michael Baker, 13–31. Chicago:

University of Chicago Press, 1987.

Machiavelli, Niccolò.*The Prince*. Translated by Harvey C. Mansfield. Chicago: University of Chicago Press, 1998.

MacIntyre, Alasdair.*Ethics in the Conflicts of Modernity: An Essay on Desire, Practical Reasoning, and Narrative*. Cambridge: Cambridge University Press, 2017.

Maguire, Matthew.*The Conversion of the Imagination: From Pascal through Rousseau to Tocqueville*. Cambridge, MA: Harvard University Press, 2006.

Mahoney, Daniel J.*The Idol of Our Age*. New York: Encounter Books, 2018.

Manent, Pierre.*Cours familier de philosophie politique*. Paris: Fayard, 2001.

——.*Montaigne: La vie sans loi*. Paris: Flammarion, 2014.

——.*Seeing Things Politically: Interviews with Benedict Delorme-Montini*. Translated by Ralph C. Hancock. South Bend, IN: St. Augustine's Press, 2015.

Marchi, Dudley M.*Montaigne among the Moderns: Reception of the* Essais. Providence, RI: Berghahn Books, 1994.

Markovits, Daniel.*The Meritocracy Trap: How America's Foundational Myth Feeds Inequality, Dismantles the Middle Class, and Devours the Elite*. New York: Penguin, 2019.

Marks, Jonathan.*Perfection and Disharmony in the Thought of*

Jean-Jacques Rousseau. Cambridge: Cambridge University Press, 2005.

Martin Haag, Eliane. "Diderot et Voltaire lecteurs de Montaigne: Du jugement suspendu à la raison libre." *Revue de métaphysique et de morale*, no. 3（1997）: 365–83.

Masters, Roger. "Rousseau and the Recovery of Human Nature." In *The Legacy of Rousseau*, edited by Clifford Orwin and Nathan Tarcov, 110–41. Chicago: University of Chicago Press, 1996.

McClay, Wilfred.*The Masterless: Self and Society in Modern America*. Chapel Hill: University of North Carolina Press, 1994.

———. "The Tocquevillean Moment ⋯ and Ours." *Wilson Quarterly* 36（Summer 2012）: 48–55.

McDade, John. "The Contemporary Relevance of Pascal." *New Blackfriars* 91, no. 1032（February 2010）: 185–96.

McMahon, Darrin M.*Happiness: A History*. New York: Atlantic Monthly Press, 2006.

Melzer, Arthur.*The Natural Goodness of Man*. Chicago: University of Chicago Press, 1990.

———. "Rousseau and the Modern Cult of Sincerity." In *The Legacy of Rousseau*, edited by Clifford Orwin and Nathan Tarcov, 274–95. Chicago: University of Chicago Press, 1996.

Mesnard, Jean.*Pascal*. Paris: Hatier, 1962.

Mill, J. S. "De Tocqueville on Democracy in America." In

Collected Works of J. S. Mill, vol. 18, edited by J. M. Robson and Alexander Brady, 47–90. Toronto: University of Toronto Press, 1977.

Mishra, Pankaj.*Age of Anger: A History of the Present*. New York: Farrar, Straus, and Giroux, 2017.

Mitchell, Joshua.*The Fragility of Freedom: Tocqueville on Religion, Democracy and the American Future*. Chicago: University of Chicago Press, 1995.

——.*Tocqueville in Arabia: Dilemmas in a Democratic Age*. Chicago: University of Chicago Press, 2013.

Montaigne, Michel de.*Complete Works of Michel de Montaigne*. Translated by Donald M. Frame. New York: Everyman's Library, 2003.

——.*Les Essais*. Edited by Pierre Villey. Paris: Presses Universitaires de France, 1924.

More, Thomas.*The Sadness of Christ*. Translated by Clarence Miller. New York: Scepter, 1993.

Mostefai, Ourida. "Un auteur paradoxal: Singularité et exemplarité de la carrière de Rousseau." *Romanic Review* 103, nos. 3–4（2013）: 427–37.

Nakam, Geralde.*Montaigne et son temps*. Paris: Gallimard, 1993.

Natoli, Charles M.*Fire in the Dark: Essays on Pascal's* Pensées *and* Provinciales. Rochester: University of Rochester Press, 2005.

Nehamas, Alexander.*On Friendship*. New York: Basic Books,

2016.

Nicholson, Harold.*Sainte-Beuve*. Garden City, NY: Doubleday, 1956.

Nietzsche, Friedrich.*Ecce Homo*. In *On the Genealogy of Morals and Ecce Homo*, translated by Walter Kaufmann. New York: Vintage, 1989.

——.*The Gay Science*. Translated by Walter Kaufmann. New York: Random House, 2010.

——.*Thus Spoke Zarathustra*.Translated by Walter Kaufmann. New York: Penguin, 1978.

Nussbaum, Martha. "Mill between Aristotle and Bentham." *Daedalus* 133, no. 2 (Spring 2004) : 60–68.

O' Connell, Marvin.*Blaise Pascal: Reasons of the Heart*. Grand Rapids, MI: Eerdmans, 1997.

Okin, Susan Moller.*Women in Western Political Thought*. Princeton: Princeton University Press, 1979.

Olivo-Poindron, Isabelle. "Du moi humain au moi commun; Rousseau lecteur de Pascal." *Les études philosophiques* 95, no. 4 (January 2010) : 557–95.

Parish, Richard. "Pascal' s *Lettres provinciales:* From Flippancy to Fundamentals." In *The Cambridge Companion to Pascal*, edited by Nicholas Hammond, 182–200. Cambridge: Cambridge University Press, 2003.

Pascal, Blaise.*Oeuvres complètes*. Edited by Henri Gouhier and Louis Lafuma. Paris: Editions du Seuil, 1963.

——.*Pensées*. Translated and edited by Roger Ariew. Indianapolis: Hackett, 2004.

——.*The Provincial Letters*. Translated by Thomas M'Crie. New York: Modern Library, 1941.

Pascal, Blaise, and Pierre Nicole.*Trois discours sur la condition des grands*. In Blaise Pascal, *Oeuvres*, edited by Gérard Ferreyrolles and Philippe Sellier. Paris: Classiques Garnier, 2004.

Périer, Étienne. "Preface［de l'édition de Port-Royal］." In Blaise Pascal, *Pensées*, edited by Michel Le Guern, 41–62. Paris: Gallimard, 2004.

Périer, Gilberte.*Vie de Monsieur Pascal*.In Blaise Pascal, *Oeuvres complétes,* edited by Henri Gouhier and Louis Lafuma. Paris: Editions du Seuil, 1963.

Pippin, Robert.*Nietzsche, Psychology, and First Philosophy*. Chicago: University of Chicago Press, 2010.

Plato.*Apology of Socrates*. Translated by Thomas G. West and Grace Starry West. Ithaca: Cornell University Press, 1984.

——.*Gorgias*. In *Plato: Gorgias and Aristotle: Rhetoric*, translated by Joe Sacks. Indianapolis: Hackett, 2009.

——.*Republic*. Translated by G. M. A. Grube. In *Plato: Complete Works*, edited by John M. Cooper. Indianapolis: Hackett, 1997.

———.*Symposium*. Translated by Alexander Nehamas and Paul Woodruff. Indianapolis: Hackett, 1989.

Popkin, Richard.*History of Skepticism from Erasmus to Spinoza*. Berkeley: University of California Press, 1979.

Putnam, Robert.*Our Kids: The American Dream in Crisis*.New York: Simon and Schuster, 2016.

Quint, David.*Montaigne and the Quality of Mercy*. Princeton: Princeton University Press, 1998.

Rauch, Jonathan. "How American Politics Went Insane." *Atlantic Monthly*, July/August 2016.https://www.theatlantic.com/magazine/archive/2016/07/how-american-politics-went-insane/485570/.

Reginster, Bernard. "Happiness as a Faustian Bargain." *Daedalus* 133, no. 2（Spring 2004）: 52–59.

Rice, Eugene F., Jr., and Anthony Grafton.*The Foundation of Early Modern Europe, 1460–1559*. New York: W. W. Norton, 1994.

Rigolot, François.*Les métamorphoses de Montaigne*. Paris: Presses Universitaires de France, 1988.

Rogers, Ben. "Pascal's Life and Times." In *The Cambridge Companion to Pascal*, edited by Nicholas Hammond, 4–19. Cambridge: Cambridge University Press, 2003.

Rousseau, Jean-Jacques.*Basic Political Writings*, ed. Donald A. Cress. Indianapolis: Hackett, 2011.

Rousseau, Jean-Jacques.*The* Confessions *and Correspondence,*

Including Letters to Malesherbes. Translated by Christopher Kelly. Edited by Christopher Kelly, Roger D. Masters, and Peter G. Stillman. The Collected Writings of Rousseau, vol. 5. Hanover, NH: Dartmouth College, 1995.

——.*The Discourses and Other Early Political Writings*. Translated by Victor Gourevitch. Cambridge: Cambridge University Press, 1997.

——.*Émile, or, On Education*. Translated and edited by Allan Bloom. New York: Basic Books, 1969.

——.*Julie, or the New Heloise.*Translated by Philip Stewart and Jean Vaché. Edited by Jean Vaché. Collected Writings of Rousseau, vol. 6. Hanover, NH: Dartmouth College Press, 1997.

——.*The Major Political Writings of Jean-Jacques Rousseau*. Translated by John T. Scott. Chicago: University of Chicago Press, 2012.

——.*Oeuvres complètes*. Vols. 1–4. Edited by Bernard Gagnebin and Marcel Raymond.Bibliothèque de la Pléiade. Paris: Gallimard, 1959–69.

——.*The Plan for Perpetual Peace. On the Government of Poland, and Other Writings on History and Politics.*Translated by Chrstopher Kelly and Judith Bush. Edited by Christopher Kelly. The Collected Writings of Rousseau, vol. 2. Hanover, NH: Dartmouth College Press, 2005.

——.*The Reveries of the Solitary Walker*. Translated by Charles Butterworth. Indianapolis: Hackett, 1992.

——.*Rousseau: Judge of Jean-Jacques*.Translated by Judith R. Bush, Christopher Kelly, and Roger D. Masters. Hanover, NH: University Press of New England, 1990.

Sainte-Beuve, Charles-Augustin.*Literary and Philosophical Essays: French, German and Italian*. Edited by Charles W. Eliot. New York: P. F. Collier and Sons, 1914.

——.*Port-Royal*. Vols. 1–7. Paris: La Conaissance, 1926.

Schaefer, David Lewis. "Montaigne, Tocqueville, and the Politics of Skepticism." *Perspectives on Political Science* 31, no. 2（2002）: 204–12.

——.*The Political Philosophy of Montaigne*. Ithaca: Cornell University Press, 1990.

Schaub, Diana. "On Slavery: Beaumont's *Marie* and Tocqueville's *Democracy in America*." *Legal Studies Forum* 22, no. 4（1998）: 607–26.

Schindler, D. C.*Freedom from Reality*. South Bend, IN: University of Notre Dame Press, 2017.

Scott, John T. "Rousseau's Quixotic Quest in the *Rêveries du promeneur solitaire*." In *The Nature of Rousseau's* Rêveries: *Physical, Human, Aesthetic*, edited by John C. O'Neal, 139–52. Oxford: Voltaire Foundation, 2008.

Scott, John T., and Robert Zaretsky.*The Philosophers' Quarrel: Rousseau, Hume, and the Limits of Human Understanding*. New Haven: Yale University Press, 2009.

Screech, M. A.*Montaigne & Melancholy: The Wisdom of the Essays*. Selinsgrove, PA: Susquehanna University Press, 1983.

Shell, Susan Meld. "*Émile*: Nature and the Education of Sophie." In *The Cambridge Companion to Rousseau*, ed. Patrick Riley, 272–301. Cambridge: Cambridge University Press, 2006.

Shklar, Judith.*Men and Citizens: A Study of Rousseau's Social Theory*. Cambridge: Cambridge University Press, 1985.

——.*Ordinary Vices*. Cambridge, MA: Harvard University Press, 1984.

Silver, Lee M.*Challenging Nature: The Clash between Biotechnology and Spirituality*. New York: Harper Perennial, 2006.

Smith, Christian, and Melinda Lundquist Denton.*Soul Searching: The Religious and Spiritual Lives of American Teenagers*. Oxford: Oxford University Press, 2009.

Smith, Jeffrey A. "Natural Happiness, Sensation, and Infancy in Rousseau's *Emile*." *Polity* 35, no. 1（Autumn 2002）: 93–120.

Starobinski, Jean.*Transparency and Obstruction*. Translated by Arthur Goldhammer. Chicago: University of Chicago Press, 1988.

Stendhal［Marie-Henri Beyle］.*On Love*. Edited by C. K. Scott-Moncrieff. New York: Grosset and Dunlap, 1947.

Storey, Benjamin. "Rousseau and the Problem of Self-Knowledge." *Review of Politics* 71, no. 2（Spring 2009）: 251–74.

———. "Self-Knowledge and Sociability in the Thought of Rousseau." *Perspectives on Political Science* 41, no. 3（August 2012）: 146–54.

———. "Tocqueville on Technology." *New Atlantis* 40（Fall 2013）: 48–71.

Strauss, Leo.*Natural Right and History*. Chicago: University of Chicago Press, 1950.

Talmon, J. L.*The Origins of Totalitarian Democracy*. New York: Praeger, 1960.

Taylor, Charles.*A Secular Age*. Cambridge, MA: Harvard University Press, 2007.

———.*Sources of the Self*. Cambridge, MA: Harvard University Press, 1989.

Tessitore, Aristide. "Tocqueville's American Thesis and the New Science of Politics." *American Political Thought* 4（Winter 2015）: 72–99.

Thompson, Douglas I.*Montaigne and the Tolerance of Politics*. Oxford: Oxford University Press, 2018.

Tocqueville, Alexis de.*Democracy in America*. Edited by Eduardo Nolla. Translated by James T. Schleifer. Indianapolis: Liberty Fund, 2010.

———.*Recollections: The French Revolution of 1848 and Its Aftermath*. Edited by Oliver Zunz. Translated by Arthur Goldhammer. Charlottesville: University of Virginia Press, 2016.

———.*Selected Letters on Politics and Society*. Edited by Roger Boesche. Translated by James Toupin and Roger Boesche. Berkeley: University of California Press, 1985.

———.*Souvenirs*. Edited by J. P. Mayer and A. P. Kerr. New Brunswick, NJ: Transaction Publishers, 2009.

———.*Souvenirs*. In *Oeuvres complètes*, vol. 3, edited by François Furet and Françoise Mélonio. Paris: Gallimard, 2004.

Todorov, Tzvetan.*Frail Happiness: An Essay on Rousseau*. Translated by John T. Scott and Robert D. Zaretsky. University Park: Pennsylvania State University Press, 2001.

———.*Imperfect Garden: The Legacy of Humanism*. Translated by Carol Cosman. Princeton: Princeton University Press, 2002.

Toulmin, Stephen.*Cosmopolis: The Hidden Agenda of Modernity*. Chicago: University of Chicago Press, 1990.

Trilling, Lionel.*Sincerity and Authenticity*. Cambridge, MA: Harvard University Press, 1971.

Van Doren, Mark.*Don Quixote's Profession*. New York: Columbia University Press, 1958.

Vermeule, Adrian. "Liturgy of Liberalism." *First Things*, January 2017, 57–60.

Viguié, Pierre.*L'honnête homme au XVIIe siècle: Le Chevalier de Méré（1607–1684）*. Paris: Editions Sansot, 1922.

Voltaire.*Lettres philosophiques*, vingt-cinquième lettre, "sur les *Pensées* de M. Pascal." In *Mélanges*, edited by Jacques Van Den Heuvel. Paris: Gallimard, 1961.

——.*Le Mondain*. In *Mélanges,* edited by Jacques Van Den Heuvel. Paris: Gallimard, 1961.

Wallace, David Foster. "This Is Water." http://bulletin-archive. kenyon.edu/x4280.html.

Wampole, Christy. "How to Live without Irony." In *Modern Ethics in 77 Arguments*, edited by Peter Catapano and Simon Critchley, 79–84. New York: W. W. Norton, 2017.

Weintraub, Karl Joachim.*The Value of the Individual: Self and Circumstance in Autobiography*. Chicago: University of Chicago Press, 1978.

Welch, Cheryl B. "Tocqueville on Fraternity and Fratricide." In *The Cambridge Companion to Tocqueville*, edited by Cheryl B. Welch. Cambridge: Cambridge University Press, 2006.

West, Cornel. "The Indispensability yet Insufficiency of Marxist Theory." In *The Cornel West Reader*. New York: Basic Books, 1999.

Wills, Gary. "Did Tocqueville 'Get' America ？" *New York Review of Books*, April 29, 2004.

Wolin, Sheldon.*Tocqueville between Two Worlds: The Making*

of a Political and Theoretical Life. Princeton: Princeton University Press, 2001.

Woolf, Virginia. *The Common Reader*. New York: Harcourt Brace, 1932.

Wooton, David. *Power, Pleasure, and Profit: Insatiable Appetites from Machiavelli to Madison*. Cambridge, MA: Harvard University Press, 2018.

Yarbrough, Jean M. "Tocqueville on the Needs of the Soul." *Perspectives on Political Science* (Spring 2018) : 1–19.

Zeitlin, Jacob. *Essays of Montaigne*. Vol. 3. New York: Knopf, 1934.

Zuckert, Catherine. "Tocqueville's 'New Political Science.'" In *Tocqueville's Voyages: The Evolution of His Ideals and Their Journey beyond His Time*, edited by Christine Dunn Henderson, 142–76. Indianapolis: Liberty Fund, 2014.

索　引

（以下页码均为原书页码，即本书边码）

Alberti, Leon Battista, 14

Alexander the Great, 32

America: middle class in, 147–52; politics of, 170–175; science and technology in, 159–60; West in, 164

animals, Montaigne on, 18–20

Andrews, Helen, on Tocqueville's irrelevance, 220n14

Annas, Julia, on happiness, 192n3

Annat, François, 59

anthropology: philosophic, 8, 10, 42; political anthropology, 48–49

"Apology for Raymond Sebond" (Montaigne) , 18, 23–24, 179

Ariew, Roger, 209n68, on Pascal and Descartes as scientists, 205n7 aristocracy: democracy compared with, 165–66; formality in, 152–55; Tocqueville on, 151–52

Aristotle: on happiness, 143; Montaigne on, 32; on soul, 26, 162; on virtues, 157–58

Arnauld, Angelique, 56

Arnauld, Antoine, 56, 58, 59

Atanassow, Ewa, on exclusion in egalitarian modernity, 220n15, 220n16

Auerbach, Erich, on Pascal's view of politics, 207n36

Augustine (Saint) , 18, 52; Jansenism based on, 58, 205–6n11, 205n8; on paganism, 82

Bacon, Francis, 15

Bakewell, Sarah, 191n3, 198n9, on Jansenists' role in putting Montaigne's *Essays* on the Index of Forbidden Books, 202n57m; on Montaigne's coolness toward family, 201n44; on Montaigne as negotiator, 203n65

Bauerlein, Mark, on distraction, 222n34

Beaumont, Gustave de, 220n15

Bejan, Teresa M., on mere civility in contrast to public reason, 227n6

Berlin, Isaiah, 227n6

Boesche, Roger, on Tocqueville's "restless generation," 190n4, 219n8; on Tocqueville's aristocratic manners, 219n11; on Tocqueville's view of the household as a "place of servility," 223–24n48

Bok, Sissela, 193n4

bourgeois: in America, 148; Montaigne as prototype, 16–17; Rousseau on, 5–6, 141–42; Tocqueville on, 142

bourgeois gentilhomme, 16–17

Boyd, Richard, on exclusion in modern democracy, 220n16; *see also* Atanasow, Ewa Brogan, Hugh, 191n2, 218n7, 219n11–12, 222n34, 223n38,

Brooks, David, on encounters with writers of the past, 191–92n3; on the search for a moral life, 228n10

Bruckner, Pascal, on happiness as a norm, 226n3; on pleasure as a problem, 213n19; on suffering as obscenity, 197n12

Burgelin, Pierre, 196n11

Burke, Edmund, 45

Burkhardt, Jacob, 198n6

Calvin, John, 21–22

Carr, Nicholas, on distraction, 222n34; on technology and the development of the self, 198n8

Catherine de Medici（Queen Mother, France）, 11

Cato the Younger, 20–21

Ceaser, James W., on the need to supplement the modern doctrine of rights, 226n62 charity, Pascal on, 93–94, 96

Charles IX（King, France）, 11

Chateaubriand, François de, 53, 208n42

Chevreuse, Charles-Honoré de（Prince）, 207n26

Christianity: Pascal on, 84, 85, 87–88, 90–91, 95–97; Rousseau's critique of 130. *See also* Roman Catholic Church citizen-ship, 20–21; Rousseau on, 111–13, 138; Tocqueville on, 166

college, see universities

conscience, 128–29

conservatism, 41–49, 171–175

Constant, Benjamin, 48

Cooper, Laurence D., 212n8, on "the desire to extend our being" in Rousseau 215n43; on "modern Socratism," 223n38

Craiutu, Aurelian, and Jeremy Jennings, on Tocqueville's pessimism about America, 220n15; on the self-subverting character of democracy, 225n57; on American leadership, 225n58

Crawford, Matthew, on distraction, 222n34

democracy: aristocracy compared with, 165–66; disdain for formality in, 154; emotional coldness in, 168–69; liberal democracy, 190n1; limits on, 225n57; materialism and, 162; Tocqueville on, 7–9, 142–44, 151–52

demi-habile, 73–74

Democracy in America（Tocqueville）, 144, 155; on slavery, 148

Deneen, Patrick, on "anticulture," 171; on modern philosophic anthropology, 197n14, 201n42

Deresiewicz, William, on the miseducation of American elites, 189n2; on popularity of finance and consulting with elite college graduates, 226n2

Desan, Philippe, 198n9, 202n56, on Montaigne's ambition, 201n42; on Montaigne as the first and last "Montaigne," 197n2; on Montaigne as negotiator, 203n65; on Montaigne as representative of bourgeois ethic, 16–17

Descartes, Rene, 15, 205n7, 209n57

Deschamps brothers, 56

Diderot, Denis, 15, 109, 132

Discourse on Inequality (Rousseau) , 104–8, 114–15

Douthat, Ross, on the decadent society, 189n3, 228n11

Drescher, Seymour, on Tocqueville's comparative perspective, 219n10

Duff, Alexander, on Heidegger on technology, 222n36

Edict of Nantes (1598) , 11, 50

Edmundson, Mark, 221n27, on distraction, 226n3; on mental narrowness of the modern self, 221n31; on self and soul, 192–93n4; on Shakespeare as poet of worldliness, 198n6 Eliot, T. S., 180, 204n1

Emerson, Ralph Waldo, 15, 17, 43

Émile (Rousseau) , 114–24

England, happiness in philosophy of, 192n3

Epictetus, 77–82

Epinay, Mme d', 114, 133

Essays (Montaigne), 15–16, 24–26, 36; banned by Catholic Church, 43, 202n57

Fabricius, 109–10

family: aristocratic, 165; democratic, 166–167; Montaigne's, 201n44; Rousseau on, 116, 117, 121; Tocqueville's, 146

Florio, John, 15

Fontaine, Nicolas, 78, 208n52

Fontana, Biancamaria, on human difference and cruelty, 199n15, on Montaigne's creation of his own audience, 202n48, on Montaigne and modernity, 194n6, on Montaigne's statesmanship, 203–204n65, on nonchalance as accomplishment, 200n30

forme maistresse (master pattern), 25

form (s), as soul, 162, 174; democratic hostility to, 152–61; *moralistes* as critics of, 153–154; Platonic, 25

France: happiness in philosophy of, 192n3; *moralistes* tradition in, 2; Fronde in, 50–51; wars of religion in, 11, 42

freedom, 75; as basis of friendship, 39–40

friendship, 193n5; Montaigne on, 39–41; Pascal on, 67; *see also* unmediated approbation

Fronde, 50–51

Fumaroli, Marc, 203n64, on France's "liberal" aristocracy, 47, on Montaigne's influence on Pascal, 191n2, on Montaigne's legacy, 198n9, on the use of the first person, 199n24, on Pascal, Mitton, and Méré, 207n23

Galston, William, on liberalism's dominant way of life, 190n1; on the self-conscious incompleteness of liberalism, 227n6

gambling, 64

Garber, Daniel, on objections to Pascal's wager, 209n68

Gauthier, David, on Rousseau's "legend of the fall," 104 and 213n13; on Rousseau's "sentiment of existence," 196n11

God, 128–29; Epictetus on, 79; hidden, 88–91; Montaigne on, 29; Pascal on, 77, 84–86, 88–91; Rousseau on, 126–32

Good life, ix-xii, 1–9, 176–182; in Montaigne, 20–23; in Pascal, 91–97; in Rousseau, 134–137; in democratic America, 163

Gopnik, Adam, on Montaigne as inventor of liberalism, 48 and 204n66

Gournay, Marie de, defense of Montaigne against charges of heresy, 202n57

government, Montaigne on, 45–46

Grace, Eve, on self-destructive power of imagination in Rousseau, 217n78

Grant, Ruth, on integrity in the thought of Rousseau, 214n30

Greenfeld, Liah, on depression, bipolar disorder, and schizophrenia as diseases specific to modernity, 226n2

Griswold, Charles, on relation between reason and happiness, 226n1, on genealogical narrative and self-knowledge, 213n13

Gusdorf, Georges, on autobiography as a second reading experience, 199–200n25

Hamilton, Alexander, 46

Hancock, Ralph C., on bondage of mind as natural human condition, 221n31

Hanley, Ryan Patrick, on Rousseau's "virtue epistemology," 213n17

happiness: Aristotle on, 143; as immanent contentment, 2–3; in French thought, 192n3; modern idea of, 140–143, 177–178, 192–93nn4–6; Montaigne on, 33–39; Pascal on, 65–66, 99; pursuit of, ix-xii, 7–8, 180–182; Rousseau on, 102, 115–129, 134–135, 137–139; Solon on, 140; Tocqueville on democratic pursuit of, 150–152, 155, 163, 168

happiness signaling, 97

Hartle, Ann, on Montaigne's "invention of society," 37 and 202n48; on Montaigne and modern philosophy; 194n6, on Rousseau's "calm sensuality," 196n11; on Montaigne's religious practice, 202n56 heart: Pascal on, 91–97; Rousseau on, 126–27

Heidegger, Martin, 160

Henry IV (Henri de Navarre; King, France) , 11

heroism, 108–114

Hibbs, Thomas, 195n8, on apathy and atrophy of soul, 81 and 209n58; on the desire for happiness, 195n8; on God's pedagogic irony, 90 and 210n74; on Montaigne's influence on Pascal, 191n2; on "the mystery of moral transformation," 87 and 210n69; on Pascal's "hidden God," 90 and 210n73; on Pascal's wager, 94–95 and 211n84

Hobbes, Thomas, 52

honnêtes hommes, 4, 64, 141

Houdetot, Sophie d', 133–34

Huguenots, 11, 42

Huizinga, Johan, 191–92n3

Hulliung, Mark, on Voltaire's hypochondria and Rousseau as Pascal's revenge, 211n2

humanism, 194n6; inhumanity of, 151–152; Montaigne's, 13–17, 177–78; Todorov on, 150

human nature: Montaigne on, 23; Pascal on, 85, 91; Rousseau on, 102, 108

Hume, David, 154

Hunter, Graeme, on Antoine Arnauld's character, 58 and 205n11; defense of Pascal's wager, 209n67; on Pascal and Descartes,

209n57; on Pascal's *entretien avec M. de Saci*, 79 and 208n54; on Pascal's "hidden God," 89 and 210n73; on Pascal as philosopher, 195n8; on reasonableness of Christianity, 209n59

hunting, 19, 64

immanent contentment, 141, 142; Montaigne on, 3–5, 16, 20, 33–39; Rousseau on, 6, 102, 104; suspicion of forms in quest for, 158; Tocqueville on, 7, 155

Incarnation, 90–91

inequality, in America, 148–49

Innocent X (pope) , 205n11

Jacobs, Alan, on distraction, 222n34

Jansenism, 205n8; branded as heresy by Roman Catholic Church, 5; Pascal's advocacy of, 55–60, 78; theology of, 205–6n11

Jansenius, Cornelius, 56

Jaume, Lucien, on democratic envy, 168 and 224n50–51; on Tocqueville as *moraliste*, 190n2; on Tocqueville as both great and common, 219n11

Jennings, Jeremy, see Craiutu, Aurelian

Jesuits, 56–62, 205n11

Jesus Christ, 130; Pascal on, 83, 89–92

Jonas, Hans, on alienation and Gnosticism, 209n57; on man's

loneliness in the universe of modern cosmology, 204–5n7

Kahan, Alan S., on Tocqueville as democracy's "spiritual director," 219n8

Kass, Leon, on human difference, 19 and 199n15; on form as soul, 174 and 225n61

Kelly, Christopher, 196n11, 212n7, 213n13, 214n30, on Rousseau's practice of signing his books in an age of anonymous authors, 214n29

Keohane, Nannerl, 214n31, on Montaigne's attractive portrait of bourgeois individualism, 16 and 198n10; on Montaigne's readership, 198n9

Kolakowski, Leszek, on the *honnête homme*, 51; on Pascal's sad religion, 97 and 195n8; on Jansenism and Augustinianism, 205–6n11

Kreeft, Peter, on force and justice in Pascal, 71; on Christianity and human nature, 91; on the hiding of suffering among Americans and Englishmen, 97; on Pascal's "Christianity for modern pagans," 195n8

La Boétie, Etienne de, Montaigne's friendship with, 3, 6, 39–40, 68, 124, 153, 169

Lane, Joseph, on the limits of the Rousseauan return to nature,

217n84

Lawler, Peter, on man as miserable accident, 163, on Tocquevillean restlessness and liberty, 190n4 and 219n8

laws, Montaigne on foundation of, 45

Le Guern, Michel, on the self in Pascal, 195n8

Leseur（Abbé）, 146

Levasseur, Thérèse, 133, 136, 211n3

Levin, Bernard, on the reader's self-recognition in Montaigne, 2 and 191n3

Levin, Yuval, on anti-institutionalism, 173 and 225n59, on "taking the long way," 228n11

Levine, Alan, 194n6, 197n3-4, on Montaigne as protoliberal, 204n66

liberal democracy, 190n1

liberal education, see universities

liberalism, 172, 227n6; Locke's development of, 38; modern commitment to, 8; Montaigne's, 48, 204n66

Lilla, Mark, on modernity as permanent revolution, 8 and 197n13; on Montaigne's view of conversion, 44-45 and 203n60; on modern philosophic anthropology and liberalism, 197n14; on Don Quixote, 210n69

Locke, John, 38, 170

loneliness, 167

Louis XIV (King, France) , 5, 50

love, Pascal on, 68, 91–97; *see also* unmediated approbation

Machiavelli, Niccolò, 21

Mahoney, Daniel J., on the unsustainability of democracy based on philosophical modernity, 225–26n62

Manent, Pierre: on *demi-habile's* political activity, 73; on democratic homogeneity, 151; on the formless movement of modern life, 153 and 221n23; on human differences, 151; on liberalism as a politics of separations, 170 and 224n54; on Machiavelli and Calvin, and Montaigne, 21 and 194n6; on modern humanism, 33, 200–201n35, and 201n39; on the "sentiment of human resemblance," 149 and 221n17; on Leo Strauss, 208n39

Marks, Jonathan, on Rousseau's state of nature, 213n14, on natural teleology in Rousseau, 214n38

Marriage, 92, 118–124, 169; Montaigne's, 210n44; Rousseau's, 136

Masters, Roger, on natural human sociability, 216n58

materialism: Pascal on, 75–76; Tocqueville on, 162

mathematics, Pascal's, 54

McClay, Wilfred, on the digital revolution and democratic leveling, 222n34; on tension between individual and society in America, 226–27n4

McDade, John, on Pascal's theology and postmodernism, 195n8; on Jansenism as Augustinian, 205n8; on the "hidden God," 210n72; on theology of election, 211n87

McMahon, Darrin M., on Christian ideals and modern happiness, 193n6; on English view of happiness, 192n4; on happiness as a duty, 197n12; on premodern views of happiness, 218n1

Melville, Herman, 16

Melzer, Arthur, on the "society of smiling enemies," 101 and 212n5; on solitary and social possibilities in Rousseau's thought, 107 and 213n23

mental illness, 226n2

Mesnard, Jean, on Pascal's collaboration with the Jansenists on the *Provincial Letters*, 206n13; on Pascal's understanding of the heart, 210n77

middle class, in Tocqueville's America, 7, 142, 147–52

Mill, John Stuart, 7, 142, 157, 166

misery, see unhappiness

Mishra, Pankaj, on Rousseau's critique of the bourgeois, 195n10; on Paris as symbol of cosmopolitanism, 212n7

Mitchell, Joshua, on American nihilism, 223n38; on democratic compassion, 167; on democratic man as *homo solus*, 223n45; on violence and institutional weakness, 225n59

Mitton, Damien: as Pascal's friend, 51, 64, 206–7n23; Pascal's imaginary dialogue with, 69–70

modernity, Montaigne's contributions to, 194n6

Montaigne, Françoise, 201n44

Montaigne, Michel de: on animals and nature, 18–20; on forms, 152, 153; French seventeenth century appreciation of, 50–52; on friendship, 39–41, 169; on good life, 20–23; on happiness, 2–3, 33–39, 140–41; humanism of, 13–17, 177–78; on immanent virtues, 26–33; La Boétie and, 68, 124; life of, 11–12; as *moralistes*, 2; on ordinary life, 3–4; Pascal compared with, 63–64; Pascal on, 70–74, 77–82; political anthropology of, 48–49; on politics and religion, 41–48; on pursuit of immanent contentment, 170; on reason, 179–80; Rousseau on, 107, 126, 128; on self-understanding, 23–26; Tocqueville on, 143–44

moralistes, 2, 144–45, 177, 192n2; beginning with Montaigne, 15

Mostefai, Ourida, on Rousseau's posture as author, 212n7; on Rousseau's celebrity, 216n59

natural rights, 226n62

nature: Montaigne on, 18–19, 44; Rousseau on, 113; technology versus, 160

Nehamas, Alexander, on Montaignean friendship, 39–40, 193n5

Nicole, Pierre, 59, 206n23, 207n26

Nietzsche, Friedrich, on sentiment of personal providence, 29; on becoming what one is, 45; on shame, 74

Oakley, David, and Louis W. Karlin, on suffering of Christ, 210n75

Paris（France）, Rousseau's rejection of, 101–2, 110, 121, 212n6

Pascal, Blaise, on forms, 153; on God, 88–91; on happiness, 65–66; on heart and love, 91–97; on justice, 70–74; legacy of, 97–98; life of, 53–57; on Montaigne's religious views, 43; *Pensées*, writing of, 63–64; on philosophers, 77–82; *Provincial Letters*, 57–62; on purpose of life, 162–63; on quest for immanent contentment, 178; on religion and theology, 57–62, 82–85, 195n8; Rousseau on, 102, 107, 126, 128; on self-transcendence, 74–77; on social life, 4–5, 66–70; on solitude, 132, 135; Tocqueville on, 143; wager, 85–88

Pascal, Étienne, 53–54, 56

Pascal, Jacqueline, 56

Pascal's Triangle, 54

Périer, Étienne, 63, 82

Périer, Gilberte, 95, 206–7n23

permissiveness, 57–62; *see also* Jesuit

philosophers: Montaigne on, 20–21, 179; Pascal on, 75, 77–82; Rousseau on, 128–29, 212–13n11, 221–22n32

philosophic anthropology, 10, 49; Deneen and Lilla on, 197n14;

of liberalism, 8; of Montaigne, 42

philosophy, 20; Montaigne on, 23–25

physics, Pascal's, 54–55

Plato, 22, 30

Plutarch, 110

political anthropology, 48–49

political science, 155, 218n4

politics: Montaigne on, 41–49; Pascal on, 70–74; Rousseau on, 108–13; Tocqueville on, 142–43, 170–175

Pontchateau, M. de, 205n8

"The Profession of Faith of the Savoyard Vicar" (Rousseau), 125–35

Protestants, in French wars of religion, 11, 42

The Provincial Letters (Pascal) , 57–62

Quint, David, on humanity and cruelty in Montaigne, 199n21; on cruelty of virtue, 201n37

Rawls, John, on public reason, 179 and 224n4

Reginster, Bernard, on contemporary philosophy on happiness, 192n3

religion: in America, Tocqueville on, 156–57, 171, 224n55; Enlightenment philosophy versus, 224n56; Montaigne on, 41–48;

Pascal on, 55–62, 82–87; Rousseau on, 124–32

Rêveries du promeneur solitaire（Rousseau）, 136, 137

Rigolot, François, on Montaignean eloquence, 203n64

Roannez, Arthus de, 55, 96

Roannez, Jacqueline, 96

Roman Catholic Church: in French wars of religion, 11; on Jansenism, 205n8, 205n11; Jesuits versus Jansenists in, 56–62; Montaigne on, 42–43; Pascal on, 88; Pascal banned by, 5, 211n1

Ronsard, Pierre de, 203n64

Rousseau, Jean-Jacques; on citizenship and politics, 108–14; *Émile*, 114–24; on fall of man, 104–8; on forms, 153–54; as heir of Montaigne and Pascal, 5–7, 196–97n11; on human self-consciousness, 151; on hunting, 19; on immanent contentment, 34; on observation, 146; political philosophy of, 212–13n11; on religion, 124–32; solitude of, 132–38, 221–22n32; Voltaire versus, 211–12n3

Saci, Louis-Isaac Lemaistre de, 78–79

Sainte-Beuve, Charles-Augustin, 5, 14, 61, 197n5; on Jansenism, 205n8; on Montaigne, 50

Schaub, Diana, on Tocqueville and Beaumont on race and slavery, 220n15

Schindler, D. C., on self-subverting character of Lockeanism, 225n57 science: in America, Tocqueville on, 159; Pascal's contributions to, 54–55

Scott, John T., and Robert Zaretsky, on Rousseau's role in creating public opinion, 196–97n11; on Rousseau's quarrel with Voltaire, 212n3; on Rousseau's friendships, 216n59; on Rousseau's love of gestures, 217–18n86

Screech, M. A., on Montaigne's suspicion of the ecstatic, 199n16

Séguier, Pierre, 60

self, 10–12; modern concept of, 192–93n4, 193n6; Montaigne on, 14–15, 17–20, 24; Pascal on, 67–70, 195n8

self-deception, 66–70

self-doubt, 67–70, 161–163

self-knowledge, 13, 23–26, 62–77, 103, 111, 137–139, 140–145, 155, 163, 199n23; unmediated, 25

sentiment, sentimentalism, 6, 91–92, 103, 118, 126–132

Sévigné, Mme de, 148–49

sex: Montaigne on, 36–37; Rousseau on, 116, 119

Shakespeare, William, 15, 198n6

Shell, Susan Meld, on women and family in Rousseau, 115–120 and 215n40–50

Shklar, Judith, on Montaigne as individualist, 193n4; on Montaigne on cruelty, 199n21, 201n37; on Rousseau's radicalism,

213n11

Singlin, Antoine, 78

Smith, Jeffrey A., on Rousseau's sentiment of existence, 196n11

social life, Pascal on, 66–70

Socrates, 18, 20, 40

solitude, 34–35; Rousseau's, 132–38, 221–22n32

Solon, 140

soul, 162; as form, 172, 174; Montaigne on, 17–20, 26; Pascal on, 63–65, 68, 74–77, 81, 93; as restless, ix-xii; Rousseau on, 107, 126–129

Spenser, Edmund, 174

spontaneous motion, 127

Starobinski, Jean, on Rousseau's extremes, 221n24

Strauss, Leo, on philosophy, 208n39, on individual and society, 212n10

Taylor, Charles, on great books approach to modern identity, 192n2; on individual quest for self-knowledge, 199n24; on modern "affirmation of ordinary life," 3; on modern happiness as immanent and its relation to Protestantism, 193n6

technology, 160

Tessitore, Aristide, on secularism and fundamentalism 224n56; on Tocqueville's "American thesis," 224n55

Thompson, Douglas I., 15, 200n29, 202n49, 204n65

Tocqueville, Alexis de: on American democracy, 7–9, 178–79; on American West, 164; on aristocracy, 165; on assumed understanding of purpose of life, 1; on bourgeois, 142; on dishonest American leaders, 225n58; on inequality in America, 148–49; on limits on democracy, 225n57; on materialism, 162; in *moraliste* tradition, 192n2; on Pascal, 86, 96; political science of, 218n4; on political violence, 225n60; on private sphere, 224n48; on religion in America, 156–57, 171, 224n55; on slavery, 220n15; on social envy, 167–68

Todorov, Tzvetan, 200n30, 200n33; on democratic ideal, 155–56; on humanism, 150, 194n6, 198n5

Toulmin, Stephen, on Montaigne's attitude toward sex, 201n46

tradition, 157

Trilling, Lionel, on authenticity in Rousseau, 216n59; on sincerity in Montaigne, 26–27

unhappiness, x, 5, 7, 62–67, 77, 97–98, 102, 132, 189n2

universities, 1–2, 176–182, 189n2, 226n2

unmediated approbation,3–8, 39–41, 48–49, 66–70, 95–96, 102, 114, 123–124, 153–154, 164–169, 193n5

Valois, Marguerite de, 11

Van Doren, Mark, on moral transformation through acting,

210n69

violence, political, 173

virtue, xi, 13, 23, 26–33, 67, 79, 93, 97, 108–115, 119–123, 157–158, 161, 173, 193n5, 201n37, 202n49, 202n52, 204n65, 213n17

Voltaire, 62; Rousseau versus, 100, 211–12n3

wager, Pascal's, 85–88,

Wampole, Christy, on ironic living, 227n9

Warens, Françoise-Louise de, 123–24

Weintraub, Karl, on Montaigne and modern individuality, 199n23; on Montaigne's religious conservatism, 203n60; on Montaigne, the self, and autobiography, 194n6; on nature and art in Montaigne, 200n26; on self-discovery in the *Essays*, 199n25;

Welch, Cheryl B., on Tocqueville and colonialism, 220n15

West, Cornel, on doubt and faith, 210n72

Wolin, Sheldon, on doubt in democracy, 160

women, Rousseau on, 116–20

Woolf, Virginia, 34, on Montaigne's achievement of happiness, 193n4

Wooton, David, on immoderation and interest, 227n5

work, 164

Yarbrough, Jean M., on doubt and materialism, 221n29; on

materialism and hedonism, 223n40

Zaretsky, Robert, *see* Scott, John T.

Zeitlin, Jacob, on Montaigne as his own hero, 200n28

Zuckert, Catherine, on commerce and competition, 224n50; on democratic intellectual homogeneity, 222n33; on individualism and politics, 224n48; on Tocqueville's political science, 218n4

译者后记

赵宇飞

一

《我们为何如此焦虑》是美国知名文理学院傅尔曼大学（Furman University）的本杰明·斯托里教授和珍娜·西尔伯·斯托里教授共同撰写的作品。斯托里夫妇均博士毕业于芝加哥大学社会思想委员会，专攻政治思想史方面的研究，学术功底扎实。在本书中，两位作者从思想史的视角出发，讨论了蒙田、帕斯卡尔、卢梭和托克维尔这四位法国思想家，试图追踪困扰着许多现代人的"不安"（restlessness）这一问题的思想渊源。全书文笔生动，深入浅出，同时不失学术上的严谨。英文版由普林斯顿大学出版社刊行后，广受学术界内外的好评。

"不安"是当下许多中国学生和年轻人的切身感受。在高校里，尤其是在一些著名学府里，很容易观察到，有许多同学往往会尽自己的最大努力，尽可能地在各方面都做到完美，满足老师、家长、学校、社会的要求和期待：小心翼翼地安排选课，希望在每门课上都获得高分；积极参与各种社团和学生会；精打细算自己的时间，穿梭在多份实习工作之间……但如果询问这些绩优生：什么样的人生才是你认为值得一过的？什么才是你心目中幸福的生活？有很多人会感到茫然。这种茫然或许正是不安感的直接来源。由于不知道应该以什么作为生活的整体目标，因此就会焦躁不安地辗转于各种各样的事项之间，希望尽量为自己积累更多的筹码，比如绩点、实习经历、金钱，以便将来更方便地过上幸福的生活。

然而，这种心态并不能够让我们获得真正的幸福。如我们所知，一切的手段（means）都是要为了目的（ends）而服务的。如果目的尚不明确，那么手段积累得再多，又于事何补呢？在目的阙如之时，一味地试图积累更多的手段或筹码，只会让我们对每一次的得失都感到惶恐忧虑，惴惴不安，这样离幸福反而越来越远了。这就造成了一种相当悖谬的情形：我们每个人都认为自己理应能获得幸福，并且认为自己付出了如此多的努力，也值得享受幸福，但事实上真正感到自己生活幸福的人却少之又少。

其实，如今许多中国年轻人所面临的这一处境并不怎么特殊。本书的两位作者在美国高校学生身上观察到的情形，和大洋彼岸的同龄人相比，差别并不太大。在两位作者看来，之所以会出现这样的情形，并不能够简单地归因于年轻人缺乏反思意识，不知道该如何安排自己的生活。事实上，这种情形有其深刻的思想渊源。斯托里夫妇认为，现代人的生活处境和对于幸福的理解，在很大程度上受到16世纪法国著名思想家蒙田的影响。蒙田构造出了"内在满足"（immanent contentment）这一幸福生活的理想，该理想构成了现代人对幸福的基本理解。同时，在蒙田之后，帕斯卡尔、卢梭和托克维尔等思想家对蒙田式的生活理想做了深入的反思，批判和发展了蒙田的思路。

蒙田本人并没有使用过"内在满足"这一表述，该词是斯托里夫妇在写作本书过程中发明的，用来概括蒙田在他的著作中描述的那种生活理想。要充分理解蒙田式内在满足的生活理想，就首先需要了解蒙田式生活理想的对手，也即古典政治哲学传统和基督教传统。这两种传统分别提出了一套关于何为好的生活或幸福生活的理解，而蒙田在构建他全新的生活理想时，在很大程度上就是将这两种传统作为"靶子"的。在古典政治哲学家中，亚里士多德对于幸福的论述最具代表性，也最有影响力。在《尼各马可伦理学》中，亚里士多德认为幸福是最高善，人的一切技艺、研究、实践、选择都最终指向了幸福。而要实现幸福，就需要依赖于人过上合乎德性的生活。这里所谓的"德性"，既包括智慧和明智等理智德性，也包括勇敢、慷慨、大度、友善等道德德性。不过，显然只有少数人才能够拥有这些德性，因此获得幸福的也必然只有少数人。基督教传统对幸福的理解与古典政治哲学有所不同。在基督教看来，为上帝而活的人能够得到祝福。对于基督徒，幸福的根本来源不再是明智或大度等德性，而是上帝的恩典。然而，经过上帝拣选而得到恩典的，仍然只是少数人。因此，虽然古典政治哲学和基督教对何为幸福有着截然不同的理解，但这两大前现代思想传统都认为，过上幸福的生活并不是一件那么容易的事情，只有少数人才能获得幸福。并且，无论是德性还是恩典，判断标准都外在于个人。无论是古典政治哲学传统还是基督教传统，都并不认为我们可以主要通过依赖于内在的标准来获得幸福。

蒙田式的生活理想对这两大传统提出了挑战。蒙田认为，要获得幸福，并不需要拥有超出常人、卓尔不凡的德性，也不需要上帝赐予额外的恩典。与这些相比，真正重要的是保持言行间的正直和坦率。如果将这与前现代思想传统稍作比较的话，就会发现蒙田所提出的显然并不是多么严苛的要求，原则上任何人都能够做到。具体而言，蒙田用"淡然"（nonchalance）这个概念来概括他所谈及的这种生活态度：对一切都不怎么在意，甚至也不怎么在乎死亡。秉持着这样的生活态度，蒙田认为人们可以轻轻松松地游戏人间，在不同的活动之间流连辗转：时而追求美味佳肴，时而追求公共事业，等到这些都厌烦了之后，又可以去追求学问上的增益，或者过上一阵独处隐居的生活……总之，内在满足的关键，就在于既无须诉诸超自然的上帝，也无须艰辛地培养各种卓越的德性，而只需要用淡然的态度过好此生，享受我们所处的处境，就可以获得幸福。

蒙田构建的这种生活理想，对于现代人而言，是一套颇具吸引力的方案。既不必看上帝的脸色，又不必像古人那样辛苦地培养德性，就能获得幸福，何乐而不为呢？但生活在 17 世纪的法国思想家帕斯卡尔发现，他那个时代奉行蒙田式生活理想的那些人，其实并不那么幸福。在帕斯卡尔看来，蒙田所推崇的在不同事项之间流连辗转，本质上就是通过不断的消遣活动，或者说通过不断转移自己的注意力，来麻痹自我，让自我无法意识到自身不幸而悲惨的处境。在他最重要的作品《思想录》中，帕斯卡尔一针见血地指出，蒙田式的人"无法在一个房间里静坐"。因为一旦彻底静下来，暂时摆脱了所有原本可以转移注意力的活动，我们就会意识到，自己是多么的悲惨：我们的身体如芦苇一般脆弱，时常会遭遇各种病痛的折磨；我们的智力水平虽然高于动物，但仍然十分有限，在探寻真理时捉襟见肘，甚至可能永远无法获知真理；我们在一生中会遭受太多的困苦、挫折、悲伤、忧戚，这些都让蒙田那般游戏人间的态度显得极不真实，乃至非常虚伪；并且，无论我们此生竭尽所能，付出多少努力，做出多么大的成就，最终死亡会将这一切都归零。帕斯卡尔质问道，面对人之为人如此不幸的处境，我们又如何能够像蒙田那样，如此轻飘飘地宣称自己获得了幸福呢？

帕斯卡尔否定了蒙田的方案，而他自己的方案则诉诸了超越性的上帝。《思想录》在根本上是一部基督宗教护教学著作，他构思这部作品的目的，就在于说服生活在现代世界的非信徒（尤其是那些奉行蒙田式生活理想的人）去信仰基督教的上帝。在帕斯卡尔看来，有朽的凡人必须藉着耶稣基督的中保，与上帝联合，才有可能获得永恒的幸福。作为17世纪最重要的奥古斯丁主义者之一，帕斯卡尔在论述中借助了大量奥古斯丁的思想资源。同时，帕斯卡尔也提出了许多极具原创性的论证，例如其中最著名的"赌注"论证。有兴趣的读者可以参阅本书中的相应章节，也可以进一步参考两位作者引用的相关文献，寻找学者们关于"赌注"等论证是否能够成立的研究。

在 17 世纪到 18 世纪的法国思想界，蒙田和帕斯卡尔的学说都颇具影响力，各自都有一大批的追随者。由于蒙田和帕斯卡尔有关如何获得幸福的看法截然相反，这两人的追随者们往往也并不对付。卢梭这个异数的出现，打破了这一局面。之所以将卢梭称为异数，是因为他对于幸福问题的观点，既部分吸纳了蒙田的思路，也部分吸纳了帕斯卡尔的思路。当然，与此同时，他也分别拒斥了这两人各自的部分思路。和蒙田类似，卢梭认为在此世就有可能获得幸福，而不需要像帕斯卡尔那样诉诸超越性的、人格化的上帝，寄希望于虚无缥缈的来生。和帕斯卡尔类似，卢梭并不认为像蒙田那样不断在不同的活动和事项之间流连辗转是可取的方案。在卢梭看来，这种做法只能体现出现代人可怕的内在分裂：既无法成为彻底的独处者，也无法全心全意地投入到社会生活之中，最终在不同的选项之间无所适从。

对此，卢梭给出的解决方案是，不再试图同时兼得不同的生活理想，而是一头扎进其中的某一种，试图在该种生活理想中获得整全和幸福。在本书中，斯托里夫妇罗列了卢梭在不同著作里提到的四种生活理想：《社会契约论》等作品中构建的公民生活，《爱弥儿》等作品中构建的家庭生活，《爱弥儿》第四卷的《信仰自白》中构建的道德自我满足方案，以及《孤独散步者的遐思》等作品中描述的孤独生活。这四种生活理想，代表了卢梭相对于蒙田和帕斯卡尔等人的思路提出的四套替代方案。然而，本书的两位作者指出，卢梭的这四套方案虽然看上去都很令人心动，但实际上各自都有无法克服的困难。在每套方案中，卢梭都试图通过走向这种或那种极端，来解决现代人的自我分裂，平息人们的不安。但人性本身就充满着矛盾，既想获得独处的宁静，又想领略社会生活中的种种好处，无法真的彻底抛弃其中一端，走向另一端。因此，固然卢梭的每套方案都看起来很有吸引力，但其中没有任何一套方案取得了真正意义上的成功。

19 世纪的法国思想家托克维尔很熟悉蒙田、帕斯卡尔和卢梭这三位前辈的思路（虽然他对蒙田的了解主要来自于阅读帕斯卡尔）。他在 1830 年代访问了杰克逊时代的美国后，写下了《论美国的民主》（或者直译为《民主在美国》）这部经典作品。这部作品之所以成为政治理论领域和美国政治学领域的传世经典，既得益于托克维尔惊人的观察力，也是由于他身后有着丰富的思想史资源，能够推进他的思考。在《论美国的民主》中，托克维尔专辟了一章（下卷第二部分第十三章），讨论了美国人普遍的不安心态：如果仅从物质生活条件来看，美国人似乎是全世界最幸福的；然而，美国人仍然感到焦躁不安，永远在试图获得更多的资源、机会、福利，好像永无餍足。敏锐的读者可以察觉到，在蒙田式的生活理想和托克维尔勾勒的美国人的生活方式之间，有着某种平行关系。或者更准确地说，美国人将蒙田式的生活理想推广到了全社会，使得该理想成为整个社会的共同理想。也正是因为如此，帕斯卡尔对蒙田这类人的批评，也同样可以拿来批评美国人。

不过，托克维尔对于美国社会的观察和判断并非仅仅适用于美国。在托克维尔看来，1830 年代的美国最大的特点在于，这是一个身份平等（equality of conditions）的社会，而这正是托克维尔所做的全部分析的"源头观念"(mother idea)。当托克维尔在说美国是身份平等的社会时,他显然是在将美国与当时贵族制度仍未完全消亡的欧洲(尤其是法国)作对比。然而,我们需要注意到,虽然在托克维尔的时代,身份平等是美国社会独有的现象,但在我们身处的当代世界中,几乎所有国家都已经转型为了身份平等的社会。在这样的社会中,身份和地位不再是固定的,每个人的社会阶层都有可能向下流动或向上流动。这种流动性正是我们在本文开头提到的那种不安心态的重要来源。为了让自己的社会地位更上一层楼,或者至少是为了避免阶层跌落,每个人都需要替自己当下和未来的幸福生活精心谋算,小心翼翼地积攒资源和攫取筹码。无论是将近两百年前的美国人,还是如今的美国人,抑或是如今的中国人,都会陷入到类似的心态之中。

对于这种普遍的不安心态,有没有什么破局之法呢?本书的主要工作,一方面是从思想史的视角梳理了这种心态的思想渊源,另一方面则是分析了前人提供的各种可能的解决方案。不过,两位作者也直言,不管哪一种解决方案,其实都不是万灵药,各自都有潜在的困难。如果像蒙田所描述的那样,不断在各种事项之间流连辗转,或许可以暂时转移注意力,排解焦躁不安的心态。但一旦歇下来片刻,这种不安感可能又会如影随形般再次涌上心头。帕斯卡尔诉诸超越性的上帝,想要在上帝那里寻找心灵的慰藉。但当代世界早已高度世俗化,宗教的吸引力日渐式微。更何况,如果真的要像帕斯卡尔那样皈依上帝,就意味着要抛弃尘世的各种美好,抛弃令蒙田式的人乐在其中的各种消遣,而这是绝大多数人都无法接受的。《爱弥儿》中的爱弥儿和苏菲指望在家庭生活中寻得安顿，而这其实也是许多当代人寄予了最大希望的方案。但家庭生活注定是十分脆弱的：伴侣有可能会意外死亡，有可能会变心，更不用说家庭生活中会有各种各样的矛盾和摩擦。例如，爱弥儿和苏菲看似十分完美的爱情，在卢梭为《爱弥儿》撰写的续篇中就瞬间崩塌了。《信仰自白》中的道德方案，虽然颇具感染力，但也十分独断，这削弱了这套方案的可信度。正如卢梭暗示的那样，听众或许会在情感上被萨瓦代理本堂神父感动，然而很难在理性上彻底信服。晚年的卢梭亲身实践了回归自然的独处生活，并且获得了近乎与自然万物合一的体验，享有了短暂的安宁和幸福。在当代世界颇为流行的回归山野和亲近自然的风潮，本质上不过是在模仿卢梭的做法，试图逃离社会世界，获得喘息的机会。然而，居住在城市的我们很难真的像卢梭那样，经年累月地过乡野生活。因此，这样的逃离终究只可能是十分短暂的。更何况，哪怕是卢梭本人，他也从来没有在字面意义上完全离群索居。当卢梭号称自己是一位"孤独散步者"时，仍旧需要他的女仆（后来成为了他的妻子）每天照料他的饮食起居，而且他也时常会和来访的友人们碰面。最后，卢梭提出的公民生活也并不多么可取。这种生活与卢梭自己选择的孤独生活截然相反，要求每位公民全身心地将自己献给政治共同体。祖国成为公民的一切，公民只为祖国而活，至于私人生活则被彻底消灭了。在法国大革命后，卢梭描绘的公民生活便已经颇受质疑了。而在经历了20世纪的法西斯主义以及其他各种人道灾难后，要求人们彻底放弃私人生活的公民理想就更加显得面目模糊了。

指出以上这些可能的解决方案都有其局限性，正是本书的重要贡献之一。没有可以保证所有人都能获得幸福的万灵药，并不意味着我们就应当放弃追求幸福。相反，认识到问题的思想渊源，了解每种可能的解决方案，知晓每种方案的局限性，能够让我们更好地看清，以什么样的方式追寻幸福才更适合自己的处境。进而，我们也能更清晰地看到，当我们在选定某条道路后，未来又会遇到哪些潜在的困难。

二

本书是一部面向大众的通识读物，并不假定读者受过严格的政治思想史学术训练或文本解读训练。但需要注意的是，本书同时也是一部学术上相当严谨的作品。这一点从两位作者在书中添加的密密麻麻的注释和引用的参考文献就可以看出。从篇幅上看，注释的篇幅相当于正文的三分之一有余。两位作者显然并不希望为了迁就其他各种方面的因素，而牺牲本书学术上的质地。

书中对于四位思想家的阐释，虽然核心围绕着"不安"和"幸福"这组概念展开，但其实也可以放在政治思想史研究的范畴里，与对这些思想家既有的学术研究形成一定的对话。这样的例子在书中俯拾即是。例如，在辨识出卢梭在各个文本中提供的四套生活方案时，两位作者在注释中提到，美国著名卢梭研究者亚瑟·梅尔泽（Arthur Melzer）在其《人的自然善好》（*The Natural*

Goodness of Man）一书中做过类似的工作，并识别出了"孤独"和"社会性"这两套方案。而熟悉关于卢梭的二手文献的读者不难想到，还有一些卢梭研究者也做过类似的辨识，如托多罗夫（Tzvetan Todorov）在《脆弱的幸福》（*Frêle Bonheur : essai sur Rousseau*）一书中提出的"公民""孤独个体"和"道德个体"这种三分法，等等。受过相关学术训练的读者如果带着类似的问题意识阅读本书，相信能看到更多类似的例子，体会到两位作者与既有研究文献做对话的努力，获得更大的收获。

另外，还需注意的一点是，本书只选择了蒙田、帕斯卡尔、卢梭和托克维尔这四位法国思想家来做分析。之所以挑选这四位法国思想家，或许是因为这样可以比较方便地厘清思想史上的脉络，探究不同思想家之间有关不安和幸福的理解是如何逐步推进的。毕竟，我们在现有文献中可以找到直接的记录，证明帕斯卡尔仔细阅读并批判了蒙田，托克维尔则仔细阅读了帕斯卡尔，等等。

然而，在近现代思想史上，显然不止这四位思想家详细讨论过不安和幸福的问题。例如，英国 17 世纪伟大的政治哲学家托马斯·霍布斯在《利维坦》第六章中给出了他对幸福的著名定义："一个人持续不断地成功获得他时常渴望的东西，或者说，持续处于繁荣昌盛状态，就是人们所谓的幸福。"[①] 而在第十一章，霍布斯又认为，全人类的普遍倾向正是"永无止歇且得其一思其二的权势欲，至死方休"（a perpetuall and restlesse desire of Power after

---

[①] Thomas Hobbes, *Leviathan*, ed. Richard Tuck, Cambridge University Press, 1996, p. 46.

power, that ceaseth onely in Death)。[1] 和蒙田一样，霍布斯的幸福观同样拒绝了古典政治哲学传统的德性伦理学和基督教传统对于上帝恩典的强调。根据霍布斯的看法，我们要获得幸福，就需要不断地满足欲望，不断地追求我们渴望得到的东西。而要实现这一点，当然就有必要不断地扩展自己的"权势"（ power ）。霍布斯这里所谓的权势，并不仅仅指狭义上的政治权力。在第十章开篇，他将权势界定为一个人用来"取得未来明显好处的手段"，既包括人们自身的技能和口才，也包括财富、朋友、名誉等等。[2] 简而言之，霍布斯所说的权势其实非常接近于我们在本文开篇（以及本书两位作者在书末的"结论"一节）提到的"筹码"：当代人非常热衷于积累各种各样的筹码，来为满足未来的渴望做准备，并认为这最终可以通往幸福。但霍布斯也指出，这样的幸福观必然会使得人们对于权势的追求变得"永无止歇"（ perpetuall and restless ）。注意到，霍布斯这里使用的词语，与本书标题中的"restless"正是同一个词。人们不断地追求权势或积累筹码，这个过程永远看不到尽头，这让人生成为了一场没有终点的赛跑。如此经年累月地始终处于无休止的紧绷状态，又如何可能避免焦躁不安呢？

因此，霍布斯定义的幸福其实是一种转瞬即逝的幸福。哪怕此时此刻暂时满足了渴望，下一刻又会有新的渴望涌现出来，我们就必须继续竭尽全力争取新的筹码，来不断满足新的渴望，以期让短

---

[1]　Hobbes, *Leviathan*, p. 70.

[2]　Hobbes, *Leviathan*, p. 62.

暂的幸福能够尽量延续下去。霍布斯对于幸福的理解，其实比蒙田
更为激进。蒙田和霍布斯一样，认为我们必须不断在不同的活动和
目标之间流连辗转，才能获得幸福。但蒙田仍然强调，需要保持淡
然的生活态度，避免将任何事情看得太重。然而，如果让霍布斯来
评价蒙田的这套生活理想，他大概会认为所谓的淡然，不过是一层
温情脉脉但也十分虚伪的面纱。蒙田式的人若想做到在不同的事务
之间流连辗转而不处处碰壁，光靠淡然显然是不够的，他们仍然必
须去追求霍布斯所谓的权势，并且必须永无止歇地不断扩张自己的
权势。在表面上，他们可以尽量保持淡然。但在内心深处，他们仍
然是焦躁不安的。在这个意义上，我们可以将蒙田和霍布斯视为同
一项现代性规划的共同作者，两人的幸福观实为一体之两面。也正
因为如此，了解霍布斯对于理解蒙田大有裨益。这项现代性规划的
目标，就在于改造人们的生活理想，拒斥古典政治哲学传统和基督
教传统的幸福观。经过这项规划改造后的现代人，表面上或许可以
像蒙田所说的那样尽量保持淡然的态度，但若他们可以真诚地面对
自我，就会发现自己的内心之中，其实充满了不安。敏锐的观察
者（如托克维尔）不难透过表面的淡然，看穿埋藏在人们心灵深处
的这种不安。应该说，在我们所生活的当代世界，蒙田和霍布斯的
这项现代性规划取得了极大的成功。作为现代人的我们，在很大程
度上都既是蒙田式的人，又是霍布斯式的人。

　　当然，并非所有的近现代思想家都完全认同蒙田和霍布斯共
同参与的这项现代性规划。在本书第二章，两位作者讨论了帕斯
卡尔对于蒙田的批评。帕斯卡尔试图重新诉诸基督教传统，来给

出一套相对于蒙田式生活理想的替代方案。同为 17 世纪伟大思想家的莱布尼茨则从另一个角度反对这项现代性规划。在莱布尼茨看来，幸福并不像蒙田认为的那样，在于流连辗转于不同的活动和事项，并保持淡然的态度，也不像霍布斯认为的那样，在于永无止歇地不断满足渴望。莱布尼茨将幸福定义为"持久的愉悦状态"。而所谓的"愉悦"，则指的是"对于完善（perfection）的认知或感受，不仅仅是自身的完善，也包括他人的完善"。① 很明显，莱布尼茨并不认为蒙田或霍布斯所谈论的是真正的幸福，因为他们所谓的"幸福"太过转瞬即逝了，并且只指向了自己，没有同时指向他人。

我们没有必要（也不可能）一一罗列每位近现代思想家对不安和幸福等问题的讨论。这里仅以霍布斯和莱布尼茨为例，指出除了两位作者在本书中重点分析的四位法国思想家之外，还有许多近现代重要的思想家对这些问题做过深入的思考，并且他们的思路与蒙田、帕斯卡尔、卢梭和托克维尔的思路都不尽相同。有兴趣的读者可以自行阅读他们的著作，考察他们与本书中分析的四位思想家的异同。

三

本书在翻译过程中，虽然反复修订了译文，但限于译者的学识和精力，难免有舛误之处。尤其是两位作者在写作英文原书时，

---

① Gottfried Wilhelm Leibniz, "Felicity," in *Political Writings*, trans. Patrick Riley, Cambridge University Press, 1988, p. 83.

尽量希望既要保持学术的严谨性，又要保证文字的可读性和流畅性，这就对翻译提出了更大的挑战。一般的学术专著或论文虽然大多深奥晦涩，但面向的读者往往也是浸淫本专业多年的学者。在翻译这些作品时，为求精准而稍微牺牲一点行文上的流畅，有时也是可以接受的。本书的情况则不然。由于本书主要面向的是没有受过本学科系统训练的大众读者，同时两位作者也兼顾了严谨和流畅，因此译者在翻译时，也在不扭曲作者本意的前提下，尽量希望做到文字晓畅可读。

两位作者在写作时，引用了大量经典文本中的原文，这些文字均由译者根据本书中的英文直接译出。另外，为了方便读者理解书中提到的一些概念、人物、历史事件等，译者查阅了相关资料，增添了不少译者注。

感谢斯托里夫妇应允为本书中译版撰写序言，中译序经译者翻译，置于全书开篇。感谢波士顿学院政治学系莱恩·帕特里克·汉利（Ryan Patrick Hanley）教授，他在得知译者正在翻译本书后，热心地将译者介绍给了两位作者，由此促成了中译序。在汉利教授的课堂上，以及在担任汉利教授的课程助教和研究助理的过程中，译者收获良多。另外，也感谢曾笑盈女士的辛苦付出，帮助提升了译稿的质量和流畅程度。当然，译文中的错误和不妥之处，仍应当由译者负责。

2022 年 5 月 18 日

于　波士顿